U0668323

大学生技术创新实践应用：
3D打印与VR技术

Practice and Application of College Students' Technological
Innovation: 3D Printing and VR Technology

主　编 ◎ 叶云飞　王毅

副主编 ◎ 王春燕

经济管理出版社
ECONOMY & MANAGEMENT PUBLISHING HOUSE

图书在版编目（CIP）数据

大学生技术创新实践应用：3D 打印与 VR 技术/叶云飞，王毅主编 . —北京：经济管理出版社，2019.10

ISBN 978 - 7 - 5096 - 6551 - 0

Ⅰ.①大… Ⅱ.①叶… ②王… Ⅲ.①立体印刷—印刷术—高等职业教育—教材②虚拟现实—高等职业教育—教材 Ⅳ.①TS853 ②TP391.98

中国版本图书馆 CIP 数据核字（2019）第 224332 号

组稿编辑：魏晨红
责任编辑：魏晨红
责任印制：高　娅
责任校对：陈晓霞

出版发行：经济管理出版社
　　　　　（北京市海淀区北蜂窝 8 号中雅大厦 A 座 11 层　100038）
网　　址：www. E - mp. com. cn
电　　话：（010）51915602
印　　刷：北京市海淀区唐家岭福利印刷厂
经　　销：新华书店
开　　本：787mm×1092mm/16
印　　张：14.25
字　　数：330 千字
版　　次：2019 年 12 月第 1 版　2019 年 12 月第 1 次印刷
书　　号：ISBN 978 - 7 - 5096 - 6551 - 0
定　　价：58.00 元

·版权所有　翻印必究·

凡购本社图书，如有印装错误，由本社读者服务部负责调换。

联系地址：北京阜外月坛北小街 2 号

电话：（010）68022974　邮编：100836

前　言

提到技术创新，首先想到的是技术创新方法，如 TRIZ 法则、奥斯本的 6M 法则等，或者是引领趋势的"云物大智"的高深技术，市面上的教材大多以方法理论讲解、案例启发为主，注重实践应用的较少。

本书在创新创业大背景浪潮下，以工科背景下创新人才培养为主线，重点探索 3D 打印技术和虚拟现实技术的应用和实践，突出创新实践。

本书分为三章，第一章是为什么要创新，着重提出创新的重要性。第二章是创新创业背景下 3D 打印的发展和应用，着重于 3D 打印的应用和实践探索。第三章是创新创业背景下虚拟现实的发展和应用，着重介绍虚拟现实在诸多领域的探索应用。

本书的最大特色是案例丰富，引用了大量的实际案例，以技能型创新人才培养为重点，以新技术的发展与应用，尤其是被应用到工科教育教学的 3D 打印技术和虚拟现实技术的创新实践，重点突出实践性。

此外，为了方便阅读，采用"引导案例—小组讨论—知识链接—拓展阅读"的样式安排内部结构。由案例引出问题，首先针对问题进行小组讨论，其次阐明相关知识点，最后进行知识的拓展阅读，在第一章有"本节习题"，可让读者进行充分思考。

本书为江苏省高等学校重点教材立项建设成果，获江苏高校"青蓝工程"项目资助，由南京铁道职业技术学院项目组组织编写。在编写过程中引用了一些网站插图，如有不妥之处，敬请海涵。由于编者水平有限，本书难免存在不足之处。希望读者在阅读过程中多提宝贵意见，以便改进。

目　录

第一章　为什么要创新

【本章要点】

1. 创新的概念和本质、创新的形式。

2. 创新思维的概念和特征、表现形式。

3. 创新的七个来源。

4. 创新对社会、企业和个人的作用。

第一节　创新与创新思维

【引导案例】

金冠之谜

赫农王让金匠替他做了一顶纯金的王冠，做好后，国王疑心工匠在金冠中掺了银子，但这顶金冠确与当初交给金匠的纯金一样重，到底工匠有没有捣鬼呢？既想检验真假，又不能破坏王冠，这个问题不仅难倒了国王，也使诸大臣们面面相觑。后来，国王将它交给了阿基米德。阿基米德冥思苦想了很多方法，但都失败了。有一天，他去澡堂洗澡，他一

边坐进澡盆里，一边看到水往外溢，同时感到身体被轻轻托起。他恍然大悟，跳出澡盆，连衣服都顾不上穿就直向王宫奔去，一路大声喊着"尤里卡、尤里卡"（意思是：我知道了）。原来他想到，王冠放入水中后，如果排出的水量不等于同等重量的金子放入水中排出的水量，那肯定是掺了别的金属。这就是有名的浮力定律，即浸在液体中的物体受到向上的浮力，其大小等于物体所排出液体的重量。后来，该定律就被命名为阿基米德定律。

（资料来源：http://www.520xy8.com/Article/201508/95118.shtml）

拉链的发明：始于复杂，成于简单

拉链是 1891 年由美国芝加哥机械师贾德森最先发明的。

19 世纪末的某一天，美国机械工程师威特康·贾德森和妻子在家里各自精心打扮，要出门去参加一次宴会。贾德森弯腰扣完一只长筒靴上的 20 多个扣子，已经感觉有些腰酸了，旁边已经把裙子套在身上的妻子又喊他帮忙绑背后的裙带。眼看离约定的时间越来越近了，一时让他有些手忙脚乱。一紧张，扣子还扣错了扣眼，又得解开重扣，让他心里更加焦躁。足足忙了一个多小时，贾德森才把自己的靴子扣好，帮妻子系好了裙带，扣好了裙子上所有的扣子。一看所剩时间不多，两个人急急忙忙赶到会场，宴会已经开始了，贾德森不得不向朋友道歉。

宴会上，贾德森一直对出门前在家里的折腾耿耿于怀。他望着宴会上来来往往的人穿着的华丽盛装，想象着他们在家里穿衣服时也必会有一番折腾。他知道很多衣服穿在身上好看，但在身上穿久了并不舒服，而因为衣服穿和脱都比较麻烦，因此往往大家要忍受着不适穿一整天。想到这里他觉得穿在脚上的靴子也变得沉重起来，有种想把靴子甩掉的冲动。能不能想点办法，让衣服变得好穿、易脱呢？

衣服和靴子穿、脱麻烦，主要是因为扣子太多，若是能想办法让所有的扣子都连起来，那肯定会大大节省时间。贾德森是一位机械工程师，研发和动手能力很强，平时就喜欢鼓捣一些小零件。有了这个想法之后，他决定先从自己的靴子入手，发明一种新式扣子来节省花在上面的时间。

他日思夜想，有一天，他路过一户人家的院子，拴在院子里的狗对他张口狂叫。本来这是件让人不开心的事，但他看到狗嘴里交错的犬牙，突然产生了灵感，如果靴子上的扣子换成交替的犬牙，不就把所有扣子连起来了吗？贾德森十分兴奋，赶紧回到家依样画瓢，很快设计出了人类历史上第一条"拉链"。

这条"拉链"包括两条链条，每条链条上装有交错齿状的钩子和链环。用一个铁制的滑片与钩环连接，当滑片在链条上滑动时，链条上的钩子和另一链条上的链环就啮合在一起，使钩子与链环一个个依次扣紧，反向拉动滑片又使钩子与链环脱开。贾德森把自己发明的"拉链"取名为"可移动的扣子"，并且申请了专利，还装在了靴子上。1893 年，他带着自己的专利去参加了芝加哥世博会，希望能寻求商业突破。虽然人们对他的发明都感觉新奇，但并没人买他的账，因为当时这项发明存在诸多局限，比如手工制作成本较高，质量不够稳定，经常出现各种问题等。

不过贾德森并没有灰心，他和朋友于1894年注册公司，开始了"拉链"的商业化之路，在这期间，贾德森一直试图改进"拉链"的工艺，但一直没有重大突破，公司也一直是惨淡经营，没能获取商业利益。1909年，贾德森黯然离世。

不过对"拉链"的改进工作并没有随着贾德森的离世而结束。来自瑞典的移民森贝克接过了贾德森的"枪"，继续在改进"拉链"工艺的同时进行商业化尝试。好像是个魔咒，研究"拉链"的森贝克也陷入了人生的低谷，公司即将破产，他的妻子也因病离世。但这一切都没能阻挡他这颗发明的心。

有一天他家里的铁勺坏了，只好自己去店铺买。这家店铺的管理者是个有条理的人，把店里的各种物品都摆放得很整齐，特别是铁勺摆放得十分巧妙。铁勺排成上下两行，上面的一行勺柄在上悬挂在铁棍上，下面的一行则是勺斗在上，与上面一行的勺斗咬合在一起，两行紧紧依偎，形成了犬牙交错的布局。他选中了一把铁勺，拽了下竟然没拽下来。店主见状告诉了他诀窍，要先把勺斗前面的那把往外拔一下，这把才能拿下来。森贝克按店主的话试了一下，果然轻松地把自己选中的铁勺拿了下来，而其他的铁勺也没散架。紧紧咬合在一起的铁勺启发了森贝克，他提出了由"牙齿、拉鼻和布袋"三部分来组成"拉链"的新构想。他把"拉链"的齿部形状改造成勺斗状，顶端呈凸状，末端凹状，滑动装置一滑就可使左右"齿状部分"嵌合，再滑回则分开。1913年，森贝克设计出"无钩式二号"，并且向当局申请专利。

设计成熟后，森贝克开始批量制造拉链，并游说百货公司把拉链装在衣服上。但由于此前的拉链质量不好给人们留下的坏印象还没消除，森贝克并没接到多少订单。直到军方因为拉链能让士兵节约穿衣速度而大量订购，拉链的春天才到来，并逐步推向世界。

（资料来源：http://news.xinhuanet.com/science/2015-02/19/c_133993458.htm）

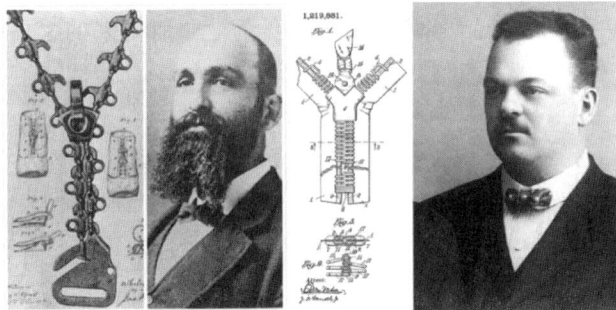

IBM 的 360 系统计算机

20世纪60年代初，IBM公司面临的是计算机市场竞争的强大压力，于是公司在1961年决定投资50亿美元开发第三代计算机——360系统计算机，这项投资远远超过了"曼哈顿计划"的20亿美元的投资，被认为是"美国产业界最大的一个决策，比起波音公司决定生产喷气式飞机和福特公司决定生产成百上千万辆野马牌汽车的决策有过之而无不及"。IBM动员其在世界各地分支机构的科研人员进行研制开发，其开发目标是新机器必须是同时要在商业市场和科学计算市场上具有竞争力的一个完全兼容的系统。1964 年，IBM 宣布 360 系统研制成功，其运算速度和内存比第二代计算机提高了一个数量级，系统设计上采用了能适应计算、数据处理和实时控制等多用途及各种指令相容的通用化技术，使产品价格性能比大幅度下降，通用性提高，软件支持成倍增加，有专家称"360 系统之后，已不再是原子能时代，而是信息时代"。360 系统计算机成功地制定了业界的标准，使得 IBM 的竞争对手只能选择生产与系统兼容的机器，降低价格性能比，以争夺 IBM 的用户，或者生产与该系统完全不同的机器。

（资料来源：百度文库）

第二代计算机IBM7094   第三代计算机IBM360

【小组讨论】

（1）三个创新案例，代表了三种创新形式：发现、发明、革新。你是如何理解创新的？

（2）寻找你身边创新的产品，想一想这些创新是如何得来的，下一个创新的人会是你吗？

【知识链接】

知识点 1：创新的概念

"创新"是个古老又时髦的词语。2014 年，李克强总理在夏季达沃斯论坛上提出"大众创业，万众创新"的号召，让"创新"成为全民热议的焦点，也成为当下出现频率高的火热词汇。

创新的英文是 Innovation，起源于拉丁语，原意有三层含义：①更新；②创造新的东西；③改变。

关于"创新"的概念，各学科有不同的解释。一般而言，"创新"是指创造和发现新东西，或者可以认为是对旧有的一切所进行的替代、覆盖。

清华大学科学与社会研究所教授李正风认为："创新"一词在我国存在着两种理解：

①从经济学角度来理解创新；②根据日常含义来理解创新。

1. 经济学角度的"创新"

最早提出创新概念的是美籍奥地利经济学家熊彼特，他在 1912 年出版的德文著作《经济发展理论》中首次提出了创新概念和创新理论。熊彼特认为，"创新"就是把生产要素和生产条件的新组合引入生产体系，即"建立一种新的生产函数"，实现经济新的发展过程。

这种新组合包括：

（1）引入一种新产品或提供一种产品的新质量。

（2）采用一种新的生产方式。

（3）开辟一个新的市场。

（4）获得一种原料或半成品的新的供给来源。

（5）实行一种新的企业组织形式等。

显然熊彼特提出的创新首先是一个经济学概念，并且体现了技术创新（新产品制造、新生产方式、新原料利用、新市场开发）和制度创新（新的组织形式）的思想。

熊彼特的理论一开始并没有引起足够的重视，直到 1934 年他的作品用英文出版后，才引起了学界的广泛关注。熊彼特之后，特别是通过最近几十年来的理论探索和实际应用，技术创新无论在理论还是实践上都超越了熊彼特创新理论和范围，得到了极大的深化和发展。理论方面，创新逐步从专指技术创新的狭义概念扩展到包括技术、市场、组织和管理等多种要素的广义的创新。

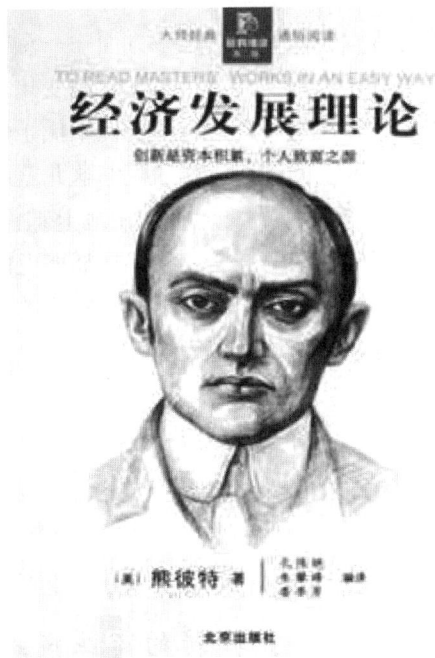

2. 日常概念的"创新"

目前人们经常谈及的创新，简单来说就是"创造和发现新东西"。正如《现代汉语词典》对创新的解释是：创新就是抛开旧的，创造新的。从这个广义的概念上来看，人类社会的每一次进步都离不开创新。

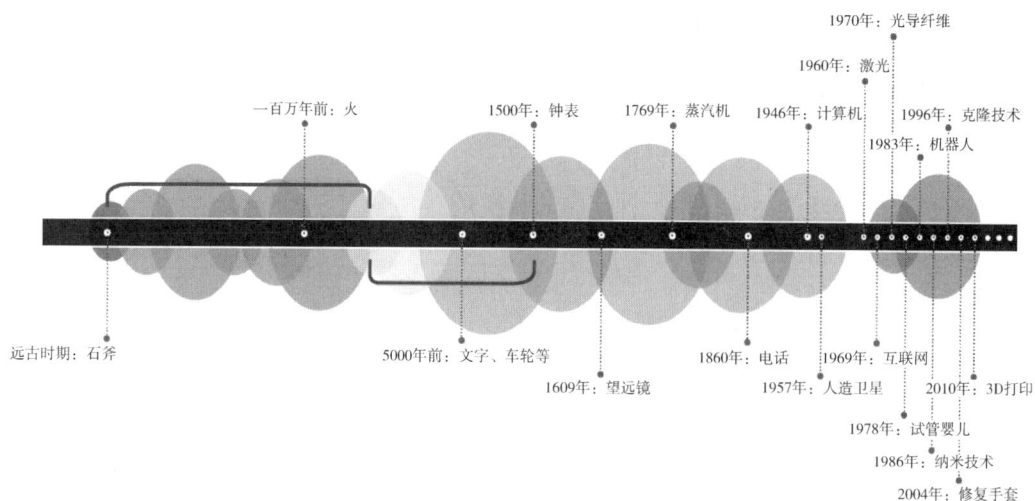

知识点 2：创新的本质

从本质上讲，创新是一个多元性的概念，具有内在动态性，而且内涵和性质一直在演变。这些特性逐步为人们所认识。

1. 创新来源的多样化

现实中，创新决不仅仅来自研发，而是源自很多方面——意外发现、人类对清洁能源的需要、可持续发展、市场、用户、设计、经济结构、管制变化……甚至某个失败的项目都可能产生创新机遇。作为创新之源，这些渠道的重要性不低于研发。

有多少科学发现是因为不注意卫生问题而成就的呢？这儿就有一个例子，一位笨拙的材料研究者不小心将实验柜上的烧瓶碰掉了，烧瓶摔在地上却没有成为尖锐而危险的碎片。原来，这是一个用过但未被正确洗涤的烧瓶，残留在杯壁上的塑料使得碎片没有散落开来。后来这种经过摔打只出现裂纹而不会四处溅出玻璃碎片的安全玻璃就被发明了，今天被广泛应用于汽车、飞机和特种建筑物的门窗等。

2. 创新内涵的丰富性

创新远远不只是技术创新和产品创新，还包括业务流程创新、商业模式创新、管理创新、制度创新、服务创新以及创造全新的市场以满足尚未开发的顾客需要，甚至新的营销和分销方法等。星巴克、eBay、维基百科都是极其出色的商业模式创新。品牌管理、事业部制则是价值卓越的管理创新。这些都表明，创新经济决不仅限于高技术部门。

星巴克的成功秘诀：独特的商业模式创新

"变"是永恒不变的原则，"创新"是企业生命力的延续。在星巴克的体验营造过程中，企业适时地根据营销环境等因素的变化，做出合理的调整，充分发挥想象力不断推出新的体验业务，以不断更新的差异化体验来吸引顾客。2002 年，星巴克率先在咖啡店提供无线上网服务，让顾客可以一边惬意地喝咖啡，一边上网冲浪。2004 年，星巴克推出"赏乐咖啡屋"店内音乐服务。顾客可以一边喝咖啡，一边戴着耳机利用店内电脑中的音乐库选择自己喜爱的音乐，并做成个性化的 CD 带回家。

2010 年，星巴克将独一无二的"星巴克体验"进一步延伸到了中国消费者喜爱的茶饮品领域，推出了包含中式茶和异域茶两大类共九款茶品，沉淀了星巴克在全球茶饮上的丰富经验。在金融服务方面，星巴克引入了一种预付卡，顾客提前向卡内存入一定金额后，就可以通过互联网的高速连接，在星巴克 1000 多个连锁店刷卡付款，这给顾客们提供了更方便的结账方式，把顾客的结账时间缩短了一半。在新产品的研发方面，从卡布奇诺、星冰乐、咖啡味啤酒等新创意的巨大成功，到投入巨资对浓缩咖啡萃取技术的研发成功，无不表明了星巴克在创新方面拥有的很大优势。

3. 创新程度的差别性

创新在程度上的巨大差别，是创新多元性的第三个重要方面。既有像微处理器、苹果的 iOS 系统这种革命性创新，也有外观设计变化这类渐进性创新，如手机的翻盖、滑盖、旋转、透明、彩屏等创新⋯⋯创新程度的差别性除了革命性创新和渐进性创新外，还有结构式创新、跳跃式创新以及随身听这种创造空缺市场的创新等。

两年，1.8mm 的进化

2004 年，摩托罗拉推出厚度只有 13.9mm 的 V3，8 年之后摩托罗拉刀锋发布，7.1mm 的厚度震惊了全球，掀起了手机厚度的讨论热潮。2012 年，OPPO 发布了厚度仅为 6.65mm 的 Finder，刷新手机机身厚度纪录。之后我们看到华为 P6 的 6.18mm，vivo X3 的 5.7mm，一时之间，厚度成为手机厂商 PK 的差异点，但是受制于电池、散热、拍照等原因，机身厚度难有大的突破，一直在 5mm 以上徘徊。2014 年秋天，OPPO 呈现了第一款机身厚度在 5mm 以下的产品——OPPO R5，厚度仅有 4.85mm。不过没过多久，这个纪录就被 vivo X5Max 的 4.75mm 打破。

"对于 OPPO 来说，这样的竞争是好事，更能促进我们持续的进步"，OPPO 副总裁 Alen 告诉钛媒体。根据 Alen 的说法，从 Finder 开始，OPPO 一直就在寻求突破和创新，Alen 坦言每次革新都是有风险的，但即便如此也不要做一个跟随者，活在其他品牌的阴影之下。而根据 OPPO 内部设计人员透露，在目前的产品库里，还有更薄的产品，只是考虑到用户的体验和接受程度并没有拿出来。事实上，2012 年 Finder 的推出更像是一个"无心之举"，并不在 OPPO 产品线的规划之内，而是结构工程师和产品设计师忽然冒出的一个想法，私下把天线、射频以及硬件整合，做出了一个模型，拿给决策层 Show 了一下，决策层表示很惊讶，立马批准了这个项目。如今我们回过头来看，可以说 Finder 对整个 OPPO 品牌的塑造都起到了关键性的作用，之后才有了 Find 5、Find 7 旗舰的诞生。2012 ~ 2014 年，机身厚度由 6.65mm 到 4.85mm，完成了 1.8mm 的进化，由此可见 R5 更像是对 Finder 的致敬。

4. 参与者的多样化

参与者的多样化，也是创新多元性的一种体现。创新不是某个部门或少数几个人的任务，而是遍布整个企业的思维方式。现代的创新甚至不能局限于一个企业的内部，而是呈现出网络化协作的特征，研发和设计部门、合作企业、用户、供应商、大学、政府，甚至竞争对手，都可能参与其中。

受互联网和全球化影响，创新构思的来源和协作范围也得到极大扩展，创新的多元性还意味着正确寻找和选择创新构思、有效组织实施创新，并在适当的时间限度内把创新带向市场，也就是企业创新方式的创新。

一场由数十万人参与的创新风暴

2006 年，IBM 业务咨询服务事业部战略与变革咨询服务全球负责人 Marc Chapman，在全球范围内访问了 765 名 CEO 并发布了一份 2006 年发布的全球 CEO 研究，该研究显示，全球 45% 的 CEO 认为，企业创新的关键来源是最普通的员工，而专职于创新研究的研发部门提供的创新不到 20%，另外，有 35% 以上的 CEO 认为，企业外部创新来源于业务合作伙伴和客户。正是这个结论让 IBM 有了展开创新大讨论这样的想法。2006 年 11 月 14 日，在 IBM 员工大会上，IBM 公司 CEO 彭明盛宣布将投资 1 亿美元用于 10 个创新观点。

值得注意的是，这些观点全部来自创新即兴大讨论——一场由 IBM 发起的有史以来规模最大的在线头脑风暴，这也开创了一个企业在实现创新方面的新路径。这场创新大讨论吸引了来自 104 个国家的 15 万人参与，包括 IBM 的员工、家属、高校、业务伙伴和来自 67 个国家的客户。在两场 72 小时的讨论中，参与者共发表了 46000 个想法，综合了 IBM 最先进的研究和技术，并结合他们自身的应用来解决现实中的问题和新兴商业机遇，经过数次筛选，最终确定了 10 个创新方向。

现代创新还有一个显著特征：仅靠单纯的技术创新一般来说是无法取得商业成功的。一方面，创新包含的知识产权和技术越来越多，单个技术创新不能保证整个创新成功；另一方面，企业要想从某个技术创新中取得实在的商业利益，常常需要其他多种创新的配合。苹果电脑推出 iPod 产品时用了 7 种创新，其中包括音乐下载平台 iTunes 这一商业模式创新。

iPod 的成功模式

苹果公司真正腾飞是以 iPod 热卖为起点的，而成就的原因是汇聚焦点的产品策略和重视用户体验的创新理念。事情的美妙之处在于，它证明了苹果式的创新、苹果式的工程学以及苹果式的设计都是至关重要的。iPod 占据了 70% 的市场份额。

iPod 以设计和感受取胜，是苹果对"把技术简单到生活"的实践，"站在苹果的角度，我们面对每件事情时都会问：怎么做能使使用者感觉方便"？在 iPod 试用过程中，乔布斯和他的团队意识到整个 iPod 平台还存在缺陷，那就是能够下载音乐的在线商店。他们知道必须有一个更简单的途径为 iPod 得到更多的音乐，而不是通过往电脑里一张张地塞 CD。于是，苹果将 iTunes 从一个单机版音乐软件变为一个网络音乐销售平台，让人们将单曲从互联网下载到他们的 iPod 播放机上，收费仅为 99 美分。由此开始，苹果 iPod 也超越音乐播放器的概念，成为一种全新的生活体验。苹果 iPod 为消费电子市场开创了一种新的商业模式，这是一种远比技术发明更重要的价值创新。从技术上来说，MP3 并不是苹果发明的，网络音乐下载也不是苹果的首创，但将两者结合却是苹果 iPod 的创新。这种"产品"加"内容"的模式一举奠定了苹果公司在 MP3 市场上的霸主地位。

创新的动态性和变化性特点表明，任何关于创新概念的解释都不能算是最终的定义。20 世纪 90 年代，创新的主要议题是技术、质量控制和降低成本。今天，创新的含义大大拓展了——企业以效率为中心而组织，以创新和成长为中心而再造，以及把设计当作创新和差异化之源等。

也许根本就没有必要严格地界定创新，那样反而限制了思维创新。企业也不要把创新看得高不可攀。其实，创新并非什么高深莫测的神话，而是人类最普遍的行为。有句话非常形象地描述了创新的真谛：创新无处不在，无人不能。

知识点 3：创新的形式

1. 发现

发现与"科学"相关联，指观察事物而发现其原理或法则，即发现已经存在但不为人知的规律、法则或结构和功能。发现主要是寻找或认识两个方面的东西：一是对自然界各种原理、规律的寻找或认识；二是对社会发展规律的寻找或认识。例如，牛顿通过苹果从树上掉下来的事实发现了万有引力定律，而且从数学上论证了万有引力定律。

2. 发明

发明与"技术"和"工艺"相关联，发明与发现密切相关。发现是通过观察事物而发现其原理；发明是根据发现的原理而进行制造或运用，产生出一种新的物质或行动。例如，我国"杂交水稻之父"袁隆平根据科学依据发明的杂交水稻。根据发明的实质，发明又可分为"基本发明"和"改良发明"两类。

3. 革新

革新即变革或改变原有的观念、制度和习俗，提出与前人不同的新思想、新学说、新观点，创立与前人不同的艺术形式等。人类社会是不断发展变化的，为适应这种变化，人们原有的伦理道德、价值观念、政治制度、法律制度、婚姻家庭制度、礼仪制度、生产制度和宗教制度等，也必须不断地革新。企业界的革新往往表现为技术革新、制度革新、流程革新等。

知识点 4：创新思维

1. 什么是创新思维

心理学认为思维是人脑对客观现实概括的和间接的反映，它反映的是事物的本质和事物间规律性的联系。思维同感知觉一样是人脑对客观现实的反映。感觉和知觉是当前的事物在人头脑中的直接印象，反映的是事物的个别属性、个别事物及其外部的特征和联系，属于感性认识；而思维所反映的是一类事物共同的、本质的属性和事物间内在的、必然的联系，属于理性认识。人们在生活实践中还常常遇到许多仅靠感觉、知觉和记忆解决不了的问题。实践要求人们在已有的知识经验的基础上通过迂回、间接的途径去寻找问题的答案；实践要求人们对丰富的感性材料，进行"去粗取精、去伪存真、由此及彼、由表及里"的改造制作工夫，达到问题的解决。这种"改造制作"的工夫，这种通过迂回、间接的途径获得问题的答案的认识活动，就是思维活动。

创新思维是指以新颖独创的方法解决问题的思维过程，通过这种思维能突破常规思维的界限，以超常规甚至反常规的方法、视角去思考问题，提出与众不同的解决方案，从而产生新颖的、独到的、有社会意义的思维成果。创新思维的本质在于将创新意识的感性愿望提升到理性的探索上，实现创新活动由感性认识到理性思考的飞跃。创新思维也可以从广义和狭义两个方面进行解释。

一般认为人们在提出问题和解决问题的过程中，一切对创新成果起作用的思维活动，均可视为广义的创新思维。它强调的是思维者思考的问题是生疏的，没有固定的思维程序和模式可以套用的思考活动。任何具有新颖独到之处的思维，都可以视为创新思维。

狭义的创新思维是指人们在创新活动中直接形成的创新成果的思维活动，如一种新的理论的建立，新技术的发明或对新的艺术形象进行塑造的思维活动。思维成果的独创性这时显得尤为重要，是前所未有的，它要被社会承认并产生巨大的社会效应。

2. 创新思维的特征

第一，独创性或新颖性。创新思维贵在创新，它或者在思路的选择上，或者在思考的技巧上，或者在思维的结论上，具有"前无古人"的独到之处，具有一定范围内的首创性、开拓性，一位希望事业有成或做一个称职的领导的人，就要在前人、常人没有涉足的、不敢前往的领域"开垦"出自己的一片天地，就要站在前人、常人的肩上再前进一步，而不要在前人、常人已有的成就面前踏步或仿效，不要被司空见惯的事物所迷惑。因此，具有创新思维的人，对事物必须具有浓厚的创新兴趣，在实际活动中善于超出思维常规，对"完善"的事物、平稳有序发展的事物进行重新认识，以求新的发现，这种发现就是一种独创，一种新的见解、新的发明和新的突破。

第二，极大的灵活性。创新思维并无现成的思维方法和程序可循，所以它的方式、方法、程序、途径等都没有固定的框架。进行创新思维活动的人在考虑问题时可以迅速地从一个思路转向另一个思路，从一种意境进入另一种意境，多方位地试探解决问题的办法，这样，创新思维活动就表现出不同的结果或不同的方法、技巧。例如，面对处于世界经济趋于一体化、竞争日趋激烈的小企业的前途问题，企业的职业经理不能无动于衷或沿用老思路，否则，只有死路一条。企业职业经理必须或是考虑引进外资，联合办厂；或是改组企业的人力、财力、物力的配置结构，并进行技术革新；或是加强产品宣传，并在包装上下功夫；或是上述三者并用。也可以考虑企业转产，或者被某一大型企业兼并，成为大企业的一个分厂。这里的第一条思路是方法、技巧的创新，第二条思路是结果的创新。两种不同的创新都是创新思维在拯救该企业的应用。创新思维的灵活性还表现为，人们在一定的原则界限内的自由选择、发挥等。一般来讲，原则的有效性体现在它的具体运用上，否则，原则就变成了僵死的教条。

第三，艺术性和非拟化。创新思维活动是一种开放的、灵活多变的思维活动，它的发生伴随有"想象""直觉""灵感"之类的非逻辑。非规范思维活动，如"思想""灵感""直觉"等往往因人而异、因时而异、因问题和对象而异，所以创新思维活动具有极大的特殊性、随机性和技巧性，他人不可以完全模仿、模拟。创新思维活动的上述特点同艺术活动有相似之处，艺术活动就是每个人充分发挥自己的才能，包括利用直觉、灵感、想象等非理性的活动，艺术活动的表面现象和过程中以模仿，如梵高的名画《向日葵》，人们都可以去画"向日葵"，且大小、颜色都可以模仿，甚至临摹。

然而，艺术的精髓和内在的东西及梵高的创造性创作能力只属于个人，是无法仿照的。同样，创造性的领导活动的内在东西也是不可模仿的。因为一旦谈得上可以模仿，所模仿的也只是活动的实际实施过程，并且是跟在他人后面。尤其是，创造性的思维能力无法像一件物品，如茶杯，摆在我们面前，任我们临摹、仿造。因此，创新思维被称为一种高超的艺术。

第四，对象的潜在性。创新思维活动从现实的活动和客体出发，但它的指向不是现存的客体，而是一个潜在的、尚未被认识和实践的对象。例如，在改革浪潮席卷全球的今天，无论是发达国家还是发展中国家，都在寻求适合本国国情的改革之路，那么，这条路究竟怎么走，即各国的职业经理们分别依据本国所面临的各种现实情况，进行创造性的思索，大胆试验。所以，这条路至今还不太清晰，还是潜在的，至多是处在由潜在向现实的不断转变之中。所以，创新思维的对象或者是刚刚进入人类的实践范围，尚未被人类所认识的客体，人们只能猜测它的存在状况，或者是人们虽然有了一定的认识，但认识尚不完全，还可以从深度和广度上加以进一步认识的客体，这两类客体无疑带有潜在性。

第五，风险性。由于创新思维活动是一种探索未知的活动，因此受多种因素的限制和影响，如事物发展及其本质暴露的程度、实践的条件与水平、认识的水平与能力等，这就决定了创新思维并不能每次都能取得成功，甚至有可能毫无成效或者得出错误的结论。

3. 创新思维的表现形式

创新思维的关键在于怎样具体地去进行创新性的思维。创新思维的重要诀窍在于多角度、多侧面、多方向地看待和处理事物、问题和过程。具体表现在以下几个方面：

（1）理论思维。理论一般可理解为原理的体系，是系统化的理性认识。理论思维是指使理性认识系统化的思维形式。这种思维形式在实践中应用很多，如系统工程就是运用系统理论思维来处理一个系统内和各个有关问题的一种管理方法。钱学森认为，系统工程是组织管理系统的规划、研究设计、创新试验和使用的科学方法。又如，有人提出"相似论"，也是科学理论思维的范畴，即人见到鸟有翅膀能飞，就根据鸟的翅膀、鸟体的几何结构与空气动力和飞行功能等相似原理发明了飞机，有的也称其为"仿生学"。还有在企业组织生产中，也有很多地方要用到理论思维。可以说理论思维是一种基本的思维形式。因此，为了把握创新规律，就要认真研究理论思维活动的规律，特别是创新性理论思维的规律。

（2）多向思维。多向思维也叫发散思维、辐射思维或扩散思维，是指对某一问题或事物的思考过程中，不拘泥于一点或一条线索，而是从仅有的信息中尽可能向多方向扩展，而不受已经确定的方式、方法、规则和范围等的约束，并且从这种扩散的思考中求得常规的和非常规的多种设想的思维。多向思维的概念，最早是由武德沃斯于1918年提出的，以后斯皮尔曼、卡推尔作为一种"流畅性"因素而使用过。美国心理学家吉尔福特在"智力结构的三维模式"中，明确提出了发散性思维，即多向思维。他认为，发散思维是从给定的信息中产生信息，其着重点是从同一的来源中产生各种各样的为数众多的输出。它的特点：一是"多端"，对一个问题可以多开端，产生许多联想，获得各式各样的结论；如怎样将梳子卖给和尚？二是"灵活"，对一个问题能根据客观情况变化而变化。例如，如果第二次龟兔赛跑兔子又输了，原因可能是行进方向反了，还可能是前面有条河等。三是"精细"，能全面细致地考虑问题。四是"新颖"，答案可以有个体差异，各不相同，新颖不俗。20世纪50年代后，通过对发散性思维的研究，进一步提出了发散性思维的流畅度（指发散的量）、变通度（指发散的灵活性）和独创度（指发散的新奇成分）三个维度，而这些特性是创新性思维的重要内容。人的多向性思维能力是可以通过锻炼而提高的，其要点是：首先，遇事要大胆地敞开思路，不要仅仅考虑实际不实际、可行不可行，正如一个著名的科学家所说："你考虑的可能性越多，也就越容易找到真正的诀窍。"其次，要努力提高多向思维的质量，单向发散只能说是低水平的发散。最后，坚持思维的独特性是提高多向思维质量的前提，重复自己脑子里传统的或定型的东西是不会发散出独特性思维的。只有在思考时尽可能多地为自己提出一些"假如……""假设……""假定……"等，才能从新的角度找到自己或他人从未想到过的东西。

（3）侧向思维。"他山之石，可以攻玉"。当我们在一定的条件下解决不了问题或虽能解决但只是用习以为常的方案时，可以用侧向思维来产生创新性的突破。

具体运用方式有以下三种：

1）侧向移入。这是指跳出本专业、本行业的范围，摆脱习惯性思维，侧视其他方向，将注意力引向更广阔的领域或者将其他领域已成熟的、较好的技术方法、原理等直接移植过来加以利用；或者从其他领域事物的特征、属性、机理中得到启发，导致对原来思考问题的创新设想。鲁班由茅草的细齿拉破手指而发明了锯；威尔逊移入大雾中抛石子的现象，设计了探测基本粒子运动的云雾器等。大量的事例说明，从其他领域借鉴或受启发是创新发明的一条捷径。

2）侧向转换。这是指不按最初设想或常规直接解决问题，而是将问题转换成为侧面的其他问题，或将解决问题的手段转为侧面的其他手段等。这种思维方式在创新发明中常常被使用。如在"网络热潮"中，兴起了一批网络企业，但真正最终盈利的是设备提供商，如思科等企业。

3）侧向移出。与侧向移入相反，侧向移出是指将现有的设想、已取得的发明、已有的感兴趣的技术和本厂产品，从现有的使用领域、使用对象中摆脱出来，将其外推到其他意想不到的领域或对象上。这也是一种立足于跳出本领域，克服线性思维的思考方式。如将工程中的定位理论应用在营销中。总之，不论是利用侧向移入、侧向转换还是侧向移出，关键的窍门还是要善于观察，特别是留心那些表面上似乎与思考问题无关的事物与现象。这就需要在注意研究对象的同时，要间接注意其他一些偶然看到的或事先预料不到的现象。也许这种偶然并非偶然，可能是侧向移入、移出或转换的重要对象或线索。

（4）逆向思维。哲学研究表明，任命事物都包括对立的两个方面，这两个方面又相互依存于一个统一体中。人们在认识事物的过程中，实际上是同时与其正反两个方面打交道，只不过由于日常生活中人们往往养成一种习惯性思维方式，即只看其中的一方面，而忽视另一方面。如果逆转一下正常的思路，从反面想问题，便能得出一些创新性的设想。如管理中的"鲶鱼效应"、需改变传统的"对固定路径的依赖"。

逆向性思维具有以下特点：

1）普遍性。逆向性思维在各个领域、各种活动中都有适用性，由于对立统一规律是普遍适用的，而对立统一的形式又是多种多样的，有一种对立统一的形式，相应地就有一种逆向思维的角度，所以，逆向思维也有无限多种形式。如性质上对立两极的转换：软与硬、高与低等；结构、位置上的互换、颠倒：上与下、左与右等；过程上的逆转：气态变液态或液态变气态、电转为磁或磁转为电等。不论哪种方式，只要从一个方面想到与之对立的另一方面，都是逆向思维批判性。逆向是与正常比较而言的，正向是指常规的、常识的、公认的或习惯的想法与做法。逆向思维则恰恰相反，是对传统、惯例、常识的反叛，是对常规的挑战。它能够克服思维定式，破除由经验和习惯造成的僵化的认识模式。

2）新颖性。循规蹈矩的思维和按传统方式解决问题虽然简单，但容易使思路僵化、刻板，摆脱不掉习惯的束缚，得到的往往是一些司空见惯的答案。其实，任何事物都具有多方面属性。由于受过去经验的影响，人们容易看到熟悉的一面，对另一面却视而不见。逆向思维能克服这一障碍，给人以耳目一新的感觉。

（5）联想思维。联想思维是指由某一事物联想到另一种事物而产生认识的心理过程，即由所感知或所思的事物、概念或现象的刺激而想到其他的与之有关的事物、概念或现象的思维过程。联想是每一个正常人都具有的思维本能。由于有些事物、概念或现象往往在时空中伴随出现，或在某些方面表现出某种对应关系，这些联想由于反复出现，就会被人脑以一种特定的记忆模式接受，并以特定的记忆表象结构储存在大脑中，一旦以后再遇到其中的一个时，人的头脑会自动地搜寻过去已确定的联系，从而马上联想到不在现场的或眼前没有发生的另外一些事物、概念或现象。联想的主要素材和触媒是表象或形象。表象是对事物感知后留下的印象，即感知后的事物不在面前而在头脑中再现出来的形象。表象有个别表象、概括表象与想象表象之分，联想主要涉及前两种，想象涉及最后一种。按亚里士多德的三个联想定律———"接近律""相似律"与"矛盾律"，可以把联想分为相近、相似和相反的三种类型，其他类型的联想都是这三类的组合或具体展开。

1）相似联想，是指由一个事物或现象的刺激想到与它在外形、颜色、声音、结构、功能和原理等方面有相似之处的其他事物与现象的联想。世界上纷繁复杂的事物之间是存在联系的，这些联系不仅是与时间和空间有关的联系，还有很大一部分是属性的联系。如学习中的"高原现象"与企业成长阶段的"瓶颈"；"狐假虎威"与"品牌联盟"；战场上的战术与商场竞争中的策略等。相似联想的创新性价值很大，随着社会实践的深入，人们对事物之间的相似性认识越来越多，极大地扩展了科学技术的探索领域，解决了大量过去无法解决的复杂问题。利用相似联想，首先要在头脑中储存大量事物的"相似块"，其次在相似事物之间进行启发、模仿和借鉴。由于相似关系可以把两个表面上看相差很远的事物联系在一起，普通人一般不容易想到，所以相似联想易于导致创新性较高的设想。

2）相反联想。是指由一个事物、现象的刺激而想到与它在时间、空间或各种属性相反的事物与现象的联想。如由黑暗想到光明、由放大想到缩小等。相近联想和相似联想不同，相近联想只想到时空相近一面而不易想到时空相反的一面；相似联想往往只想到事物相同的一面，而不易想到正相对立的一面，所以以相反联想弥补了前两者的缺陷，使人的联想更加丰富。同时，又由于人们往往习惯于看到正面而忽视反面，因而相反的联想又使人的联想更加多彩，更加富于创新性。

（6）形象思维。形象思维就是依据生活中的各种现象加以选择、分析、综合，然后加以艺术塑造的思维方式。它也可以被归纳为与传统形式逻辑有别的非逻辑思维。严格地说，联想只完成了从一类表象过渡到另一类表象，它本身并不包含对表象进行加工制作的处理过程，而只有当联想导致创新性的形象活动时，才会产生创新性的成果。实际上，联想与形象的界限是不好划分的，有人认为可以把形象看成一种更积极、更活跃、更主动的联想。

不同类型的形象，其具体物质特征可能不尽相同，但它们作为同一种思维方式，又有下面一些共同特点：

1）形象性。这是形象的明显的特点。人们通过社会生活与实践将丰富多彩的事物形象储存于记忆中形成表象，成为想象的素材。想象的过程是以表象或意想的分析和选择为基础的综合过程。想象所运用的表象以及产生的形象都是具体的、直观的。即使在研究抽象的科学理论时，人们也可以利用想象把思想具体化为某种视觉的、动觉的或符号的图像，把问题和设想在头脑中构成形象，用活动的形象来思维。如爱因斯坦在研究相对论时，就利用"火车""电梯""引力定律"等一些抽象的概念。抽象的理论或概念在思维过程中往往带有僵硬性，它的内容变化比较缓慢，常适应不了新的问题变化的要求。同时，在思维中概念的运演也要受逻辑框框的束缚，而直观的形象在思维过程中较概念更灵活、较少有保守性。

2）创新性。形象具有很大的创新性，因为它可以加工表象，多样式性的加工本身就是创新。如人们可以按主观需求或幻想分解或打乱表象、抽象、强化表象等。由于形象带有浓烈的主观随意性和感情色彩，所以就表现出丰富多彩的创新性。

3）概括性与幻想性。运用形象的思维活动并不是一种感性认识形式，而是具有形象概括性的理性认识形式，是由感性具体经过一系列的提炼和形象运演来进行的。与概括性互补的是形象中包含的猜想与幻想成分，它们是一种高于感知和表象的崭新意识活动。它更能在不确定情况中发挥人们创新性探索的积极性，有助于突破直接的现实感性材料的局限。

4. 创新思维的作用

首先，创新思维可以不断地增加人类知识的总量，不断推进人类认识世界的水平。创新思维因其对象的潜在特征，表明它是向着未知或不完全知的领域进军，不断扩大人们的认识范围，不断地把未被认识的东西变为可以认识和已经认识的东西，科学上每一次的发现和创造，都增加了人类的知识总量，为人类由必然王国进入自由王国不断地创造着条件。

其次，创新思维可以不断地提高人类的认识能力。创新思维的特征已表明，创新思维是一种高超的艺术，创新思维活动及过程中的内在东西是无法模仿的。这内在的东西即创新思维能力。这种能力的获得依赖于人们对历史和现状的深刻了解，依赖于敏锐的观察能力和问题分析能力，依赖于平时知识的积累和知识面的拓展。而每一次创新思维过程就是一次锻炼思维能力的过程，因为要想获得对未知世界的认识，人们就要不断地探索前人没有采用过的思维方法、思考角度去进行思维，就要独创性地寻求没有先例的办法和途径去正确、有效地观察问题，分析问题和解决问题，从而极大地提高人类认识未知事物的能力，所以，认识能力的提高离不开创新思维。

最后，创新思维可以为实践开辟新的局面。创新思维的独创性与风险性特征赋予了它敢于探索和创新的精神，在这种精神的支配下，人们不满于现状，不满于已有的知识和经验，总是力图探索客观世界中还未被认识的本质和规律，并以此为指导，进行开拓性的实践，开辟出人类实践活动的新领域。在中国，正是邓小平创造性的思维，提出了有中国特色的社会主义理论，才有了中国翻天覆地的变化，才有了今天轰轰烈烈的改革实践。相反，若没有创造性的思维，人类躺在已有的知识和经验上坐享其成，那么，人类的实践活动只能停留在原有的水平上，实践活动的领域也非常狭小。

创新思维是将来人类的主要活动方式和内容。历史上曾经发生过的工业革命没有完全把人从体力劳动中解放出来，而目前世界范围内的新技术革命，带来了生产的变革，全面的自动化，把人从机械劳动和机器中解放出来，从事着控制信息、编制程序的脑力劳动，而人工智能技术的推广和应用，使人所从事的一些简单的、具有一定逻辑规则的思维活动，可以交给"人工智能"去完成，从而又部分地把人从简单脑力劳动中解放出来。这样，人将有充分的精力把自己的知识、智力用于创造性的思维活动，把人类的文明推向一个新的高度。

【拓展阅读】

创新思维也许只是一厘米的差距

一家啤酒公司发布了一则消息，面向各大策划公司诚征宣传海报，开价是50万美元。消息一出，国内许多策划公司纷纷趋之若鹜，不到半个月时间，这家啤酒公司就收集了上千幅广告作品，但是，这些作品大都不尽如人意。最终，分管宣传的负责人只得从上千幅作品中选择了一件较为满意的作品。

有一幅作品的大致内容是：一只啤酒瓶的上半身，瓶内啤酒汹涌，在瓶颈处，紧握着一只手，拇指朝上，正欲顶起啤酒瓶的瓶盖。这幅海报的广告标语是："忍不住的诱惑。"

但是，这幅作品交给啤酒公司的老总定夺时，老总仅仅看了两秒钟左右就给否决了，理由是，这种创意略显生硬，并且用拇指来开酒，这种做法十分危险，若是用这种广告，因开酒而导致拇指受伤者肯定会大幅度增加，如若那样的话，势必会有许多消费者来起诉我们，那就得不偿失了。

这无疑是一个完美的拒绝，既说出了拒绝的原因，又彰显了啤酒公司对消费者的无微不至的关怀。

看到这家啤酒公司的老总如此挑剔，许多策划公司纷纷望而却步。这时候，一个艺术系的学生听说了这个消息，当即胸有成竹地拨通了该啤酒公司的电话，他打算试一试，啤酒公司的老总同意了他的请求，两天后，这位学生就拿着自己的作品走进了啤酒公司老总的办公室。

同样是两秒左右，啤酒公司的老总从自己的座位上站了起来，然后激动地说："年轻人，太棒了，这才是我想要的！"这位艺术系的学生也如愿以偿地得到了 50 万美元的稿酬。

第二天，啤酒公司的海报就铺天盖地地见诸各大媒体。想知道这幅海报的内容吗？其实很简单：一只啤酒瓶的上半身，在瓶颈处，紧握着一只手，瓶内啤酒汹涌，几乎要冲破瓶盖冒出来，这时候，瓶颈处紧握的那只手用拇指紧紧地压住瓶盖，尽管这样，啤酒还是如汩汩清泉溢了出来。这幅海报的广告标语是："啤酒，精彩按捺不住！"

同样是一只拇指，仅仅是变换了一下位置，向上位移了一厘米，转换了一下姿势，就赢得了 50 万美元！这在许多人看来，未免也太投机取巧了，然而，你可曾想过这样短短一厘米的背后，究竟要差距多少呢？

【本节小结】

（1）创新的概念。
（2）创新的本质。
（3）创新的形式。
（4）创新思维。

【本节习题】

1. 打开你的思维

假设有一个水缸，里边注满了水，现在有 2 个空水杯，一个 6 升，一个 7 升，怎么能从水缸中舀出正好 4 升的水？

怎么舀出4升水呢?

7升   6升

2. 水杯换位的思考

桌子上依次排列着三个装着饮料的杯子和三个未装饮料的杯子,如何能只移动一个杯子就将这六个杯子按照有饮料、没饮料的顺序依次摆放?

3. 你的思维灵活吗

一笔不间断将这几个点连在一起,要求不能重复画。

4. 练练你的创新思维

步骤一:在空白纸张正中央,写下你的问题,或是你所面临的情境、挑战。例如,你面临的挑战是要改良椅子的设计,你就可以试着在纸张中央,写出 10 个有关椅子的组成要素(参考下图)。

步骤二：每一次挑出一种组成要素，然后设法针对该要素想出不同的变化方式。请试着想想看，你所构想的变化可能会给产品整体带来什么样的影响？

步骤三：圈出 3 个最佳点子，展示说明该点子的可行性与实用性。

5. 猜猜这是哪张牌

小张、小李、小王他们知道桌子的抽屉里有 16 张扑克牌：红桃 A、Q、4，黑桃 J、8、4、2、7、3，草花 K、Q、5、4、6，方块 A、5。约翰教授从这 16 张牌中挑出一张牌来，并把这张牌的点数告诉李先生，把这张牌的花色告诉王先生。

约翰教授："你们能从已知的点数或花色中推知这张牌是什么牌吗?"

小李："我不知道这张牌。"

小王："我知道你不知道这张牌。"

小李："我知道这张牌了。"

小王："我也知道了。"

听完以上对话，小张准确地说出了这张牌。

6. 失踪的玩偶

有一家儿童医院，每位来医院看病的小朋友都非常喜欢那里的玩偶，爱不释手之余，有些小朋友就会将玩偶带回家。面对这个恼人的问题，院方想出了一个解决办法，不是将所有的玩偶都放起来，也没有让玩偶变成讨厌鬼，也没有惩罚那些将玩偶带回家的小朋友。请猜猜看，院方究竟采取了什么办法解决了这个问题呢？

参考答案：

1. 打开你的思维

（1）先将6升的水杯装满，倒入7升的水杯中，此时7升的水杯中有6升水。

（2）再将6升的水杯装满，倒入7升的水杯中，此时7升的水杯满了，6升的水杯中有5升水。

（3）将7升水杯中的水倒掉，将6升水杯中的水倒入7升水杯，此时7升水杯中有5升水。

（4）将6升水杯灌满，倒入7升水杯中，此时6升水杯中就少了2升水，剩余4升水，问题得以解决。

2. 水杯换位的思考

将第二个杯子中的水倒入第五个杯子即可。

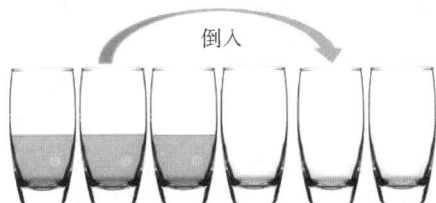

倒入

3. 你的思维灵活吗

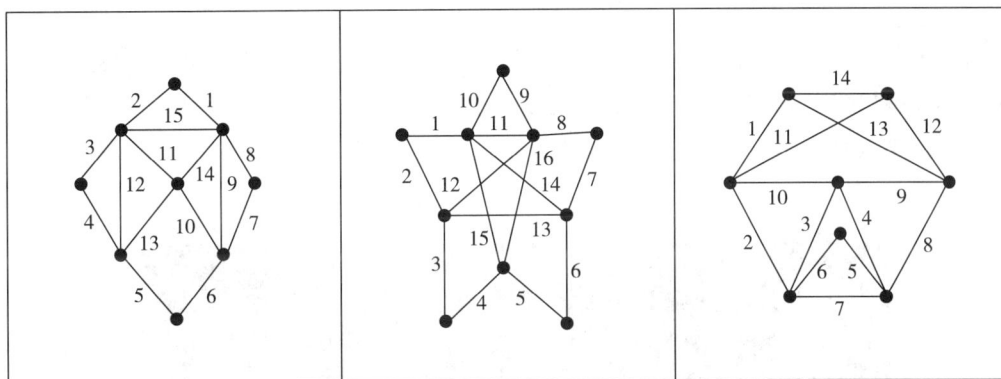

4. 练练你的创新思维

展开你的奇思妙想即可。

5. 猜猜这是哪张牌

（1）根据小李："我不知道这张牌。"可知，这张牌必有两种或两种以上花色，即可能是A、Q、4、5。如果这张牌只有一种花色，小李知道这张牌的点数，肯定就知道这张牌。

（2）根据小王："我知道你不知道这张牌。"可知，这张花色牌的点数只能包括A、Q、4、5，符合这个条件的只有红桃和方块。小李知道这张牌的花色，只有红桃和方块包括 A、Q、4、5，因此小王才能作此断言。

（3）根据小李："我知道这张牌了。"可知，小李通过小王的话判断出花色为红桃和方块，而小李又知道这张牌的点数，因此小李便能推断出这张牌。据此，排除点数 A，这张牌可能是 Q、4、5。因为如果这张牌的点数为 A，小李便无法判断。

（4）根据小王："我也知道了。"可知，花色只能是方块。如果是红桃，小王排除点数 A 后，还是无法判断这张牌是 Q 还是 4。

（5）最终得出结论：这张牌是方块 5。

6. 失踪的玩偶

将全部玩偶都包上绷带，告诉小朋友，玩偶宝宝生病了（或受伤了），需要住院养病。

第二节　创新的七个来源

【引导案例】

再也不怕上医院了，儿童医院里的可爱 CT 机

熊孩子都怕去医院，医院也怕熊孩子。大家都知道所有医院的放射科阴森冰冷，螺旋 CT 的造型与视觉效果都很容易引起孩子恐慌，当场哭闹不止，医生和家长也很崩溃。很多时候，为了数据准确家长不得已就选择了全身麻醉，但这个解决办法多少会伤害孩子的脑神经。

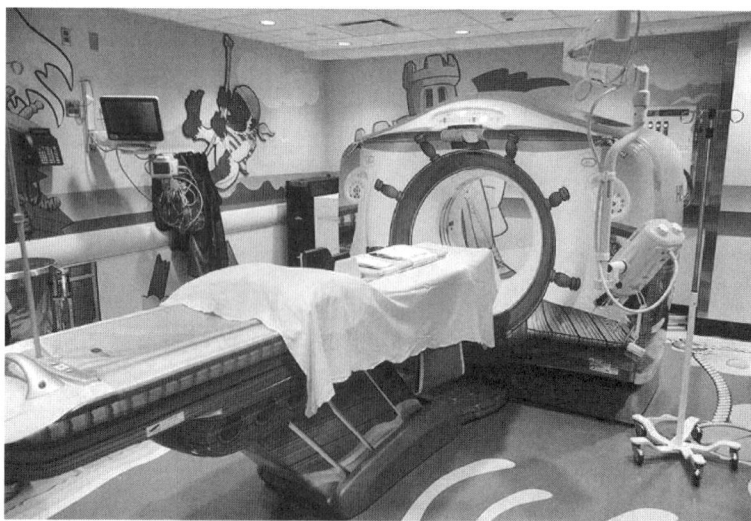

但是上图的这台 CT 机可能让孩子们不再怕去医院。纽约的长老会摩根士丹利儿童医院重新设计了它们的 CT 机机房，赋予了可爱的海盗主题，放射科的主任医生 Carrie Ruzal - Shapiro 说："这里没有恐怖的海盗，而是可爱的海盗，看上去就像好奇的乔治里的世界，小朋友也反响强烈，医院对他们来说就不那么可怕了。"

好的医院设计，应该是人性化巧妙处理关键科室的布局，在不影响检测准确性的前提下，引入艺术手段或者卡通形象舒缓就诊儿童紧张情绪。纽约的这家医院虽然只是重新设计了一下 CT 机机房，却很好地缓解了儿童对 CT 机的恐惧，也让家长如释重负。这个小小的创新在医院广受好评，这家医院平均每天有 200 个患儿，其中 150 个年龄从新生儿到 21 岁，会来到放射科进行 CT 扫描，从新生儿疾病、畸形和脑瘤到各种疑难杂症的患者都有，连 17~21 岁的成年患者也会要求选择海盗 CT 机。

【小组讨论】

（1）你认为引导案例中 CT 机这个创新点子的来源是什么？
（2）请列举更多的关于创新的案例，分析它们的创新来源。

【知识链接】

在管理学经典《创新与企业家精神》中，管理大师彼得·德鲁克曾一针见血地指出，要进行系统化的创新，企业需要在每隔 6~12 月就打开企业的天窗，看一看外面的世界。

德鲁克将"机会的窗口"分类归纳为七项，并指出这七扇窗是任何一家公司都可以进行的、可靠的创新来源。德鲁克认为，对于大企业来说，创新是有意识地、有目的地寻求机会的结果。而这七扇窗的打开毫无疑问为大企业的创新带来了这样的机会。

知识点 1：意外事件

德鲁克认为，没有哪一种来源能比意外成功提供更多创新机遇了。它所提供的创新机遇风险最小，整个过程也最不艰辛，但是意外成功却几乎完全受到忽视。更糟糕的是，管理者往往主动将它拒之门外。假如在企业的产品线中，有一种产品的表现要好过其他产品，大大出乎管理层预料，管理者正确的反应应该是什么呢？

当万豪还只是一家餐饮连锁企业时，万豪的管理者注意到，他们在华盛顿特区的一家餐馆生意特别好。经过调查，他们了解到是因为这家餐馆对面是一座机场，当时航班不提供餐饮，很多乘客会到餐馆买些快餐带到飞机上。于是，万豪酒店开始联系与航空公司合作——航空餐饮由此诞生。

意外的成功可以提供创新机遇，意外的失败同样是非常重要的创新机遇来源。福特的埃德赛尔（Edsel）经常被商学院的教授当作新车型的典型失败案例援引，但大多数人并不了解，正是"埃德赛尔"的失败为福特公司日后的成功奠定了基础。

当此款汽车遭遇失败时，福特当时的管理层并没有把失败归咎于消费者，而是意识到汽车市场正在发生一些变化，认为市场细分不再是依据不同收入人群划分，而是出现新的划分方式，即我们现在所称的"生活方式"。福特在此认知分析调查的基础上，最终推出了"野"（Mustang），一款使公司在市场上独树一帜且重新获得行业领先地位的车型。

需要注意的是，意外的失败不是掉以轻心导致的，而是经过周详计划并努力实践后还是失败了。这样的失败就值得重视，因为分析失败原因的过程，就是发现事实的变化进而发现创新机遇的过程——也许是公司战略所依据的假设不再符合现实状况；也许是客户改变了他们的价值和认识……诸如此类的变化都可能带来创新的机遇并涉及其他创新来源。

知识点 2：不协调事件

不协调是指现状与事实"理应如此"之间，或客观现实与个人主观想象之间的差异，这是创新机遇的一个征兆。关于不协调的事件，德鲁克给出了四种情况：经济现状的不协调、现实和假设的不协调、所认定的客户的价值和客户实际的价值（追求的东西）之间的不协调、程序的节奏或逻辑的内部不协调。

集装箱的首次出现源于行业的假设与现实之间的不协调。20 世纪 50 年代之前，航运业一直致力于降低航运途中的成本效率，争相购买更快的货船，雇用更好的船员，但成本仍居高不下，导致航运业一度濒临消亡。直到货运集装箱出现，航运总成本下降了 60%，航运业才重新起死回生。

集装箱的发明者用简单的创新解决了现实和假设之间的不协调。航运业当时的重要假定是：效率来自更快的船和更努力的船员，而事实上，主要成本来自轮船在海港闲置、等待卸货再装货的过程中。当方向错了时，越努力就越失败——船开得越快，货装得越多，到港后需要等待的时间就越长。

知识点 3：程序需求

实质上，流程需求这方面的创新是寻找现有流程中薄弱或缺失的环节。这种需要既不含糊也不笼统，而是非常具体的，因为肯定有"更好的方法"会受到使用者的欢迎。在基于程序需要的创新中，组织中的每一个人都知道这个需要的存在。但是，通常情况下，没有人对此做出反应。但是，一旦出现创新，它则马上被视为"理所当然"而接受，并很快成为"标准"。

基于程序的创新是从工作或任务出发的，而基于不协调的创新往往是因为形势所迫。尽管在不协调的四种现象中，有一种也是与程序有关的，但德鲁克单独把程序需要作为一个来源提出来，是因为它与不协调是基于两种不同的感知（发现）途径，需要创新者对一项具体工作或任务进行研究，而不是对行业所在环境进行研究。

一些新手开车时，会在紧急状态下把油门当刹车而造成车祸。上海一位 17 岁的女中学生设计出一个传感器，能够迅速判断出是误踩油门，并转换成自动刹车。专家认为，此项创造发明可创造 60 亿元的市场价值。这个创意就是"基于程序的需要"。

巴西阿苏尔航空公司以机票低廉而著称，但却没有更多的巴西人愿意搭乘它们的航班。经过研究发现，原因在于乘客还需要从家里乘出租车到机场，而这可能要占到机票的 40% ~ 50% ，同时又没什么公交系统或者火车线路可以完成这样一个行程的支持。

换言之，"从家到机场"是顾客流程的一部分，但却没有得到有效的满足。于是，阿苏尔航空决定为乘客提供到机场的免费大巴。如今，每天有 3 万名乘客预订阿苏尔航空的机场大巴，阿苏尔航空也成为巴西成长最快的航空公司。

知识点 4：产业和市场变化

市场和产业结构有时可持续很多年，从表面上看非常稳定。实际上，市场和产业结构相当脆弱，受到一点点冲击就会瓦解，而且速度很快。一旦发生这种情况，产业中的每一个成员都不得不有所反应。继续以以前的做事方式势必会带来灾难，而且可能导致一个公司的消亡。但是，市场和产业结构的变化同样也是一个重要的创新机遇。

产业和市场结构会发生变化，通常是由于客户的偏好、口味和价值改变。另外，特定行业的快速增长也是行业结构变化的可靠指标。

历史悠久的公司往往会保护已经拥有的，且不会对新手的挑战进行反击。当市场或行业结构发生变化，传统的行业领先企业会一次又一次地忽略快速增长的细分市场。就好像历史上所有的古代帝国、公司和个人，一旦创造出一件美好的事物，机制或身体内部就会产生一种免疫功能，自动保护它免遭破坏。但与此同时，新的创新机遇也隐藏在其中，虽然其很少符合传统的市场方式、界定方式和服务方式。

柯达的失败就是因为它倾向于重复地做同一件事情，一直做下去，忽视了市场和产业结构的变化。在过去的十几年里，影像行业出现了革命性的技术创新和市场转向，柯达作为全球最大的影像公司，未能赶上潮流，一步步陷入生死存亡的绝境。而事实上，早在 1975 年，柯达就发明了第一台数码相机，管理层知道胶卷总有一天会消失，但是不知道什么时候会发生。虽然柯达 1998 年就开始深感传统胶卷业务萎缩之痛，但柯达的决策者们，由于担心胶卷销量受到影响，一直未敢大力发展数字业务。

结果，当市场结构真正变化时，一切都来不及了。2004 年，柯达推出 6 款姗姗来迟的数码相机，但利润率仅 1% 。2011 年，这家百年企业的市值蒸发超过 90% ，不得不于 2012 年在美国申请破产保护。

知识点 5：人口结构的变化

在创新机遇的外部来源中，人口结构通常被定义为人口数量、人口规模、年龄结构、人口组合、就业情况、受教育程度以及收入情况。相比其他来源，人口结构的变化是最可靠的一个来源。

据估计，到 2020 年，60 岁以上的中国老年人将达到 2.48 亿；到 2040 年，这个数字是 4.37 亿，约占总人口的 1/3 。生于 20 世纪 80 年代且育有子女的超过 9000 万，这是一个庞大的细分市场。应用德鲁克的创新机遇分析，我们会发现，从老年群体到年青一代以及他们的孩子，中国有好几个细分市场可以为消费者产品和服务提供机会。

美国有一家鞋业连锁店，名叫梅尔维尔，它接受了战后"生育高峰"的事实。当时，它还是一家名不见经传的小店。20 世纪 60 年代初，当第一批"生育高峰"期出生的人进入青少年阶段之前，梅尔维尔就把自己的经营对准了这个新市场，它为青少年顾客特别开设了新颖的与众不同的专卖商店，它对产品重新进行了设计，并把十六七岁的年轻人设定为自己广告和商品推销的重点对象。随后，它又将经营范围从鞋类扩展到青少年系列服饰。结果，梅尔维尔成为美国发展最快而且盈利最高的零售店之一。十年以后，其他的零售店才开始迎合青少年的需求，而这时，人口的结构重心已开始处于从青少年向 20 ~ 25 岁年龄层转移的时刻。

知识点 6：认知上的变化

从数学角度看，"杯子是半满的"和"杯子是半空的"这两句话没什么差异。但是，它们之间的意义却全然不同，因此，所产生的结果也完全相反。如果，一般认知把杯子看成是"半满的"转变为"半空的"，那么，其中就存在了重要的创新机遇。

意料之外的成功和失败都可能意味着认知和观念的转变，认知的改变并不能改变现实，但是它能够改变事实的意义，而且非常迅速。意义从"杯子是半满的"改变为"杯子是半空的"。从将自己看作劳动阶级，注定要进入自己的人生位置，到把自己看作中产阶级对自己的社会地位和经济机遇有很大的把握权，意义发生了变化。这种变化可以来得很快。美国人口的大部分从将自己看作劳动阶级改变到把自己看作"中产阶级"的时间可能不会超过 10 年。

20 世纪 50 年代初的一个例子也是利用认知变化的一个证明。1950 年左右，美国人开始铺天盖地地将自己描述为"中产阶级"，而且基本上不考虑收入或职业。很显然，美国人已经改变了他们对自己社会地位的认识，但是这个变化意味着什么？一位名叫本顿（William Benton）的广告公司的行政官员（来自康涅狄克州的众议员）走出去，询问人们"中产阶级"一词对他们意味着什么。调查的结果很清楚：与"劳动阶级"相比，"中产阶级"意味着相信自己的孩子有能力通过优良的成绩而晋升。于是，本顿买下了"大英百科全书"公司，并开始向第一代孩子读到高中的家庭的父母兜售百科全书——大部分人是通过高中老师。"如果你想成为中产阶级"，推销员实际上是这样说的，"你的孩子必须拥有一套百科全书，才能在学校中有好成绩"。三年之内，本顿使一个濒临破产的公司起死回生。十年以后，该公司开始在日本重施故伎，以同样的理由，获得了同样的成功。

知识点 7：新知识

综观那些书写历史的创新，都是基于某种新的知识——无论这种知识是科学的、技术的，还是社会的。以知识为基础的创新，是创业精神中的"超级明星"。它们吸引公众注意，能获得投资。它是人们经常谈到的创新的最普遍形式，关于新知识的创新案例不胜枚举。从柴油发动机、飞机、计算机、工业自动化生产线、青霉素、塑料等自然科学和技术产品，到管理学、学习理论、报纸等非科技的社会创新，都展现了新知识创新在推动人类进步上所发挥的重大作用。

德鲁克归纳了关于新知识创新的三个特征：

（1）在所有创新的来源中，新知识的利用所需要的时间最长。在新的知识出现和被吸收用于新技术之间，存在着很长的时间差。而新技术要以产品、流程、服务的形式投放于市场，又是一个漫长的过程。以工业自动化生产线和化学疗法的临床运用为例，从最初的研究发现到最终的大规模应用，分别花费了 27 年和 25 年。

（2）新知识创新从来不是基于一个因素，而是几种不同知识的汇合。一个典型的案例是喷气式发动机，这一发明早在 1930 年就取得了专利，但直到 1941 年才进行首次军事实验，而首架商业喷气式飞机直到 1952 年才诞生。波音公司最终研发出了波音 707 客机是 1958 年，也就是喷气发动机取得专利的 28 年之后。因为新飞机的研发不仅是发动机，还需要空气动力学、新材料以及航空燃料等多方面技术的汇合。

（3）市场接受度不明确。其他类型的创新都是利用已经发生的变化来满足已经存在的不同需求，而知识创新本身就是在引起变化，它必须自行创造出需求。其风险较高，因为没有人可以准确预测使用者对它的态度是接受还是排斥。1861 年，最初发明电话的赖斯正是因为当时人们认为"电报已经足够好"的普遍心态而放弃了进一步研发电话的机会。但当 15 年后贝尔为电话申请专利时，人们立即对此做出了积极的反应。

【拓展阅读】

扼杀创新的四种想法：为什么鼓励创新的公司却缺乏创新

几乎所有的企业都声称自己是创新企业、鼓励创新。

比如我曾经参加过一个飞利浦的一位高级副总裁 Fredrick Spalcke 主持的讲座，他说："飞利浦是非常创新的企业，实际上，创新是我们价值观中非常重要的一部分。"

然后我在现场提了一个问题：

你好，就像您提到过的飞利浦非常创新，那么飞利浦公司内有哪些规定或者工作流程是为了保证创新而设置的呢？

这时 Spalcke 先生先是重复了一下我的问题（应对提问的好策略），然后说：

"实际上，我们并不缺乏创新，我们反而是创新的想法太多了，重要的是想办法如何筛选……"

嗯，这就好像一个人宣扬自己很成功很会赚钱，但是当你好奇地问：

"请问你具体是通过什么方式赚钱的呢？"

他回答："其实，我最大的问题并不是怕赚不到钱，而是怕钱太多不知道该怎么花……"

是的，如果你去参加任何一场招聘宣讲会，就会发现几乎所有的企业都声称自己鼓励创新。

但是，当你问到底是怎么鼓励创新的时候，到底施行了什么规定来降低组织惯性、提高对新想法的容忍度的时候，往往会发现它们其实缺乏这些方法。

很多人觉得"提倡创新"只要喊出口号、表现出态度就行，殊不知"提高创新"其实跟提高"利润"一样，态度和口号没有直接作用。

所有的企业都想"提高利润"，但是这种想法本身并不能提高利润；同样，所有的企业都想"鼓励创新"，但是这种想法本身并不能真正鼓励创新，就连无法适应变革而倒下的柯达和诺基亚，其实也是号称"鼓励创新"的企业。

因为人和组织天生就有这些惯性，导致拒绝创新。

一、不必要的假设

请先看这样一个段子：

一位父亲和他的儿子发生了车祸，父亲当场就死了，儿子被送入医院。手术室里，外科医生看到这个男孩说："我不能给他做手术，他是我的儿子。"

当你看到这个故事的时候，你的第一反应是什么？

我想很多人的反应跟我一样：男孩可能是外科医生的私生子。

打住！在你尽情幻想整个故事的狗血情节之前，请看这个故事最真实的解释：

一个孩子的爸爸死了，当医生的妈妈在手术台前看到这个孩子。

是的，没有什么私生子，没有"狗血八卦情节"，这其实只不过是一个非常寻常的车祸案件。

但是你为什么第一反应是"这个孩子是外科医生的私生子"呢？

因为在你大脑的潜意识假设中，外科医生是男的，而且整个故事大量出现的"他""男孩"等男性词汇，更加强化了你的这一假设。

而实际上，在你做这个故事的判断的时候，这种假设是不必要的。当你怀着根本不必要的假设来判断一件事时，你就容易做出错误的判断。

但是我们长久形成了某种固定的习惯（如见到的大多数外科医生都是男的），导致这种过去的习惯被我们当成了"现实"或者"金科玉律"。

而当我们拿这种所谓的"金科玉律"来处理新问题的时候，往往就会拒绝创新。

比如，多年以来，美国的航空业就有这样的"金科玉律"：

"长途航线好，短途航线不好！"

为什么呢？

因为本来美国的航空业存在价格管制，为了促进小城镇发展，政府强制降低了短途航线的价格，使它低于运营成本，然后让航空公司靠长途航线的盈利来弥补。

这时候利弊就很清楚了："多跑长途，因为盈利好！"

因此政府又加了限制，规定航空公司必须保证一定比例的短途航线。所以航空公司一边垂涎高利润率的长途航线，一边又不乐意继续经营短途航线。

这个时候政策突然出现了变化——政府逐步放松了对航空业的管制，航空公司可以自由选择自己的业务了。

如果你是这时航空公司的高管，你的策略是什么呢？

大多数人的第一直觉很简单：既然不再强迫一定要跑短途了，那我就多跑长途呗！

而这也是美国联合航空公司的做法：直接放弃全部短途航线，全部跑长途。毕竟"长途好，短途不好"可是行业多年来的"金科玉律"。

这里有什么问题呢？

这里的问题就是：这个"金科玉律"存在的时间太长了，导致大多数人忘记了存在的前提假设——短途航线是因为价格管制而利润低。

但是这个前提假设已经不成立了，现在政府取消了管制，航空公司可以自由定价，短途行业完全可以提升价格，创造利润啊！

而且长途航线之所以存在盈利的前提假设也不存在了。

之前长途航线能稳定盈利是因为价格管制，各个航空公司无法打价格战。而现在价格管制取消，疯狂增加长途行业业务的航空公司势必展开激烈的价格战，利润微薄。

这时短途航线因为存在定价空间而且竞争不激烈，才是最佳的选择。

而这个"新环境"下的最佳选择，却并不符合行业的"金科玉律"。

很多所谓的"金科玉律"，其实并不是独立存在的，它们存在的前提是一些"假设"。而一旦某一天这些假设变得"不必要"时，这些"金科玉律"也就失去了存在的基础。

公司慢慢发展壮大，自然会在内部形成一定的"金科玉律"，如"本公司不允许迟到""我们是一家专注××领域的公司"或者"自己生产产品而不是外包"。

这些"金科玉律"往往是公司的创始人定下来的，当初的存在一定有合理性，但是随着时间的推移，人们逐渐忘记了这些"金科玉律"存在的假设前提。

导致某一天这些"金科玉律"存在的前提已经消失，人们还是会拿这些已经失去了存在意义的规则来封杀创新。

"你不懂，我们公司一直以来就这样，这是我们20年来生存的保证！"

这时你应该问：

"那么，请问这条规律合理的假设前提是什么呢？这个假设前提现在还是必要的吗？如果某个规律存在的假设已经没有必要，我们为什么还要遵守？"

二、过度追求可预见性

企业或者任何组织压制创新的另一种方法就是对"可预见性"的追求。

对"可预见性"的追求几乎是所有人的天性，当听到一个陌生的想法、某种陌生的工作流程，或者仅仅是见到了一种陌生的产品，大部分人内心天然就是拒绝的。

想想有多少人在智能手机刚出现的时候对它嗤之以鼻就知道了——"这个太难学会了""不会用。"

你难道不会对这样的评价感到震惊？竟然有人觉得 20 个按键的手机比 1 个按键的手机还要"易用"，而且这些人在几年前竟然是大多数。

其实他们潜意识里真正的原因并不是智能手机难用，而是智能手机"太陌生"。

研究发现，在全新产品上市时，不论打多少广告，都会有 80% 以上的人只"感兴趣"但是不购买。

大部分人在看到自己的朋友用某款新产品之前（不论是智能手机还是智能手环），自己是绝对不会买来试试的。

这就是人天生的本性，而这样的本性导致企业内存在大量的压制创新的行为。

如果你有类似的经验，你一定会对这样的场面非常不陌生：

经过了长时间的思考和分析，你终于想出了一个绝佳的策略——"根据目前的情况，我们需要改进团队的工作流程……"

然后，你兴冲冲地找到上司去讲，就会发现：对方在 1 秒之内就开始皱眉头，然后感觉不行。

可是，人怎么可能在这么短的时间内完成思考呢？在这么短的时间内完成问题界定、可行性分析等过程，然后最终得出答案是不行。

这一切都说明了拒绝你的人根本没有进行最起码的"思考"，而是完全出于对"陌生感"拒绝的本能。

一旦被这个本能激发，剩下的时间就简单了：他们会质疑你没有详细的数据支撑，会吐槽"竞争对手做了吗？竞争对手没做，我们急什么"。

然后他们会发现这样的逻辑连自己都说不过去（毕竟只有做竞争对手没有做的东西，才能享受先发优势），最后会拿"我还是看看吧""现在资源很紧"等原因拒绝。

人对"可预见性"有天生的需求，对陌生也有天生的恐惧。

不信你回家跟爸爸妈妈说：

"妈，我不去考公务员了，我想去思路特工作。"

这时，你的爸爸妈妈根本不去了解思路特比公务员的优势，不去花任何 1 秒去了解思路特的前景，甚至都懒得问你思路特到底是什么，就会直接拒绝。

他们的拒绝既不是理智分析的结果，也不是所谓的"人生经验的积淀"，而是纯粹的对陌生感的天然厌恶。

而这样对"可预见性"的需求简直是公司内"扼杀创新"的巨大杀手。

他们一定要求详尽的数据分析，一定要求做别人已经做过的事情，一定要至少找一个"标杆企业"对比一下，这些追求有时候并没有降低项目风险，它真正降低的其实是"陌生感"，它带来的并不是"效益提升"，而是"心理慰藉"。

所以如果有机会，你可以问："请问你的拒绝是仔细了解情况后分析利弊后的产物，还是处于天生的对陌生感的拒绝和对可预见性的追求？"

三、只想减少错误

严格地控制以减少出错——不论是控制每一个生产流程还是控制员工的KPI，是很多企业得以成功的保证。

笃信"严格控制论"的公司认为成功就是"把错误减少到最小"。

但实际上并不是这样，因为公司或者个人的成功其实依赖两方面的因素：

成功＝减少坏事＋增加好事

是的，想办法"减少一切错误"并不能让一个公司持续成功，一个公司的成功还取决于增加"好"的方面，如不断地创新。

单纯地"减少坏事"并不足够，就像你把自己所有的病都治好了，也不代表你变健康了，你只是变得"没有病"而已。而要想变健康，还要"增加好事"，如健身、游泳、规律作息等。

但是很多公司关注的焦点只是"减少坏事"，它们笃信"控制论"，认为自己只要控制了一切过程、所有的地方都不出错，就能获胜。

有些公司的分析师团队就是这样，他们把所有的时间都花在了"遵守内部规定"上，而不是"寻求新的发现"。

他们把大量的精力用在了遵守既定的模型、符合现有的PPT模板上，因为这样至少可以按照要求"交活"。

这样虽然在一定程度上"减少了坏事"，但是同样也"减少了好事"——杀死了创新。

实际上，很多公司内伟大的创新都是工作流程之外的产物，如3M便利贴、谷歌邮箱等。

正是这种"妄图通过严格控制来降低一切错误"的行为，压制了创新——因为没有了试错的空间。

这并不是说不要"减少错误"，而是应该平衡"减少错误"和"增加好事"，不能只关注一方。

四、压制意外

在美国"9·11"恐怖袭击之前，FBI的一名特工肯尼斯·威廉姆斯曾经发现了一些巧合：

有几位阿拉伯男子在学习开飞机，自相矛盾的是，他们并不想学习起飞和降落技术，而这两项恰恰是最难掌握的而且是最关键的飞行技能。

这引起了威廉姆斯的注意：一个不会起飞，不会降落的飞行员能做什么呢？这样学习飞机有什么用？没有任何一家航空公司愿意雇用这种人。

然后一个可怕的想法进入这位特工的脑中：这样学习开飞机，唯一的用途就是劫机并且自杀式袭击吧？

这个特工立刻致信给总部，要求调查全国学习开飞机的可疑人员，并且发出了可能有"劫机事件"的警告。

但是这样的警告被上司忽略了，他们认为这个意外完全是巧合，不值得考虑。

的确，在很多人眼里，"意外就是意外"，它只不过是巧合而已。

他们只想完成今天的工作，在他们看来，探究新奇的想法、渴望在意外事件中发现线索简直是不成熟的行为，所谓的成熟的人必须跟他们一样："只想尽快把工作搞定。"

在这样的团队中，只要有一点打破常规的东西，就被视为按时完成计划和按部就班的威胁。

想象一下，假设公司的项目已经做了90%，这时你突然创造性地发现这个项目存在严重问题，然后提出提议："王总，现在突然发现这个项目有严重问题，我建议我们重新考虑一下，换一种方法做。"

这时你觉得你会得到什么样的回复呢？

在大多数情况下，你得到的回复是："不行，我们还是按照现在的计划来，这样才能按时无误地完成计划。"

而上面那个例子就是"挑战者航天飞机失事事件"前发生的事情——即将升空前几天，工程师突然发现了航天器的问题，但是这个问题被当作了按时完成计划的威胁，所以被否决了。

最终航天器在升空不久后爆炸了。

五、结语

大部分人喜欢固定和重复，而这部分人组成了公司的大部分人，再加上组织本身自带的惯性，让大部分公司天生就对创新是排斥的。

他们往往坚持所谓的"金科玉律"，却忽略了它成立的前提假设，而这个假设可能早就变得不必要。

他们讨厌陌生，渴望"可预计的感觉"，相信只要符合既有想法的思路，往往是对的。

他们强调控制，认为所有人按部就班、按照流程走，就不会出错。

他们压制意外，在他们看来，任何的意外都是"按时完成工作"的威胁，而不是创意和机会的源泉。

更重要的是，他们认为这套经验做法是对的，是被证明过的。

著名历史学家丹尼尔·布尔斯廷说过：获取知识最大的阻碍并不是无知，而是对知识的幻觉。

同样，对创意最大的阻碍并不是缺乏知识、缺乏经验，而是对知识和经验的幻觉——觉得自己很懂，觉得习惯了的就是正确的。

（资料来源：李靖. 中国人力资源网［EB/OL］. http：//www. hr. com. cn/p/1423415319）

📝【本节小结】

创新的七个来源，包括意外事件、不协调事件、程序要求、产业和市场变化、人口结构的变化、认识上的变化、新知识。

【本节习题】

1. 跳出思维定式

你可以把一个正方形一分为四，分割成 4 个完全相同的图形吗？最低标准：请至少想出 10 种分割法。

只要跳出你的思维定式，一定能想出很多办法！

2. 拓展思维模式

一个白色的正方体，请你在任何一面涂上蓝色，一共可以变成多少种不同的正方体呢？要求：每一个上色完毕的正方体，不论怎样旋转，都不会和其他正方体出现相同的颜色组合。

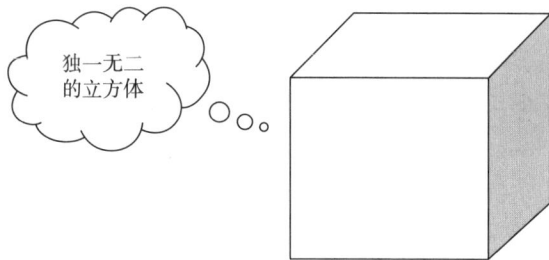

独一无二的立方体

3. 创造条件解决问题

有 140 克糖，想要分成两份，一份 50 克，一份 90 克，但现在只有一个天平以及 3 克和 8 克的砝码各一个，只能使用三次天平，该怎样做呢？

3g　8g

4. 由已知推论未知

通过以下对话，分析李老师的生日是哪一天？

小薇和小芳都是李老师的学生，李老师的生日是 A 月 B 日，她们两个人都知道李老师的生日是下列 10 组中的一天，李老师把 A 值告诉了小薇，把 B 值告诉了小芳，李老师问她们知道老师的生日是哪一天吗？

3 月 4 日、3 月 5 日、3 月 8 日、6 月 4 日、6 月 7 日、9 月 1 日、9 月 5 日、12 月 1 日、12 月 2 日、12 月 8 日。

小薇说："如果我不知道的话，小芳肯定也不知道。"

小芳说："本来我也不知道，但是现在我知道了。"

小薇说："嗯，现在我也知道了。"

分析老师的年龄

5. 依据线索得出结论

通过以下线索分析三个女儿的年龄并说明原因。

王先生有三个女儿，三个女儿的年龄加起来等于 13，三个女儿的年龄乘起来等于王先生自己的年龄。一天他和同事聊天，同事好奇他三个女儿的年龄，于是他将自己的年龄告知同事，但同事仍不能确定他三个女儿的年龄，这时王先生又补充说他只有一个女儿的头发是黑的，然后同事就知道了王先生三个女儿的年龄。

年龄相加=13

年龄相乘=王先生的年龄

6. 会缩水的魔法杯

拿一个普通咖啡杯，再拿来一张长宽大约 20 厘米的正方形纸张，然后在纸张的正中央割开一个 2 ~ 3 厘米大小的圆洞。你所要挑战的任务是：用手指推动这个咖啡杯穿过这张纸上的圆洞。你打算怎么做呢?

参考答案:

1. 跳出思维定式

2. 拓展思维模式

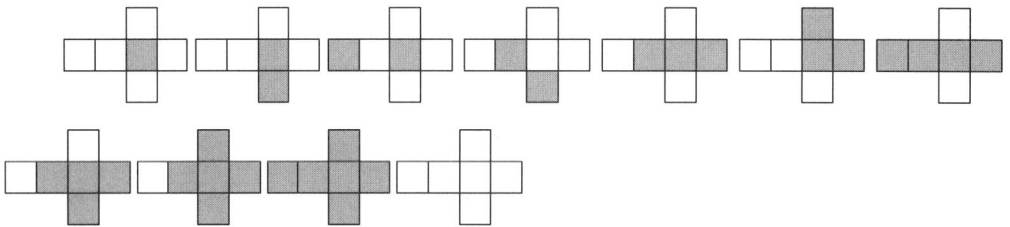

3. 创造条件解决问题

（1）用 3 克 +8 克砝码称出 11 克糖。

（2）用刚称出的 11 克糖 +3 克砝码称出 14 克糖。

（3）将称出的 11 克 +14 克放到一起称出 25 克糖,此时天平的两端各有 25 克糖。

（4）将两份 25 克糖放到一起,此时就有 50 克糖,自然而然剩余 90 克糖,分糖成功。

4. 由已知推论未知

（1）观察这 10 组日期，只有 6 月 7 日和 12 月 2 日的 B 值是唯一的，因此老师的生日不可能是两天，因为如果 B 值是 7 或 2，小芳就知道老师的年龄了。

（2）通过对 10 组日期的再分析，可以发现，当 A 值分别为 3、6、9、12 时，其对应的日期都不止 1 个，因此，小薇不可能知道老师的生日。

（3）小薇说："如果我不知道的话，小芳肯定也不知道。"结合第（2）可以发现，当 A 值分别为 1、4、5、8 时，其对应的日期也不止 1 个，因此，小芳也不可能知道老师的生日。

（4）综合第（1）和第（3），可以推断：所有 6 月和 12 月的日期都不是老师的生日，因为：如果小薇得知的 A 是 6，而若小芳的 B＝7，则小芳就知道了老师的生日；如果小薇的 A＝12，若小芳的 B＝2，则小芳同样可以知道老师的生日。即 A 不等于 6 和 12。现在只剩下"3 月 4 日、3 月 5 日、3 月 8 日、9 月 1 日、9 月 5 日"五组日期。

（5）小芳说："本来我也不知道，但是现在我知道了。"根据这句话，可以发现，B 值不等于 5，因为如果 B 值为 5 的话，有两个日期备选，小芳无法推出老师的生日。现在只剩下"3 月 4 日、3 月 8 日、9 月 1 日"三组日期。

（6）小薇说："嗯，现在我也知道了。"根据这句话，可以推论出 A 值为 9，A＝9 所对应的日期是唯一的。从而得出结论：老师的生日是 9 月 1 日。

5. 依据线索得出结论

（1）首先明确三个女儿不可能有任何一人年龄为 0，否则王先生的年龄也为 0 了，因此每个女儿的年龄都大于等于 1。

（2）其次可以将所有可能的情况列出来，$1 \times 1 \times 11 = 11$，$1 \times 2 \times 10 = 20$，$1 \times 3 \times 9 = 27$，$1 \times 4 \times 8 = 32$，$1 \times 5 \times 7 = 35$，$1 \times 6 \times 6 = 36$，$2 \times 2 \times 9 = 36$，$2 \times 3 \times 8 = 48$，$2 \times 4 \times 7 = 56$，$2 \times 5 \times 6 = 60$，$3 \times 3 \times 7 = 63$，$3 \times 4 \times 6 = 72$，$3 \times 5 \times 5 = 75$，$4 \times 4 \times 5 = 80$。

（3）因为同事知道王先生的年龄，但仍不能确定三个女儿的年龄，因此必然王先生的同一年龄与三个女儿的年龄有两种及以上组合方式，得出王先生的年龄为 36，他女儿的年龄可能为 1 岁、6 岁、6 岁和 2 岁、2 岁、9 岁。

（4）由于只有一个女儿的头发是黑的，说明只有一个女儿比较大，因此王先生三个女儿的年龄分别为 2 岁、2 岁和 9 岁。

6. 会缩水的魔法杯

将这个挑战拆分成两个部分：首先让你的手指穿过该洞，其次推动杯子（而不是苦思如何能让大杯子穿过比它还小的洞口）。

第三节　从中国制造到中国创造

【引导案例】

大学生创业项目从"制造"向"智造"转变

一、任梦尧：梦想着通过陶器发扬丝路文化

"丹霞陶，以张掖七彩丹霞色如渥丹，灿若明霞为设计灵感，因取材远离城市污染，制作工艺返璞归真……"刚上班 4 个月的应届大学生任梦尧热情地为客户做着解说。

曾就读于西安工程大学视觉传达专业的任梦尧，从小就喜欢传统手工业，大学期间选择了自己喜欢的专业，同样也找到了满意的工作。任梦尧告诉记者，机缘巧合，过年时的一个饭局，把对陶器、木器、漆器拥有浓厚兴趣的 7 个人聚到了一起，牧野西风文创工作室创立了。任梦尧是工作室的工艺总监，主管陶器的艺术设计工作。

"木头太硬自己的设备锯不动、木料纤维大、张掖气候干旱常会碰到木料开裂情况、禁止柴窑烧制"，一个个困难被任梦尧和他的团队攻克了。任梦尧说，张掖是丝绸之路的重要站点，丝路文化中的酒文化和肃南地区的饮食文化给他在器型设计上提供了不少灵感，做泥、拉胚、晾胚、烧制、晾窑的每一个环节都遵从着古法，没有添加任何化学药剂，他希望通过自己的陶艺作品使丝路文化被更多的人所熟知。任梦尧告诉记者，他的团队正处于前期投资阶段，只要团队有好的创作氛围，盈利就不是问题。任梦尧说，他们本次参展的工艺品得到了客户和投资商的认可，纷纷表示要和他合作。

二、李茂宏："薯泥"将有望代替方便面

马铃薯作为甘肃人餐桌前的美味，薯条、薯片也是再平常不过的东西，可是用"薯泥"来代替方便面，你会相信吗？这就是甘肃农业大学水土保持与荒漠化防治班大二学生李茂宏和他的团队的创业梦想。

李茂宏告诉记者，"马铃薯含有大量碳水化合物，同时含有蛋白质、磷、钙等矿物质，薯泥具有绿色、健康、全营养、低脂肪、方便食用等特性，若全面推广开来，有望代替方便面在人们心目中的位置。从 2013 年起，老师就带领学生做薯泥的加工选育工作了。"薯泥的制作要经过去皮、蒸煮、烘干、冷冻、打磨等多个环节，刚开始他的薯泥包装设计出来时被同学们戏称为"茶叶"。他和小伙伴们经过多次尝试后才保障了产品的适口性和包装的美观度，为了能参加省里"双创"周的成果展，团队的核心成员和指导老师全放弃了国庆休假，埋头在实验室里做薯泥的定型研究工作。

本次成果展李茂宏的"薯泥"产品得到了消费者的广泛关注，李茂宏笑称自己的人生终于找到了方向。接下来他将在老师的协助下和团队成员一起把薯泥品牌打出去，做线上线下的多渠道销售，争取使"薯泥"代替方便面。

三、张栋：足不出户纸上种菜

在传统印象里，生活在都市的人们想要过把种菜瘾非得去郊区不可。张栋和他的团队成员们改变了传统种菜模式，让人们足不出户，就能在纸上种菜了，既能体验种菜的乐趣，又兼顾亲子教育、景观欣赏和空气净化作用。

张栋介绍说，现代农业、食品安全正成为人们日益关注的焦点，怎样才能让客户既体验到种菜的乐趣，又能兼顾其他功能，这是他打造中仁亲子菜园项目的初衷。从2015年10月开始做市场调研，自己设计种植盘、选种子、做包装，从泡种、播种、催芽、管理到采收大概需要8~10天，实验成功后便在微信朋友圈推广，铺纸和盖纸是最为讲究的，对湿度、温度和光照条件的要求比较严苛。目前，团队可以保证成功率在98%以上，共开发出了亲子体验套装、家庭套装、豪华套装三款类型，价格为49~198元，通过微信、电话做免费指导，出了问题会免费送种子。

经过不懈努力，他的亲子菜园赢得了不错的市场口碑，"最近生意很火，仅靠微信朋友圈做销售已经不能满足市场需求了。"张栋激动地告诉记者，他的公司也于2016年6月6日正式注册，实体店也即将开业。

张栋说，正是他自己跑销售的经历，使他从麦草子、苜蓿子、荞麦子等这些被称为"绿色血液""食物之父""糖尿病杀手"的小种子中看到了创业的商机。下一步团队将通过免费教小学生、家长种菜等亲子活动来让人们体会大自然，享受幸福生活，并且尝试建立可持续发展的商业模式，把公司做大做强。

创业导师、中国演讲与口才协会副会长丁建明在兰州市第二届大学生创业论坛发表演讲时指出："在大众创业、万众创新的时代，每个人都是潜力股，我们的装备制造业正在从'中国制造'向'中国智造'转型，很多行业都在向中国创造转型，作为大学生创业者，其核心竞争力显然是创新。如果选择了创业路，那就要在创新路上一路走下去，这样才能赢在未来！"

（资料来源：赵万山，曹立鹏. 大学生创业项目从"制造"向"智造"转变［N］. 兰州日报，2016 – 10 – 19）

【小组讨论】

（1）你对当前的"中国制造"有什么看法？

（2）这些人的创新故事对你有何启示？

【知识链接】

中国制造历经多年的发展，到现在无论是规模还是门类方面在世界上都首屈一指，但在这一过程中，长期的粗放式发展造成了一些弊端，比如核心竞争力不强、可持续发展能力不足、环境污染等。当前中国传统产业转型升级压力巨大，在信息化的浪潮下，工业化发展面临诸多挑战。为此，我国提出了发展目标，旨在推动传统产业转型升级的同时，瞄准全球新一轮产业发展方向，促进传统产业与 3D 打印、机器人、人工智能等新兴产业的紧密结合，从而进一步缩小与发达国家之间的差距。根据规划，我国正在推进创新中心建设，加快产业升级步伐，这对促进本土产品在价值链上的攀升至关重要。中国需要创新和应用新技术，从而在全球发展中保持竞争优势，立于不败之地。

创新将成为中国制造业转型升级的主引擎。制造业的转型升级要从完善国家制造业创新体系、加强关键核心技术攻关、夯实工业基础能力等六个方面进行推动。"中国制造2025"将助力我国加强制造业的创新，促进产业的转型升级。

知识点 1：中国制造面临的挑战

中国 30 多年的工业化进程举世瞩目，中国制造也登上了历史舞台，成为全世界关注的焦点。不过，正如其他工业化国家所经历的发展历程一样，中国制造目前也面临着比较优势减弱、生产过剩和转型升级乏力等困境以及全球新工业革命浪潮的全新挑战。

1. 中国制造"低成本优势"逐步衰减

由于中国"人口红利"高峰期将过，中国的劳动力供求关系进一步逆转将带来工资的进一步上涨。尽管劳动力成本在一些行业中占据的比例相对较低，但快速收窄的工资差距使其成为一个重要因素。根据我们的测算，以美元计算的中国工资预计每年将增长15% ~ 20%，这将超过中国的生产率增速。以中美两国做对比，在考虑美国的生产率后，中国沿海地区与美国部分低成本州之间曾经巨大的劳动力成本差距，预计将缩减至目前水平的 40% 以下。

如果说，成本差距还只是受中长期因素影响，那么决定中美制造业竞争力的关键——在全球价值链中的位置则是更直接的因素。

进入 21 世纪以来，以跨国公司为主导的要素和产业价值链纵向分工方式的形成和高度细分化，产业间分工、产业内分工和产品内分工并存，推动了新一轮产业在国家间的转移。产业链纵向的高度分工化，即发达国家跨国公司占据研发、品牌销售渠道等高端环节，而把加工、组装、制造等相对劳动密集度高的产业环节转移到低成本的发展中国家。比如，作为北美后花园的"墨西哥"正在通过北美自贸区和自身的后发优势成为美国新的产业基地。

毋庸置疑，中国已经成为全球第一制造业大国，制造业占全球比重上升到 19.8%，但制造业研发投入仅占世界制造业研发投入的 3% 还低。且整体看，中国工业生产技术水平和创新能力还比较低，技术与知识密集型产业的国际竞争力还较弱，工业劳动生产率与国际先进水平差距还较大，工业企业平均规模还较小，可持续发展能力还较差，许多传统产业还存在着"贫困化"增长的现象。

比如，2008 ~ 2010 年，中国的年均 GDP 增速为 9.9%，但经济增长总量中 2/3 以上为资本积累的贡献。如此大规模的投资带来的却是资本效率的下降。20 世纪 90 年代中国的资本产出率为 3.79，2000 ~ 2007 年已增加到 4.25，2008 ~ 2009 年则上升到 4.89，资本的扩大对生产率增长产生了"挤出"效应。

据测算，中国制造业劳动生产率、增加值率较低，只相当于美国的 4.38%、德国的 5.56%。中国制造业在质量上与发达国家仍存在差距。从中间投入贡献系数来看，发达国家 1 个单位价值的中间投入大致可以得到 1 个单位或更多的新创造价值，而中国只能得到 0.56 个单位的新创造价值，价值创造能力相差巨大。反观美国，金融危机以来，美国企业通过缩短工时压缩用工投入，从而削减劳工成本，劳动生产率得以持续提高。数据显示，2018 年第三季度，美国非农业部门劳动力产出按年率计算环比增加 4.2%，劳动生产率按年率计算环比上升 2.9%，大大超出预期。

2. 中国制造面临新一轮全球技术和产业革命冲击

迄今为止，中国制造业发展趋势与典型工业化国家的一般规律基本吻合，同时也表现出追赶国家的一些特点。从已经出现的行业峰值时点看，与国际经验吻合度较高。当前，中国劳动力成本上升、生产性服务业发展不足、处于全球价值链低端带来国际贸易利益分配失衡等问题，对中国制造业的升级提出了诸多挑战。

特别是金融危机之后兴起的新一轮产业革命，既是一场数字化革命，更是价值链革命。"互联网＋"、物联网、机器人技术、人工智能、3D 打印、新型材料等多点突破和融合互动将推动新产业、新业态、新模式的兴起，一个后大规模生产的世界正在来临。这场革命不仅将影响到如何制造产品，还将影响到在哪里制造产品，将重新塑造全球产业竞争格局。现在，美欧等国实施"再工业化战略"，促进制造业回流，信息技术、大数据、云计算、"工业 4.0"、工业"互联网＋"等对中国产生了前所未有的新冲击，中国制造业面临着"前堵后追"的双重挤压。

3. 制造业后发优势与创新投入严重不足

根据 OECD 数据库数据，2014 年，美国研发支出达 460 亿美元。中国在研发领域的支出自 1998 年起增长了 3 倍，研发投入占 GDP 比重从 2006 年的 1.32% 提高至 2012 年的 1.98%。2013 年中国制造业研发强度低于发达国家在 2008～2009 年的研发强度。作为全球规模最大的制造业基地，2013 年中国的制造业研发强度只有 0.88%，而 2008 年美国已经达到 3.3%，德国为 2.4%。

在所有产业中，高技术：主要发达国家的高技术制造业的研发强度最高，2007 年美国达到 16.9%，日本在 2008 年为 10.5%，相对于 2013 年我国为 1.75%；中等技术：美国研发强度最高，达到 7.5%；英国为 5.1%；日本为 5.9%；低技术：这几个国家的中低或低技术制造业的研发强度都很低，基本都低于 1%。

相比之下，中国高技术企业研发强度仍显滞后。《科技经费统计公报》显示，2013 年中国规模以上高技术制造业企业 R&D 经费支出 2034.3 亿元，占规模以上制造业的比重为 25.6%；R&D 经费投入强度为 1.75%，比规模以上制造业平均水平高 0.87 个百分点。其中航空、航天器及设备制造业的研发强度最高为 6.12%。具体深入到细分行业这种差距更为显著。

知识点 2：中国创造——中国制造的未来

如何破解"中国制造"面临的种种问题呢？最好的答案就是：创新。创新可以为企业带来很多"正能量"，如利润和产品附加值的增加、品牌和企业形象的提升等。变"中国制造"为"中国智造""中国创造"，其实质也就是让企业走出一条自主创新的新道路。

要实现"中国创造"，需要从技术创新和品牌升级两大方面入手，两者之间相辅相成。

1. 技术创新：企业转型的关键

技术创新是"中国制造"实现转型的关键。如果"中国制造"的产品仍然是低附加值、低技术含量的劳动密集型工业制成品，将会导致核心竞争力缺乏，在国际市场上容易造成倾销的印象，从而引发国际经济摩擦。长期以低成本、大规模、贴牌生产方式参与国际分工，无法掌握产业升级和竞争力提高的主动权，"中国制造"的命运将掌握在别人的手里，同时制造环节获取的利益也最少。当下的"中国制造"，可以说"危"与"机"并存。坚持技术创新，就能摆脱低价竞争的尴尬，掌握国际市场的主动权，避免由于低价引发的贸易摩擦。而且，货币升值、出口退税率下调、劳动力成本提高、原材料涨价等对中国企业而言也将不会是大问题，"中国制造"也将走上一条可持续发展的"康庄大道"。

2. 品牌升级：实现价值的最好方式

自主品牌的升级是"中国制造"实现转型的前提。自主品牌是企业核心竞争力的重要组成部分，也是一种难以复制的软实力。"中国制造"除了要拥有具备自主知识产权的核心技术之外，还必须要拥有自主品牌。自主品牌意味着获得更多的市场份额和利润。作为一种重要的无形资产，它也是核心竞争力的主要表现。技术创新必须转化为产品和市场的优势，才能最终实现其价值；如果不能依附于一个强势品牌，技术创新的价值就无法得到最大程度的实现。很多从事贴牌生产的"中国制造"企业，处于制造业的底端，容易遭遇国外的贸易壁垒，销售的主动权也不掌握在自己手中，在国际供应链中的地位极易受影响。所以，只有努力创建自主品牌，"中国制造"才能在日益激烈的国际竞争中立于不败之地，顺利实现转型。

【拓展阅读】

中国铁路从"中国制造"走向"中国智造"
——以京张智能动车组为例

铁路作为国家的重要基础设施、大众化的交通工具，在中国综合交通运输体系中处于重要地位，是广泛使用的运输方式。

中国铁路建设始于清朝末年，经过一个多世纪的建设和发展，中国铁路发生了翻天覆地的变化，铁路速度不断提升，国家路网建设不断完善，铁路运力不断提升。从车站排队买票到电话购票再到网络购票，从纸质车票到电子客票再到刷脸进站，从绿皮车到和谐号到复兴号再到今天的可变编动车组，从中国制造到中国智造，铁路建设不断刷新着世界建设发展纪录。

2019 年 2 月，我国首列可变编组动车组在中国中车唐山公司完成全部 60 余项厂内试验，通过独有的可变编组验证，具备出厂条件。此前，该动车组已申请专利近80项，荣获中国优秀工业设计奖金奖、中国设计智造奖。可变编动车组全列车 Wi－Fi 覆盖，智能化网络控制系统为旅客提供了行李智能存放、智能点餐、可自行调节铺席灯光及影视系统，极大地满足了不同乘客的需求，让旅客在乘车时感受到更多的便捷、舒适、快乐。

中国速度、中国方案、中国智慧体现在"一带一路"建设的中老铁路里，中老铁路全线重点控制性工程元江特大桥的两项工艺创下世界纪录。元江特大桥全长为832.2米，有6个桥墩，其中最高的3号桥墩达154米，位居该类桥梁世界第一。此外，上承式连续钢桁梁249米的主跨也将刷新世界建桥纪录。

中国铁路建设智能新时代体现在京张高铁建设中，智能建造、智能装备和智能运营，全部运用在京张高铁上，开启了世界智能铁路的先河。京张高铁是世界上首次全线采用智能技术建造，京张高铁智能动车组将实现350公里时速的自动驾驶。此外，京张高铁注重绿色环保设计，多项设计引领高铁建设新思路。

中国铁路建设的智能创新时代，将更多新技术新科技运用在铁路建设的方方面面，京张铁路是我国第一条自行设计和建造的铁路，是中国百年工业文明的象征，被列入中国工业遗产保护名录。一条续写百年京张铁路新辉煌的京张城际铁路，即将为京张发展迎来"高铁时代"。它将是京津冀一体化协同发展的经济服务线，是2022年北京冬奥会的交通保障线，也是中国高铁建设成就的创新示范线。京张智能动车组作为"复兴号"动车组的谱系化产品，在"复兴号"350km/h动车组的基础上，继承简统化、系列化、平台化的技术特点，遵循"先进、可靠、成熟、经济、必须"的原则，重点对智能化、安全舒适、绿色环保、综合节能、奥运服务、运用适应性等方面进行定制化设计，并充分利用前沿技术研究，全力打造智能、绿色、环保、节能的精品智能动车组。

在智能化方面，首次在动车组上采用自动驾驶技术，实现车站自动发车、区间自动运行、车站自动停车、车门自动打开、车门/站台门联动控制的智能行车；以故障预测与健康管理（PHM）为核心，提供故障预警报警、故障精确定位，维护行车安全和运营秩序，并提供运维决策建议，实现预测性智能化维修；以人为本，突出个性化服务，内外信息显示更直观、更智能，车内设计根据不同目标人群，提供不同的服务。

京张高铁智能动车组在4个方面利用智能化技术与既有动车组技术结合，实现自感知、自诊断、自决策、自适应在广度和深度上的进一步提升，实现自动及协同运行。利用智能传感技术、物联网、天线雷达、AI识别技术、二维码等多维度现代电子监测感知手段，进一步加深对动车组自身状态、环境状态、运行数据等不同层次、维度的状态监测，增加了列车自感知的广度和精度。通过对大数据的融合集成、存储管理、挖掘处理，同时利用智能化技术的定制化、集成化、流程化、一体化（四化）的运用，进一步优化控制策略，实现动车组自动驾驶、故障导向安全、突发及灾害应对、车辆运营秩序调度等业务过程中自诊断、自决策的可控性与可管理性。

京张智能动车组利用工业以太网、车地数据传输、图像识别、语音识别、信息显示、大数据、移动应用、身份验证、智能环境调节、多元化信息服务、在线支付等技术，实现动车组运行过程可观测、可表达和可理解，提高系统的自适应性。利用多网融合、导航及定位、高速大容量数据传输等技术，实现车—车、车—地及车与其他交通方式的互联互通，实现自动及协同运行。

（1）在智能行车方面，首次实现时速 350km 的有人值守自动驾驶，采用 CTCS-3+ATO 技术，停车精度可控制在 0.5m 以内，自动速度控制功能精度在 2km/h 以内，减轻司机 40% 的压力，大幅提高运行效率。列车通过车载传感器、雷达、天线等设备对环境信息（地理位置、线路信息等）和车辆状态进行采集与处理，并与动车组技术融合，同时在满足安全性、稳定性和舒适性的目的下进行算法预设，结合线路限速要求等进行决策判断，实现车站自动发车、区间自动运行、车站自动停车、车门自动打开、车门/站台门联动控制。

（2）在智能服务方面，主要从 3 个方面进行智能化提升：

1）智能环境调节，利用智能环境感知调节技术，从温度调节、灯光智能调节、人机工程学、车内噪声控制、压力波调节、变色车窗、资源配置优化等方面实现旅客视觉、听觉、嗅觉、触觉等方面感官舒适度的提升。

2）智能信息推送，首次在动车组上实现电视分屏显示，实现电子地图和旅游信息、行车信息（到站、离站、途中）直观推送；LCD 外显，座位号提示；车—地视频、语音信息回传等业务，提高信息服务精准度及效率。

3）智能便民服务，通过智能点餐、Wi-Fi 增值业务服务，为用户拓展无限乘车体验空间。

（3）在智能运维方面，整车传感器数量增加 10%，监控点多达 2718 个。综合自感知数据，结合动车组主机企业、运用部门、零部件供应商之间实现研发数据、试验数据、运维数据、检修数据、履历数据交互与共享。利用大数据技术、监测及分析技术、大容量车—地传输技术等为用户提供关键零部件的健康评估、故障状态预警预测、关键故障精确定位、检修建议策略高效推送、备品备件库存智能建议及更换提醒、列车健康状态及全面监控，提高车辆安全性和检修效率、降低维修成本，满足动车组全生命周期管理需求，实现列车服役性能由阈值管理向状态管理的提升。

在安全性方面，以故障导向安全为原则，在"复兴号"动车组的基础上，增加监测点，并进一步优化整合各个系统的监测功能，构建集成化的安全监测系统，完成由单部件、单车级安全监测，到多系统、整车级、交互监测的提升，实现各类监测大数据综合利用和分析判断，保证动车组运行安全。

在舒适性方面，从乘客感官和乘坐感受两方面进行优化。客室整体设计简洁温暖：商务区尊贵稳重，一等客室高端大气，二等客室端庄素雅，媒体区域舒适明快，烘托出不同的客室氛围；灯光采用多级智能控制，车窗采用变色技术，为旅客提供全新的乘坐体验；车内噪声和压力波主动控制，座椅深度人机工程学设计，全面提升旅客乘车感受。

在绿色环保方面，应用最新环保材料及技术，进一步降低车内外噪声，并实施车内垃圾分类存放及废水再利用，提升动车组绿色环保性能。

在节能方面，采取了减小气动阻力、采用轻量化设计、提高牵引效率、优化辅助设备能耗等措施。这些措施实施后，其能耗可在"复兴号"动车组的基础上降低约 7%。

在奥运服务方面，设置了科技感十足的媒体专用车厢，全列动车组覆盖 4G 网络并预留了 5G 接口。座椅采用滑道式安装，可根据冬残奥会的需求，实现座席向增加轮椅停放区域的快捷转换。定制化设计的滑雪器具存放区、兴奋剂样本存放处和无障碍设施等，为运动员和滑雪爱好者的使用提供便利条件。奥运结束后，可恢复至原"复兴号"动车组的基本配置。

在运用适应性方面，京张智能动车组针对线路坡道多、坡度大（坡道比例 91%，最大坡度 30‰），沿途桥梁、隧道多（桥梁 64 座共 65.9km，隧道 10 座共 49.5km，桥隧总长占全线的 66%），以及低温高寒、风沙较大等情况，优化提升了牵引、制动性能，增设应急自走行及空调供电功能，同时借鉴了 CRH380BG 型高寒高速动车组及 CRH5G 型高寒抗风沙动车组的成熟结构和应用经验，更加适应京张高铁线路运用需求。

作为"复兴号"中国标准动车组家族的新成员，智能化水平更高，代表目前中国高速动车组产品的最高水平，是"中国创造"向"中国智造"的里程碑式跨越。它将通过 2022 年北京冬奥会向全世界展示中国高速动车组的创新能力，增色中国高端装备制造业亮丽名片，塑造"安全、可靠、绿色、智能、高颜值"的中国高铁新形象，对于助推中国高铁"走出去"具有非常重要的意义。

（资料来源：刘长青. 京张智能动车组——从"中国创造"向"中国智造"的里程碑式跨越 [J]. 城市轨道交通研究，2018（2）；刘长青. 京张高铁智能动车组关键技术研究与应用 [J]. 中国铁路，2019（9））

【本节小结】

（1）中国制造的四个发展阶段。

（2）中国制造面临的三大挑战："低成本优势"衰减、新一轮技术冲击、创新投入不足等。

（3）中国创造的方向：技术创新、品牌升级。

【本节习题】

了解实现中国创造的途径。

第二章 创新创业背景下 3D 打印的发展和应用

【本章要点】

1. 创新与创新思维。
2. 创新的七个来源。
3. 创新与创业的关系。

第一节 3D 打印：改变世界的新机遇、新浪潮

【引导案例】

盲人母亲 "看到" 腹中胎儿

通过触摸 3D 打印技术打印出的超声波图像模型，巴西一位盲人母亲最近首次 "亲眼看到" 了其还未出生的儿子。这个温馨时刻再次证明，现代技术可以帮助人们实现几年前根本不可能想象得到的梦想。

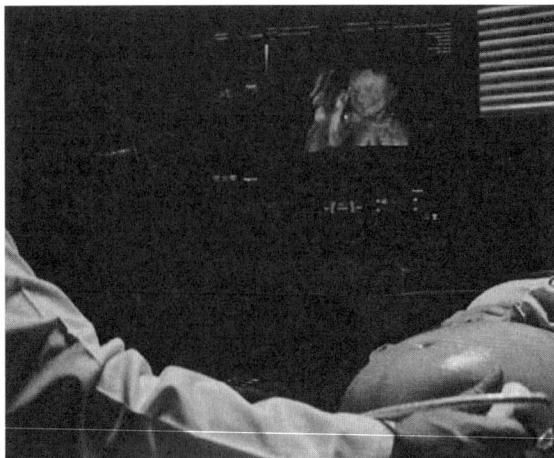

这位母亲名叫塔蒂亚娜·格拉 (Tatiana Guerra)，来自巴西。17 岁时，格拉就失去了视力。她从未想象过自己能有机会"看到"腹中胎儿，直到医生利用 3D 打印技术精确打印出儿子的数字图像，允许她通过触摸"看到"孩子的面部特征。

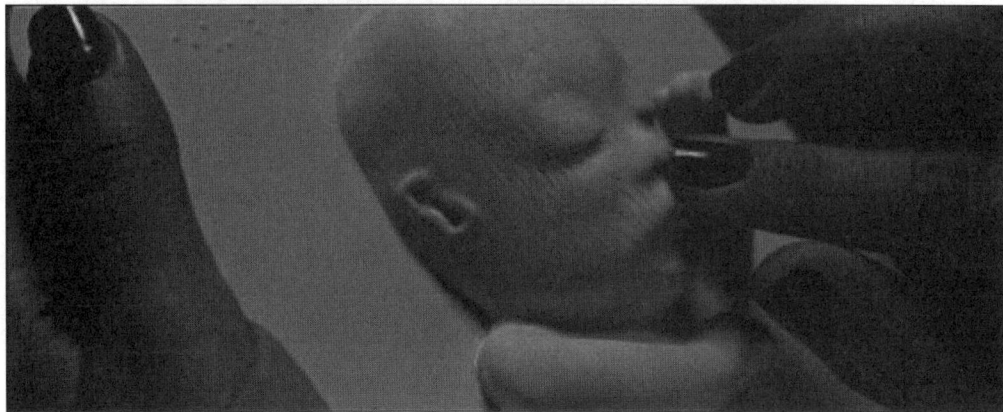

当时格拉已经怀孕 20 周，在接受超声波检查时，她向医生询问孩子的相貌，问及其鼻子是否像她的鼻子，儿子的耳朵长什么样？尿布公司 Huggies Brazil 向格拉提供资助，在 3D 打印公司 The Goodfellas 的帮助下，格拉首次"看到了"未出生的儿子。

在接受检查前，格拉已经准备好婴儿室，里面有床、泰迪熊玩具以及蓝色的毛毯等。此外，她还希望通过声音描述体验儿子的经历，如在海洋中，儿子应该能用小脚丫碰触细沙，清新的海风微抚在其脸上。

在超声波检查过程中，格拉则通过别人的描述想象儿子的相貌特征。15 分钟后，超声波图像被送到 3D 打印移动站，被打印成物理模型，显示出这个未出生胎儿的脸部和手臂。

视频中，一名医生问格拉："如果你能碰触到他，你能知道他长什么样吗？"格拉给出了肯定回答。随即，医生将用白色衣服包裹的 3D 打印模型交给了她，并说："这就是你的儿子。"

当指尖划过 3D 模型时，这位准妈妈再也无法抑制自己的情绪，喜极而泣。当她轻柔地爱抚儿子的脸庞时，眼中留下了幸福的泪水。她说："我很高兴在他未出生前就看到了他。"格拉惊讶于儿子 Murilo 脸型的精确性，模型上还刻有"我是你的儿子"的盲文。

由于无法看到超声波图像，像格拉这样满怀期望的母亲通常只能依赖于别人的口头描述，然后通过想象感知孩子的相貌。可是随着 3D 打印技术取得的突破，打印物理模型变得更加便宜。而物理模型可被触摸到和感受到，从而带来改变。

【小组讨论】

1. 从纸飞机认识 3D 模型

印在 A4 纸上的飞机图案，我们只能从一个角度看到它，这种平面性质的图形，就是 2D 模型。

折好后的纸飞机，我们能拿在手中，从各个角度观察，还能用手触摸它的每一个面，这种立体性质的图形，称为 3D 模型。

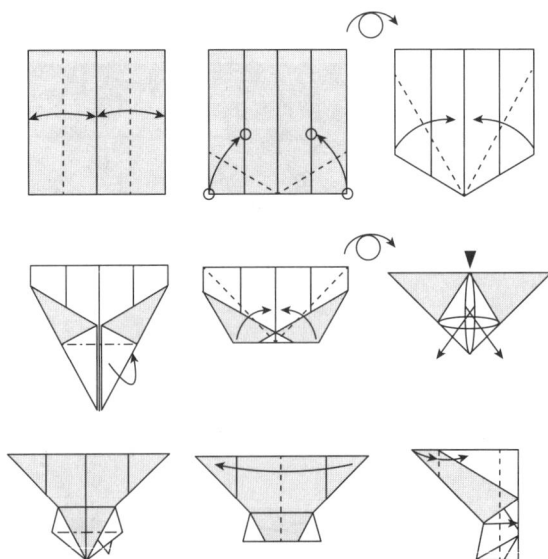

2. 看看《秦时明月》中"石兰"，看得出 2D 与 3D 的区别吗

3. 用双手"打印"3D 模型

让我们用超轻黏土，一起"打印"一个可爱的卡通形象吧。

活动主题：了解 3D 打印构造模型的过程。

活动概述：超轻黏土捏制简易卡通 3D 模型。

活动流程：

（1）提供给活动组一套彩色的超轻黏土。

（2）提供简易的卡通模型样例，供学生参考。

（3）自行设计卡通 3D 模型。

（4）分享：我们的双手就是神奇的 3D 打印机，也可以打印出各种各样的 3D 模型，你同意吗？

【知识链接】

知识点 1：什么是 3D 打印

1. 什么是 3D 打印

3D 打印技术又称三维打印技术和增材制造技术，是依托于信息技术、精密机械以及

材料科学等多学科发展起来的尖端技术。它的基本原理是：分层制造、逐层叠加，即把一个通过设计或者扫描等方式做好的 3D 模型按照某一坐标轴切成无限多个剖面，然后一层层地打印出来并按原来的位置堆积到一起，形成一个实体的立体模型。

整个制造过程包括以下三个环节：3D 扫描和建模、3D 打印和后期处理。

（1）3D 扫描和建模，就是创建和制作产品的三维立体模型，并对模型做分层处理。该操作是由计算机辅助设计软件实现的，同样的 3D 扫描仪也可通过扫描成品产生该物体的模型。分层处理则是将立体结构分成多个二维截面，为后期制作做铺垫。

（2）打印流程则是利用打印设备将模型中各项数据做专业化整合，再根据设备需要进行材料的逐层铺设，即完成每一个截面的铺设，最后根据顺序进行融合，使其展现出最终成品的形态。

（3）后期加工主要包含成品与支撑架材料的拆除、打磨、抛光等处理，某些材料的制作还可能用到强化处理等，根据工件的不同进行灵活调整。

3D 打印通常是采用数字技术材料打印机来实现的。常在模具制造、工业设计等领域被用于制造模型，后逐渐用于一些产品的直接制造，已经有使用这种技术打印而成的零部件。该技术在珠宝、鞋类、工业设计、建筑、工程和施工（AEC）、汽车，航空航天、牙科和医疗产业、教育、地理信息系统、土木工程、枪支以及其他领域都有所应用。

2. 3D 打印技术的发展历程

（1）3D 打印技术的早期发展历程。

起源：照相雕塑和地貌成型技术。

在 3D 打印技术之前，人类的三维制造技术过程都是删减的，也就是从一大块材料中雕刻或加工物品，我们把这种工艺称为"减材制造"。2011 年，来自美国得克萨斯州大学奥斯汀分校的约瑟夫·比曼从照相雕塑和地貌成型技术两个角度追溯了 3D 打印从 19 世纪中期到 20 世纪 70 年代的历史。照相雕塑是指先用相机和镜头获取物体外形，然后模拟照相制版法制造出物体。

地貌成型技术是指先用线性方式描绘物体的外形，再用线性形式复制出该物体。这种工艺始于 1890 年，是将地形等高线层压到一系列的蜡片中，并根据等高线切割蜡片。

比曼根据这两种技术差异将 3D 打印的发展主要分为两个方向：一个是用分层物体制造的方式进行 3D 打印，如 FDM 技术；另一个（照相雕塑）是利用光照使光敏树脂固化，如 SLA 技术。

什么是 FDM 技术

FDM 全称为"熔融沉积"技术，基本原理是通过加热装置将 ABS、PLA 等丝材加热融化，然后通过挤出头像挤牙膏一样挤出来，一层层地堆积上去，最后成型。大家如果见过春蚕吐丝，就清楚了，类似的也是如此。蚕体内含有绢丝蛋白质的绢丝液，蚕用嘴挤压吐出，一层一层环绕，这种液体凝固后就成了丝茧。

如果您在工作中观看 3D 打印机的视频，可能会在三维空间中看到精心设计的打印喷嘴，挤出一排熔融塑料以勾勒出清晰的形状。这是一个非常受欢迎的图像，而 FDM 是小型 3D 打印机最常用的技术。它创建了第一层，然后层层堆叠以最终创建一个对象。

什么是 SLA 技术

SLA 全称为"立体光固化成型"，基本原理是激光束在液态树脂表面勾画出物体的第一层形状，然后制作平台下降一定的距离（0.05～0.025 毫米），再让固化层浸入液态树脂中，如此反复。使用的树脂是光敏树脂，激光束照射后会形成固态。

由于 FDM 是一层层通过挤出头挤出耗材的，所以对机械结构要求比较高，在精度上，目前还不是特别的好，台阶效应比较明显。FDM 的效果主要是看喷头，喷头直径越小精度越高，但是喷头小了，也容易造成耗材堵塞，所以喷头不是越小越好。而 SLA 机器，由于是光照成型，所以精度要高得多，可以看到无明显的台阶效应。

后来本杰明·切维顿将照相雕塑机进行了改进，于 1884 年获得了缩放雕塑的雕塑打印机专利。切维顿的机器现在收藏在伦敦科学博物馆。

与此同时，法国工程师兼设计师阿希尔·科拉斯利用缩放仪研究出另一种雕塑的制作方法。前面提到的制造设备被认为是数控铣床的前身，而数控铣床则是 3D 打印机的前身。

在照相雕塑技术中，发明人威廉在巴黎建了一个工作室，从 1863～1868 年一直在运作。美国人卡洛·贝斯建议在威廉的制作工艺中加入明胶使雕刻品更为柔和，把一层层膨胀胶质叠放起来，制造出浮雕效果。但现在来看这种工艺并不可行，因为在添加新层时，上一叠层可能已经收缩变硬了。

感光材料的发展，起源于 1839 年蒙戈·庞顿发现铬合金硬化材料，直至 20 世纪早期利用陶瓷照相制作浮雕瓷砖，这些工艺为 20 世纪的快速成型工艺奠定了基础，标志着光敏树脂浮雕工艺的诞生，它是现代 3D 打印技术的重要组成部分。

在早期的照相浮雕制作工艺中，人们通过加入感光明胶，一旦经过水洗后，明胶就会形成有色调的浮雕：亮区凸出来，暗区凹进去。比较有代表性的作品是约翰·汤普森于 1877 年制作的"伦敦街头生活"，这也是最早的社会纪实摄影之一。

为了制作出更具立体感的三维物体，工程师奥托·芒兹申请了"照相凹版记录"专利。通过依次曝光一层照相乳剂，通过光照使之固化，以此来制造三维物体。待曝光照片用光敏树脂来进行处理，图片在曝光后硬化。

直到 20 世纪 60 年代，光敏树脂才开始在印刷界广泛使用。光敏树脂材料的广泛运用，为 1986 年第一台光固化 3D 打印机的发明奠定了基础。

除了材料的发展，3D 打印技术的发展史也与工程技术的发展密不可分，特别是数控铣床（CNC）以及计算机辅助技术（CAD）。

（2）3D 打印技术在近期的发展历程。

3D 打印这个思想起源于 19 世纪末的美国，并在 20 世纪 80 年代得以发展和推广。

1984 年，Charles Hull 发明了将数字资源打印成三维立体模型的技术，1986 年，Chuck Hull 发明了立体光刻工艺，利用紫外线照射将树脂凝固成型，以此来制造物体，并获得了专利。随后他离开了原来工作的地方，开始成立一家名为 3D Systems 的公司，专注发展 3D 打印技术，1988 年，3DSystems 开始生产第一台 3D 打印机 SLA - 250，体型非常庞大。

1988 年，Scott Crump 发明了另外一种 3D 打印技术——热熔解积压成型（FDM），利用蜡、ABS、PC、尼龙等热塑性材料来制作物体，随后也成立了一家名为 Stratasys 的公司。

1989 年，C. R. Dechard 博士发明了选区激光烧结技术（SLS），利用离强度激光将尼龙、蜡、ABS、金属和陶瓷等材料粉来烤结，直至成型。

1993 年，麻省理工大学教授 EmanuaI Sachs 创造了三维打印技术（3DP），将金属、陶瓷的粉末通过黏合剂黏在一起成型。1995 年，麻省理工大学的毕业生 Jim Bredt 和 Tim Anderson 修改了喷墨打印机方案，变为把约束溶剂挤压到粉末床，而不是把墨水挤压在纸张上的方案，随后创立了现代的三维打印企业 Z Corporation。

1996 年，3D Systems、Stratasys、Z Corporation 分别推出了型号为 Actua 2100、Genisys、2402 的三款 3D 打印机产品，第一次使用了"3D 打印机"的称谓。

2005 年，Z Croooration 推出了世界上第一台高精度彩色 3D 打印机——Spectrum Z510，同年，英国巴恩大学的 Adrian Bowyer 发起了开源 3D 打印机项目 RepRap，目标是通过 3D 打印机本身，能够制造出另一台 3D 打印机。2008 年，第一个基于 RepRap 的 3D 打印机发布，代号为"Darwin"，它能够打印自身 50% 的元件，体积仅一个箱子大小。

2010 年 11 月，第一台用巨型 3D 打印机打印出整个身躯的轿车出现，它的所有外部组件都由 3D 打印制作完成，包括用 Dimension 3D 打印机和由 Stratasys 公司数字生产服务项目 RedEye on Demand 提供的 Fortus3D 成型系统制作完成的玻璃面板。

2011 年 8 月，世界上第一架 3D 打印飞机由英国南安普敦大学的工程师们完成。9 月，维也纳科技大学开发了更小、更轻、更便宜的 3D 打印机，这个超小 3D 打印机重 1.5 千克，报价约 1200 欧元。

2012 年 3 月，维也纳大学的研究人员宣布利用二光子平版印刷技术突破了 3D 打印的最小极限，展示了一辆长度不到 0.3mm 的赛车模型。同年 7 月，比利时的 International University CollegeLeuven 的一个研究小组测试了一辆几乎完全由 3D 打印的小型赛车，其车速达到了 140 千米/小时。12 月，美国分布式防御组织成功测试了 3D 打印的枪支弹夹。

2013 年 5 月，美国分布式防御组织发布全世界第一款完全通过 3D 打印制造出的塑料枪，并成功试射，同年 11 月，美国 Solid Concepts 公司制造了全球第一款 3D 全金属枪，采用 33 个 17 - 4 不锈钢部件和 625 个铬镍铁合金部件制成，并成功发射了 50 发子弹。

2013 年 8 月，美国国家航空航天局 NASA 测试 3D 打印的火箭部件，其可承受 2 万磅推力，并可耐 6000 华氏度的高温。

2013 年，麦肯锡公司将 3D 打印列为 12 项颠覆性技术之一，并预测到 2025 年，3D 打印对全球经济的价值贡献将为 2000 亿~6000 亿美元。

2014 年 7 月，美国南达科他州一家名为 Flexible Robotic Enviroments（FRE）的公司公布了最新开发的全功能制造设备 VDK6000，兼具 3D 打印、车床及 3D 扫描功能。

2015 年 3 月，美国 Carbon3D 公司发布一种新的光固化技术——连续液态界面制造：利用氧气和光连续地从树脂材料中逐出模型。该技术比目前任何一种 3D 打印技术都要快 25 ~ 30 倍。

近年来，随着 3D 打印技术的不断成熟，这项技术在各个领域已经发挥着非常重要的作用。

3. 3D 打印技术的种类

3D 打印技术即增材制造技术，是指通过连续的物理层叠加，逐层增加材料来生成三维实体的技术，与传统的去除材料加工技术不同，因此又称为添加制造。运用这种技术可以使得产品的设计生成周期大大缩短，生成成本大幅下降。常用的 3D 打印技术主要有：熔融沉积（Fused Deposition Modeling，FDM）、立体光固化成型（Stereo Lithography Apparatus，SLA）、粉末材料选择性激光烧结（Selective Laser Sintering，SLS）、3D 喷射打印（3Dimension Printing，3DP）、分层实体制造法（Laminated Object Manufacturing，LOM）。

SLA　　SLS

FDM　　3DP　　LOM

（1）FDM 技术。熔融挤出成型工艺的材料一般是热塑性材料，如 ABS、PC、尼龙等，以丝状供料。材料在喷头内被加热融化，喷头沿零件截面轮廓和填充轨迹运动，同时将融化的材料挤出，材料迅速固化，并与周围的材料黏结。每一层片都是在上一层上堆积而成，上一次对当前层起到定位和支撑的作用。随着高度的增加，层片轮廓的面积和形状都会发生变化，当形状发生较大变化时，上层轮廓就不能给当前层提供充分的定位和支撑作用，这就需要设计一些辅助结构——"支撑"，对后续层提供定位和支撑，以保证成型过程的顺利实现。

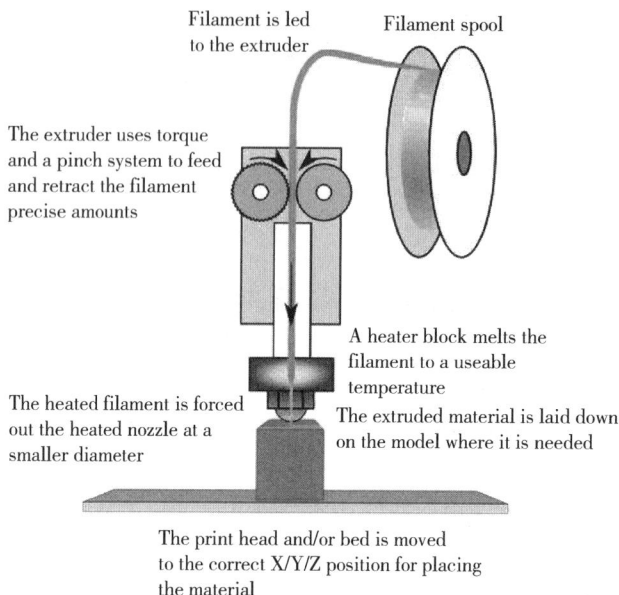

Filament is led to the extruder

Filament spool

The extruder uses torque and a pinch system to feed and retract the filament precise amounts

A heater block melts the filament to a useable temperature

The heated filament is forced out the heated nozzle at a smaller diameter

The extruded material is laid down on the model where it is needed

The print head and/or bed is moved to the correct X/Y/Z position for placing the material

FDM 工艺

FDM 不用激光，使用、维护简单，成本较低。用 ABS 制造的原型具有较高强度而在产品设计、测试与评估等方面得到广泛应用。近年来又开发出 PC、PC/ABS、PPSF 等更高强度的成型材料，使得该工艺有可能直接制造功能性零件。由于这种工艺具有一些显著优点，该工艺发展极为迅速，目前 FDM 系统在全球已安装快速成型系统中的份额最大。

（2）SLA 技术。SLA 是用特定波长与强度的激光聚焦到光固化材料表面，使之由点到线，由线到面顺序凝固，完成一个层面的绘图作业，然后升降台在垂直方向移动一个层片的高度，再固化另一个层面。这样层层叠加构成一个三维实体。

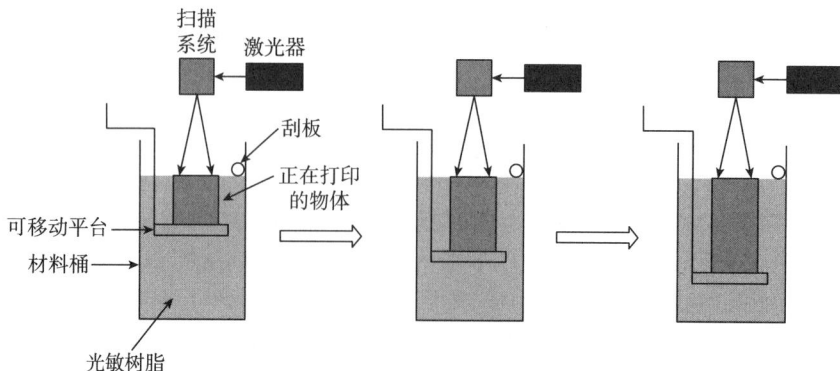

扫描系统　激光器

刮板

正在打印的物体

可移动平台

材料桶

光敏树脂

SLA 立体光固化成型工艺

SLA 是最早实用化的快速成型技术，采用液态光敏树脂原料，工艺原理如上图所示。SLA 技术主要用于制造多种模具、模型等；还可以在原料中通过加入其他成分，SLA 用原型模代替熔模精密铸造中的蜡模。SLA 技术成型速度较快、精度高，但由于树脂固化过程中产生收缩，不可避免地会产生应力或引起形变。

DLP 激光成型技术和 SLA 立体平版印刷技术比较相似，不过它是使用高分辨率的数字光处理器（DLP）投影仪来固化液态光聚合物，逐层地进行光固化，由于每层固化时通过幻灯片似的片状固化，因此速度比同类型的 SLA 立体平版印刷技术更快。该技术成型精度高，在材料属性、细节和表面光洁度方面可匹敌注塑成型的耐用塑料部件。

（3）SLS。与 3DP 技术相似，SLS 同样采用粉末为材料。所不同的是，这种粉末在激光照射高温条件下才能融化。喷粉装置先铺一层粉末材料，将材料预热到接近熔点，再采用激光照射，将需要成型模型的截面形状扫描，使粉末融化，被烧结部分黏合到一起。通过这种过程不断循环，粉末层层堆积，直到最后成型。

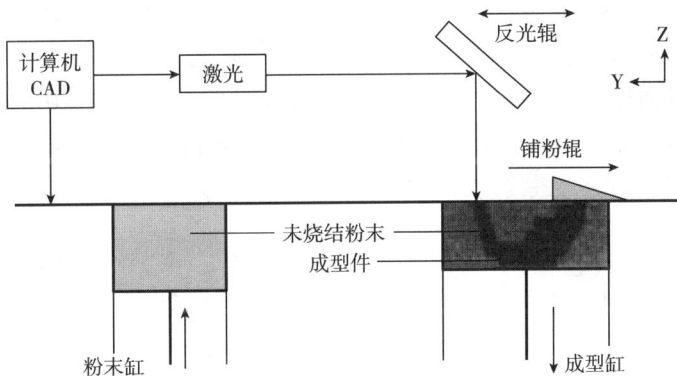

SLS 技术原理

SLS 最初是由美国得克萨斯大学奥斯汀分校的 Carlckard 于 1989 年在其硕士学位论文中提出的，后美国 DTM 公司于 1992 年推出了该工艺的商业化生产设备 Sinter Sation。几十年来，奥斯汀分校和 DTM 公司在 SLS 领域做了大量的研究工作，在设备研制和工艺、材料开发上取得了丰硕成果。德国的 EOS 公司在这一领域也做了很多研究工作，并开发了相应的系列成型设备。激光烧结技术是成型原理最复杂、成型条件最高、设备及材料成本最高的 3D 打印技术，但也是目前对 3D 打印技术发展影响最为深远的技术。目前，SLS 技术成型材料的种类很多，可以是尼龙、蜡、陶瓷、金属等。

（4）3DP 技术。采用 3DP 技术的 3D 打印机使用标准喷墨打印技术，通过将液态联结体铺放在粉末薄层上，以打印横截面数据的方式逐层创建各部件，创建三维实体模型，采用这种技术打印成型的样品模型与实际产品具有同样的色彩，还可以将彩色分析结果直接描绘在模型上，模型样品所传递的信息较大。

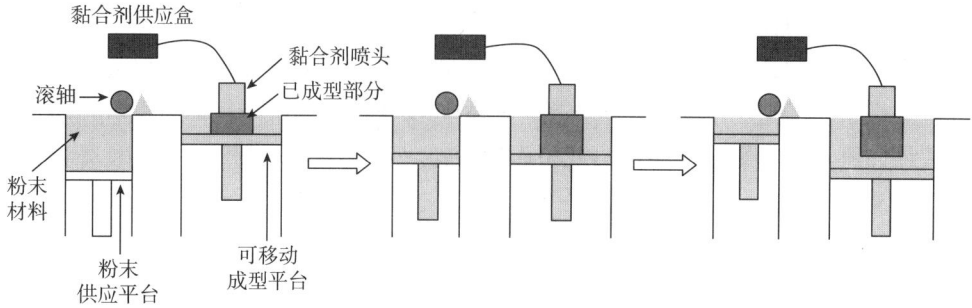

3DP 粉末黏合成型工艺

美国麻省理工大学的 Emanual Sachs 教授于 1989 年申请了三维印刷技术（3DP）的专利。这是一种以陶瓷、金属等粉末为材料，通过黏合剂将每一层粉末黏合到一起，然后层层叠加而成型。粉末黏合成型工艺是实现全彩打印最好的工艺，以石膏粉末、陶瓷粉末、塑料粉末等作为材料，是目前最为成熟的彩色 3D 打印技术。

（5）LOM 技术。分层实体制造法又称层叠法成型，它以片材（如纸片、塑料薄膜或复合材料）为原材料，其成形原理如下图所示，激光切割系统按照计算机提取的横截面轮廓线数据，将背面涂有热熔胶的纸用激光切割出工件的内外轮廓。切割完一层后，送料机构将新的一层纸叠加上去，利用热黏压装置将已切割层黏合在一起，然后再进行切割，这样一层层地切割、黏合，最终成为三维工件。

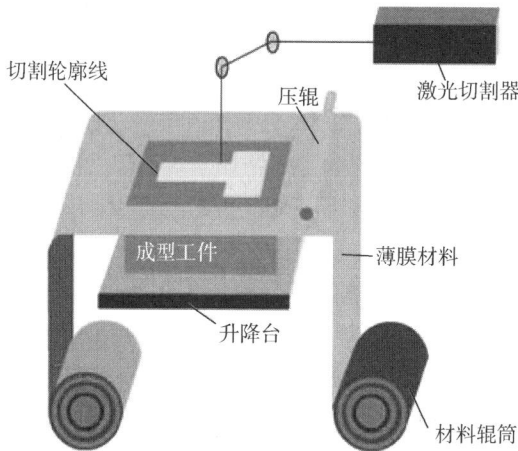

LOM 分层实体成型工艺

LOM 常用材料是纸、金属箔、塑料膜、陶瓷膜等，此方法除了可以制造模具、模型外，还可以直接制造构件或功能件。LOM 技术的优点是工作可靠、模型支撑性好、成本低、效率高。缺点是前、后处理费时费力，且不能制造中空结构件。成型材料：涂敷有热敏胶的纤维纸；制件性能：相当于高级木材。

主要用途：快速制造新产品样件、模型或铸造用木模。

知识点 2：3D 打印技术的特点和优势

现阶段，3D 打印技术已广泛应用于医疗、航空航天、汽车、建筑、军工等多个领域。市场认可度也在提升。而 3D 打印因其本身的技术特点，也将对传统的制造业产生巨大冲击。

1. 3D 打印技术的特点

（1）降低了对生产过程中技术工艺的要求及内部复杂结构工件制作的难度。3D 打印带来了世界性制造业革命，以前是部件设计完全依赖于生产工艺能否实现，而 3D 打印机的出现，将会颠覆这一生产思路，这使得企业在生产部件的时候不再考虑生产工艺问题，任何复杂形状的设计均可以通过 3D 打印机来实现。

（2）3D 打印无须机械加工或模具，就能直接从计算机图形数据中生成任何形状的物体，从而极大地缩短了产品的生产周期，提高了生产效率。尽管仍有待完善，但 3D 打印技术市场潜力巨大，势必成为未来制造业的众多突破技术之一。

（3）3D 打印使得人们可以在一些电子产品商店购买到这类打印机，工厂也在进行直接销售。科学家们表示，三维打印机的使用范围还很有限，不过在未来的某一天人们一定可以通过 3D 打印机打印出更实用的物品。

（4）对尖端科研技术的研究开发起到极大帮助。3D 打印技术对美国太空总署的太空探索任务来说至关重要，国际空间站现有的三成以上的备用部件都可由这台 3D 打印机制造。这台设备将使用聚合物和其他材料，利用挤压增量制造技术逐层制造物品。3D 打印实验是美国太空总署未来重点研究项目之一，3D 打印零部件和工具将增强太空任务的可靠性和安全性，同时由于不必从地球运输，可降低太空任务成本。

2. 3D 打印技术的优势

优势 1：制造复杂物品不增加成本。就传统制造而言，物体形状越复杂，制造成本越高。对 3D 打印机而言，制造形状复杂的物品成本不增加，制造一个华丽的形状复杂的物品并不比打印一个简单的方块消耗更多的时间、技能或成本。制造复杂物品而不增加成本将打破传统的定价模式，并改变我们计算制造成本的方式。

优势 2：产品多样化不增加成本。一台 3D 打印机可以打印许多形状，它可以像工匠一样每次都做出不同形状的物品。传统的制造设备功能较少，做出的形状种类有限。3D 打印省去了培训机械师或购置新设备的成本，一台 3D 打印机只需要不同的数字设计蓝图和一批新的原材料。

优势 3：无须组装。3D 打印能使部件一体化成型。传统的大规模生产建立在组装线基础上，在现代工厂，机器生产出相同的零部件，然后由机器人或工人组装。产品组成部件越多，组装耗费的时间和成本就越多。3D 打印机通过分层制造可以同时打印一扇门及上面的配套铰链，不需要组装。省略组装就缩短了供应链，节省在劳动力和运输方面的花费。供应链越短，污染也越少。

优势 4：零时间交付。3D 打印机可以按需打印。即时生产减少了企业的实物库存，企业可以根据客户订单使用 3D 打印机制造出特别的或定制的产品满足客户需求，所以新的商业模式将成为可能。如果人们所需的物品按需就近生产，零时间交付式生产能最大限度地减少长途运输的成本。

优势 5：设计空间无限。传统制造技术和工匠制造的产品形状有限，制造形状的能力受制于所使用的工具。例如，传统的木制车床只能制造圆形物品，轧机只能加工用铣刀组装的部件，制模机仅能制造模铸形状。3D 打印机可以突破这些局限，开辟巨大的设计空间，甚至可以制作目前可能只存在于自然界的形状。

优势 6：零技能制造。传统工匠需要当几年学徒才能掌握所需要的技能。批量生产和计算机控制的制造机器降低了对技能的要求，然而传统的制造机器仍然需要熟练的专业人员进行机器调整和校准。3D 打印机从设计文件里获得各种指示，做同样复杂的物品，3D 打印机所需要的操作技能比注塑机少。非技能制造开辟了新的商业模式，并能在远程环境或极端情况下为人们提供新的生产方式。

优势 7：不占空间、便携制造。就单位生产空间而言，与传统制造机器相比，3D 打印机的制造能力更强。例如，注塑机只能制造比自身小很多的物品，与此相反，3D 打印机可以制造和其打印台一样大的物品。3D 打印机调试好后，打印设备可以自由移动，打印机可以制造比自身还要大的物品。较高的单位空间生产能力使得 3D 打印机适合家用或办公使用，因为它们所需的物理空间小。

优势 8：减少废弃副产品。与传统的金属制造技术相比，3D 打印机制造金属时产生较少的副产品。传统金属加工的浪费量惊人，90% 的金属原材料被丢弃在工厂车间里。3D 打印制造金属时浪费量减少。随着打印材料的进步，"净成型"制造可能成为更环保的加工方式。

优势 9：材料无限组合。对当今的制造机器而言，将不同原材料结合成单一产品是件难事，因为传统的制造机器在切割或模具成型过程中不能轻易地将多种原材料融合在一起。随着多材料 3D 打印技术的发展，我们有能力将不同原材料融合在一起。以前无法混合的原料混合后将形成新的材料，这些材料色调种类繁多，具有独特的属性或功能。

优势 10：精确的实体复制。数字音乐文件可以被无休止地复制，音频质量并不会下降。未来，3D 打印将数字精度扩展到实体世界。扫描技术和 3D 打印技术将共同提高实体世界和数字世界之间形态转换的分辨率，我们可以扫描、编辑和复制实体对象，创建精确的副本或优化原件。

随着智能制造、数控技术、材料技术、信息技术等不断发展和提升，这些技术也将被广泛地综合应用于制造工业，3D 打印技术也将会被推向一个更加广阔的发展平台。

3. 3D 打印的发展趋势

(1) 3D 打印技术全球发展空间。

如今 3D 打印技术在人们的生活中也非常常见，发展趋势特别好，人们已经使用该技术打印出了灯罩、身体器官、珠宝、根据球员脚型定制的足球靴、赛车零件、固态电池以及为个人定制的手机、小提琴等，有些人甚至使用该技术制造出了机械设备。

科技改变生活。第四次工业革命正在重新定义产品生产、分配、消费的方式，也将重塑人类未来的日常生活。3D 打印技术，正是互联网和制造业的有效结合，对传统制造技术带来颠覆性创新，也带来无限可能性。数字化技术被更广泛地应用在传统制造业中，已成为一股不可阻挡的潮流。

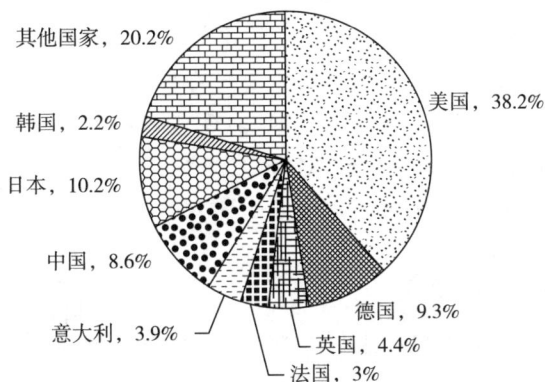

全球 3D 打印设备市场份额

使用 3D 打印可在没有模具的情况下制作产品，削减成本，缩短开发时间，可以带来制造业的革命性变化，很多企业正在普及这一技术。在 3D 打印产业良好预期的基础上，加之下游应用领域的不断拓宽和迅猛发展，预计到 2020 年全球 3D 打印机总量将超过 670 万台，市场规模将达到 212 亿美元，到 2023 年，全球 3D 打印市场规模将达到 350 亿美元，年复合利率增长达 28％。未来，全球的 3D 打印市场规模将呈现爆发性增长，需求空间将巨大延伸。

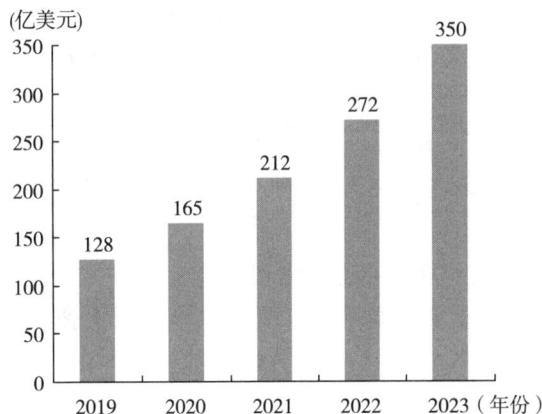

2019～2023 年全球 3D 打印市场规模预测

（2）3D 打印技术改变人们的生活方式。

3D 打印也有"马良神笔"的作用

1. 3D 打印房子

2018 年 9 月，在湖南卫视《天天向上》节目中，设计师马义特地为大家介绍了他的公司在江苏苏州用 3D 打印技术制造的别墅，这样的别墅 3 天就能建造一套，每套 130 平方米的房子价值 20 万元。这样的房子通过 3D 打印技术一层层叠加，形成一块数米高的建筑构件，然后再用钢筋水泥进行二次"打印"灌注，连成一体，1 天就能打印出 10 幢 200 平方米的建筑！里里外外，不单是房子，甚至内部的一些简单家具，如浴缸、台面等都能一起打印了。

2. 打印食物

2017 年 3 月，荷兰企业"现代农场"研制出 3D 打印红肉。其具体操作：一是从牛的肌肉组织中提取干细胞；二是用营养素和促进生长的化学成分对其进行培养，得到肌肉组织；三是将这些组织装进更小的碟子中，聚集成小型条状肌肉；四是将这些肌肉层层堆叠并上色，通过 3D 打印技术与脂肪等按比例混合，形成粉色的人工肉，外形与真正的肉相差无几。该技术当前还处于摸索阶段，打印出的肉体积小且成本高，有待进一步开发。

3. 全球第一颗会跳动的塑料人类心脏

2013 年 6 月 21 日，美国华盛顿儿科医学中心利用 3D 打印技术，用"塑料"打印出了全球第一颗人类心脏，并使这颗心脏能像正常人类心脏那样跳动，3D 打印技术的神奇不得不让人感叹！

4. 打印衣服

随着材料的逐渐改善，Three ASFOUR 与 3D 打印公司 Stratasys 以及设计师 Travis Fitch 合作，推出了"2016 年秋季生物模拟系列"时装。其中一件名叫"穿山甲"，花了 500 小时打印，10 台打印机同时开动，之后还要进行组装。穿山甲是唯一一种有鳞片覆盖的哺乳动物，模特穿上"穿山甲"衣服就像是当代女祭司：一件黑暗而又女性化的甲胄。为了制作穿山甲的鳞片感，设计师们使用了一种模拟细胞分裂的算法。

3D 打印走进我们生活的脚步将会越来越快，甚至会爆发出几何级增长。食物、玩具、服饰、艺术品、人造假体、交通工具、房子都可以是它的杰作。作为一种新兴的技术类型，可以预见在今后很长一段时间内，3D 打印将被人们广泛关注。不仅限于衣食住行，在航空航天、工业生产、文物保护、教育、建筑、医疗、时尚、食品、创意家居等领域的应用，将会诞生出一种革命性的制造模式，颠覆传统制造业，进一步推动全球制造业的转型升级。

随着 3D 打印技术的进一步完善，不仅会从根本上改变延续近百年的现代制造业模式，而且会从各个方面影响人类的生活方式。届时，人类的想象力将不再受到制造工艺的束缚，创造力会得到空前的激发，用户的个性化需求得到前所未有的满足，人们只需要一台 3D 打印机就可以将自己的创意变为产品。

可以预见的是，在未来家具生产商将不再需要设计千篇一律、缺乏新意的产品，而是由顾客提供自行设计的产品图，购物网站也可能只需提供产品设计图，由顾客在家自行打印产品，从而大幅减少运费。

知识点 3：中国制造与 3D 打印技术

3D 打印技术是制造方式和手段的革命化创新，代表着未来制造业信息化、智能化的发展方向。时至今日，随着 3D 打印技术的快速发展，越来越多的中国制造业的大佬们，也纷纷开始要求企业开展内部培训，要增设"3D 打印"课程，招募中要吸纳 3D 打印的相关人才。因为到今天，3D 打印已同大数据、云计算这些技术结合起来，对传统制造、建筑、医疗事业产生了强烈的颠覆性。3D 打印所涉及的领域之多，以至于天然被赋予了"工业革命"的使命。

1. 中国 3D 打印技术发展现状

目前，国内的 3D 打印主要集中在家电及电子消费品、模具检测、医疗及牙科正畸、文化创意及文物修复、汽车及其他交通工具、航空航天等领域。前瞻产业研究院发布的《3D 打印产业市场需求与投资潜力分析报告》数据显示，2012 年中国 3D 打印机市场规模达到 1.61 亿美元，至 2016 年，中国 3D 打印产业规模达到 11.87 亿美元（约 80 亿元人民币），复合增长率为 49%。

中国 3D 打印技术发展面临诸多挑战，总体处于新兴技术的产业化初级阶段，未来 3D 打印技术最有可能在美国和中国率先大规模产业化。3D 打印技术产业发展已经上升为美国的国家战略。中国虽然至今还没有出台国家战略，但主管部门在积极制定相关产业扶持政策，科技部已经将 3D 打印技术纳入国家"863"计划。

目前，我国的 3D 打印技术还处于发展的初级阶段，主要体现在以下几个方面：

（1）产业规模化程度不高。3D 打印技术大多还停留在高校及科研机构的实验室内，企业规模普遍较小。

（2）技术创新体系不健全。创新资源相对分割，标准、实验检测、研发等公共服务平台缺乏，尚未建立起产学研用相结合的技术创新体系。

（3）产业政策体系尚未完善。缺乏前瞻性、一致性、系统性的产业政策体系，包括发展规划和财税支持政策等。

（4）3D 打印行业的发展需要完善的供应商和服务商体系、市场平台，成立相关协会，协调管理。

（5）在机械、材料、信息技术等工程学科的教学课程体系中，缺乏与 3D 打印相关的必修环节，3D 打印还停留在部分学生的课外兴趣研究层面。

下表数据显示，2017 年中国 3D 打印技术专利申请数量达到 9809 个，市场规模达到 17.5 亿元，同比增长 47.4%。

2. 中国 3D 打印行业应用情况

目前，随着国内 3D 打印技术的相应成熟，生物医药、航空航天、机械设备、汽车等行业对于 3D 打印的需求较高，就目前而言，从国内 3D 打印行业的下游应用情况来看，

3D 打印设备主要在消费品/电子、模具检测、医疗及牙科正畸、工业设备、汽车领域、航天航空等行业应用得比较广泛。数据显示，2017 年中国 3D 打印市场规模达到 17.5 亿元，同比增长 47.4%。伴随着中国 3D 打印技术的相应成熟，在航天航空、汽车等行业需求将持续增加。

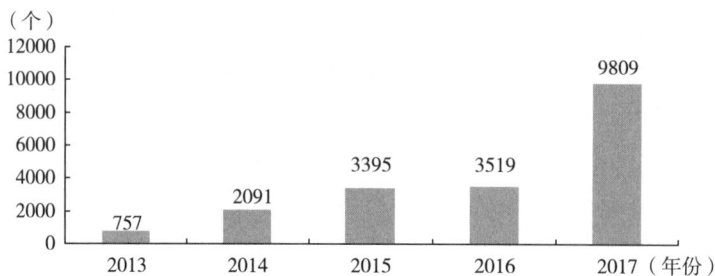

2013～2017 年中国 3D 打印专利申请数量情况

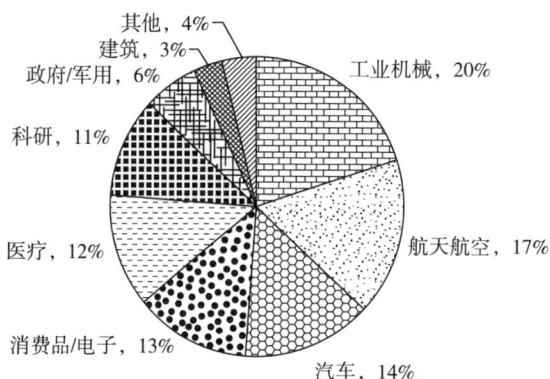

2018 年上半年 3D 打印行业应用领域结构情况

在中国 3D 打印行业应用领域结构中，工业机械占比最高，占比为 20%；其次为航天航空，占比为 17%；排名第三的是汽车，占比为 14%。其后分别为消费品/电子、医疗、科研、政府/军用以及建筑，占比分布为 13%、12%、11%、6% 和 3%。

3D 打印涉及多个技术领域，包括光学技术、电子、机械制造、信息技术、控制技术、材料技术等，是技术密集型行业，具有多学科交叉、技术复杂度高的特点。目前，中国 3D 打印行业发展处于初级阶段，关键技术积累不足，相关学科融合不够，行业缺乏竞争力。3D 打印技术席卷各行业领域，包括制造、医疗、军事、建筑等领域均有所应用。随着 3D 打印技术不断成熟、行业的快速发展，3D 打印技术应用场景将不断拓展，市场需求也随之增长。

3. 2020 年中国 3D 打印发展前景

我国对 3D 打印的政策支持突出：《国家增材制造发展推进计划（2015～2016 年)》重点提出形成 2～3 家具有较强国际竞争力的增材制造企业，建立 5～6 家增材制造技术创新中心，完善扶持政策，形成较为完善的产业标准体系。鉴于产业政策与财政政策的支持，前瞻产业研究院初步预计，我国 3D 打印市场规模 2022 年可达到 80 亿美元左右。

中国 3D 打印行业发展历程

（1）我国未来 3D 打印行业发展存在以下趋势：

1）3D 打印个人消费保持高速增长。随着"个人制造"的兴起，在个人消费领域，3D 打印行业预计仍会保持相对较高的增速。有助于拉动个人使用的桌面 3D 打印设备的需求；同时也会促进上游打印材料（主要以光敏树脂和塑料为主）的消费。

2）3D 打印金属材料应用程度不断加深。在工业消费领域，由于 3D 打印金属材料的不断发展，以及金属本身在工业制造中的广泛应用。前瞻产业研究院预计，以激光金属烧结为主要成型技术的 3D 打印设备，将会在未来工业领域的应用中，获得相对较快的发展。中短期内，这一领域的应用仍会集中在产品设计和工具制造环节。

3）产业链上的专业分工会进一步深化。现阶段，主要的 3D 打印企业一般以材料供应、设备制造和打印服务的综合形式存在。这是由产业发展初期技术推广和市场规模的限制所致。长期来看，产业链的各环节会产生专业化的分离：专业材料供应商和打印企业会出现，产品设计服务会独立或向下游消费企业转移。3D 打印有望转化为一个真正意义上的工具平台。

4）国内 3D 打印市场前景广阔。国内 3D 打印技术的推广与应用尚处在起步阶段，无论是工业领域还是个人消费领域都存在广阔的发展前景。对于工业领域而言，国内在激光熔覆方面的技术具有一定优势，这有助于在以激光烧结为成型技术的 3D 打印设备制造和打印服务领域进行发展。对于个人消费领域，应用的推广速度取决于对 3D 打印这一技术认知的提高以及相关辅助平台，如软件设计、制作文件库的发展。

综合上述特点趋势，从行业发展的角度来看，整个 3D 打印产业链都存在巨大的潜在发展空间。就未来的长期需求增长而言，上游打印材料和个人 3D 打印设备的制造企业将会有比较大的发展空间。就前者而言，在通用化的技术标准不断推广的基础上，专业化的材料供应企业的发展是大势所趋。从个人消费到工业制造，无论是哪个领域引来快速增长，对于耗材的需求都必不可少。

（2）我国 3D 打印行业驱动因素。

1）国家政策的支持。2015 年以来，国务院和工信部密集发文，并制定了《国家增材制造产业发展推进计划（2015～2016 年）》，明确了 3D 打印行业的发展目标，给予资金和政策上的支持。2017 年 12 月印发了《增强制造业核心竞争力三年行动计划》，提到将 3D 打印高分子材料进行改性，从而适宜工业化技术。

2）行业整合，催生行业巨头。随着国家政策的支持，企业加强技术投入，保障企业技术领先，行业资源得到整合，逐渐催生出一批具有国际竞争力的行业龙头企业。

3）应用市场广阔，市场需求潜力巨大。3D 打印技术席卷各行业领域，包括制造、医疗、军事、建筑等领域均有所应用。随着 3D 打印技术不断成熟，行业的快速发展，3D 打印技术应用场景将不断拓展，市场需求也随之增长。

3D 打印助力中国制造业新业态

2015 年 5 月 8 日，国务院正式印发相关文件，其被认为是中国版"工业 4.0"发展规划，明确了在新一轮科技革命和产业变革的大背景下，中国主动应对全球产业竞争新格局和未来产业竞争新挑战的发展战略。

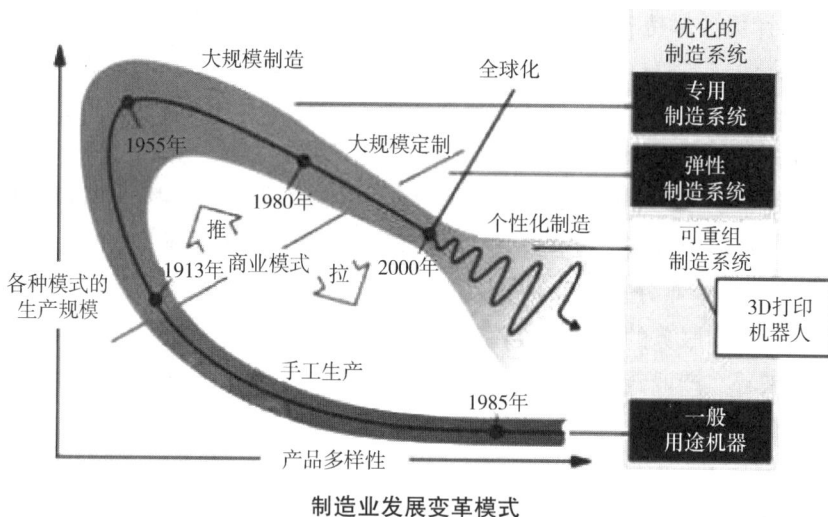

制造业发展变革模式

在过去的两个世纪中，人类的生产模式发生了多次转变，每一次转变都极大地提高了生产力，改变了人类的生活。随着第一次工业革命的到来，以蒸汽机为标志的机器代替了手工劳动，极大地提高了生产力，随着福特汽车公司发明了流水线生产，人类社会开始进入大规模制造时代。20 世纪 80 年代后，随着社会大众对产品多样化需求的提高，大规模定制开始兴起，这使得产品的种类增加，而单件产品的生产规模下降。2000 年以后，全球化进程日益加快，制造业日趋复杂化和个性化，产品更新换代节奏加快，定制化需求日益旺盛，制造业生产模式开始进入"个性化制造"阶段。

　　如今，互联网、大数据和制造业正在进行深度融合，推动制造业向数字化、网络化和智能化方向发展。未来制造业的核心竞争力将更多强调产品的功能与性能，这将导致制造业生产模式从批量化、规模化、标准化制造转变为定制化、个性化、分布式的新的生产方式，制造业将迎来个性化的定制时代。生产商也将从生产型向服务型转变，未来的产品将不断智能化、网络化。制造业企业不单单需要控制企业的生产运行效率，还需要通过外部网络获取产品信息和客户需求的大数据，通过对海量数据的分析、处理，来快速动态地配置资源和提供解决方案。3D 打印可以使任何人通过数字设计来实现产品生产制造，因此，制造业的重心将由生产转向设计，通过精益求精的设计提高制造业的灵活度将成为发展趋势，产品微小创新和快速迭代成为新的发展模式。同时，3D 打印与互联网的结合使社会大众有机会直接参与产品的整个生命周期，从最初的设计到制造，再到后期的维修和相关服务，这种模式将演绎出更加灵活和富有活力的商业模式。通过改变产品的制造方式，进而改变世界的经济格局，最终改变人类的生活方式。

【拓展阅读】

3D 打印笔

　　1. 3D 打印笔，让孩子长出想象的翅膀

　　3D 绘画笔就是将画笔和 3D 打印技术结合起来，在笔尖整合了 3D 打印机的打印端技术，笔身的油墨变成塑料丝，画出来的成品由 2D 变成 3D 立体模型。使用者不仅可以在纸上，甚至可以在任何物体表面或者空间上勾勒出各种逼真的模型。市面上的 3D 打印绘画笔主要分为高温、中温、低温三类，不同的类别使用不同的打印材料。

　　用 3D 绘画笔是怎么做出立体形状的呢？

　　比如你先用 3D 打印笔画一只小船，那么你可以先用一张纸折出小船的立体形状，然后用 3D 打印笔在上面配色作画，最后用冷水把纸膜泡软取出即可。

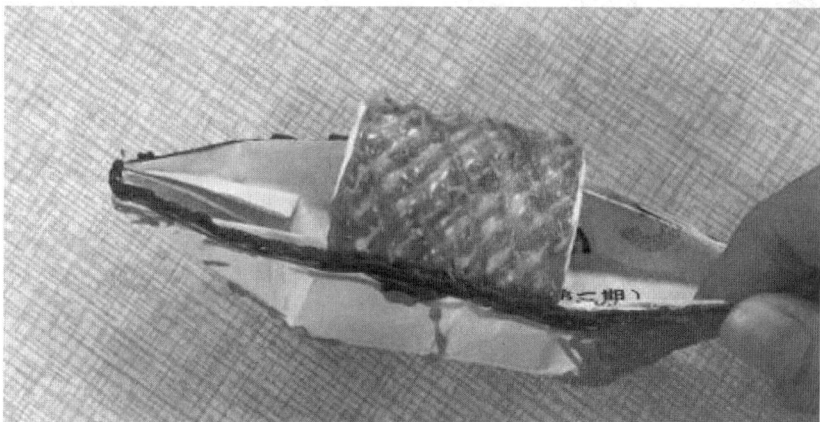

2. 3D 绘画笔的应用领域

3D 绘画笔能用来做些什么呢？众所周知，3D 打印的应用领域非常广泛，工业、文创、医疗、航空航天等，那么 3D 绘画笔能用在哪些地方呢？

（1）教育领域。用于激发孩子们的创意设计和构建能力以及对三维空间的理解。3D 打印笔并不只是一个时尚的玩具，它将成为陪伴孩子成长的一部分，如大家都知道的乐高玩具。

（2）文创、DIY 领域。3D 绘画笔可以为设计师建模提供创意的源泉，作品不再仅是 2D 平面的，而是更具象的 3D 模型，通过模型设计师能够对作品进行更好的把握。

这个案例是郑州有名的实验小学利用 3D 绘画笔进行的海洋水底世界设计大赛。首先，孩子们利用图模心里所想的海洋生物模型，其次用 3D 绘画笔进行勾勒和颜色搭配完成作品。这种活动不仅能培养孩子的设计思维，也能锻炼他们的动手能力。下面的图片都是孩子们创作出来的作品。

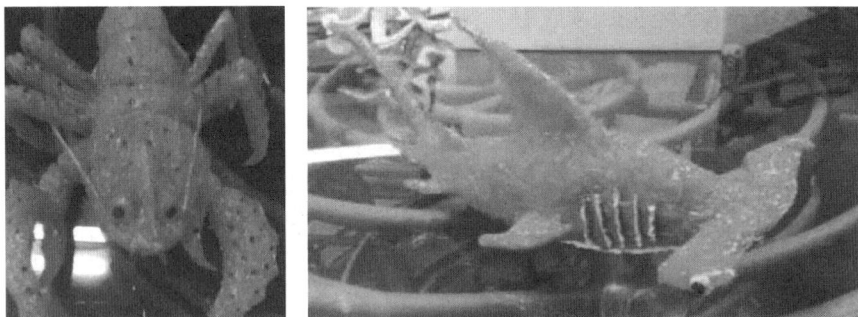

还有一个成功案例就是在郑州回民中学的 3D 打印大赛，将 3D 打印笔和 3D 打印机相结合，开发孩子们的三维思维。

【本节小结】

（1）3D 打印的概念，3D 打印的分类。

（2）3D 打印的技术特点和优势。

（3）3D 打印有何发展趋势。

第二节 3D 打印的创新应用

【引导案例】

3D 打印：从想象到现实

地点：你的生活空间。

时间：从现在到几十年后。

如梦如幻的早晨，健康保险公司将你的食品打印机升级到高级医疗模式以后，你控制血糖的饮食管理变得更容易了。专门为糖尿病患者推出的新医疗级食品打印机通过一个微型皮肤植入物监测你的血糖并读取无线信号流。当你早上醒来时，食物快速成型机接到早上第一个读数，然后对你的数字化早餐含糖量进行调整，以保持营养均衡。

早餐后，该浏览新闻了。头条新闻是关于救援被困井下一周的矿工的最新进展。他们所在的矿井坍塌，将他们埋在了地下。首支救援队试图将他们救出，但救援工具差点儿引发了一场致命的瓦砾崩塌。

幸运的是，采矿公司遵守了法规，并给矿工配备了规范的安全装备。3D 安全打印机是一个标准的工具，矿工将其随身携带到矿井深处。在他们下井前，技术人员会确保每台打印机的关键零部件都有更新的设计文件。3D 安全打印机与其他机械被带到矿井深处，以备部件断裂后可以迅速更换。

当你离开家去工作，起重机和形单影只的施工人员在街对面的一块空地上默默劳作。你邻居的建设项目成为邻里的谈资。几个星期前，他推倒老式的木房子，要建造一幢新的生态友好型豪宅。

邻居在邮箱边向你挥手，还给你介绍他的房屋。新家是名为"泡沫之家"的一家公司开发的一个豪华模型，两个多星期就可以完工。该公司的产品目录称，每所房屋的墙壁均内置气象传感器，屋顶在最后完工后，将在顶部安装太阳能电池板，墙壁的配线和铜管已经就位。

你和邻居一起看工程起重机在新的地基上慢慢操作一个巨大的喷嘴。喷嘴扫描景观，依据设计蓝图，挤出混凝土和一些合成建筑材料。施工人员的职责是确保施工期间工地上没有人走动。装备的"大脑"是一台小型计算机，在施工过程中指挥工程起重机。

到目前为止，慢慢成型的房子看起来非常漂亮，墙壁呈曲线形，装饰有几何图案和镂空。没有人能够建造有这样构架的房子，不管有多少人参与施工。目前还没有人看到新房子的内部构造，但听说你的邻居定制了设计内壁，让它看起来很像老式的砖混结构。

在结束一天的工作后，你顺便去了一趟女儿就读的中学。你是今年一个科学展的家长发起人。你女儿的老师告诉你，3D 打印机正在破坏科学展的文化。懒惰的学生几乎不费吹灰之力、无须任何技巧就能够通过 3D 打印制造复杂的物品——他们需要的只是一个良好的设计文件。

还有另一种扭曲。老师解释说，今年的科学展，家长要做清理服务。去年科学展后，学校的保洁员抱怨健身房地板上散落着很多杂乱无章的打印碎片。更糟的是，几天后，学生和教师被几十个鼠标大小的成品机器人绊倒，这些机器人在学校的走廊上叮当翻滚。一些打印机器人存储了预编程的入门知识，另一些可移动机器人似乎已经掌握了一些未经授权的、丰富多彩的智慧。

你和女儿回到家后，你的爱人分享了好消息：他的 3D 制造企业刚刚获准进入航空航天云制造网络。云制造是一种取代大规模生产的新的生产方式，它像云计算一样，是一个分散式和大规模批量式并行的生产模式。大企业从几个经审查合格的小制造企业生产网络订购所需的部件和服务，这些小制造企业可以联手制造部件。

云制造正迅速应用于电子、医疗和航空航天等行业，这些行业需要复杂的、高精密度的而不是大批量的部件。小制造企业形成的云制造网络为大企业节省了费用。云制造网络往往靠近客户，这样打印部件的运输距离就缩短了。这些企业将产品部件的设计进行数字存储，每次只生产一个或者几个部件。云制造网络在区域经济中已经无处不在，这样，专门的小型制造商和服务商就创造了当地的就业机会。

你爱人的工作单位是由数家小制造企业组成的云制造网络中的一员，为军用飞机和商用飞机制造商制造专业燃料喷射器。为了获准进入这个专门网络，他的企业必须证明具有在指定时间内通过 3D 打印生产飞机部件的制造能力。制造网络对这些部件样品进行抽样压力测试，测试结果还不错。

寝前一幕，你儿子喜欢在就寝前刷牙，然后躺在床上听你给他讲故事。今晚你会发现，其他都像往常一样，但他的牙刷莫名其妙地消失了。你可以跑到商店给他买一把新牙刷，但现在有一个更简单的方法。

你启动家用 Fabber，让你儿子快速查看几种不同的牙刷设计。几家不同的公司在 Fabber 网站上出售它们的设计，你儿子已经想好他想要的品牌——通过讨价还价买了下来，你在网上付款，通过将小魔杖载入 Fabber，扫描了你儿子的指标——手的大小和嘴张开时的形状。

Fabber 开始打印。在其发光屏幕上，设计参数表像电影那样滚动——从牙刷程序的设计者到拥有卡通设计版权的公司。新牙刷可以在 15 分钟内制作完成。

在 Fabber 打印过程中，你给儿子讲睡前故事。这是关于过去，那些"当我在你这个年龄时"的故事之一。他将信将疑，很难相信你年轻时，每把牙刷看起来都是一样的。现在，如果你从互联网上订购东西，仅需要 24 小时就可以送货上门。

"哇！"他礼貌地说，"那么要是回到过去，生活一定很不容易啊！"

【小组讨论】

1. 3D 打印的未来

未来可能发生的一幕："明天就要出发去月球了，我们的火箭呢？"

"在我的 U 盘里，我马上就去打印出来。"

大家认为这样的场景会发生吗？你还能畅想出哪些场景？

2. 科技是把双刃剑，3D 打印也有值得人们担心的地方

"真正的挑战是，罪犯利用 3D 打印造出枪支，去实施犯罪，这是可怕，而且难以管制的。"美国《华盛顿邮报》如是说。

你的看法呢？如何防止和避免这样的情况出现？

【知识链接】

知识点 1：3D 打印技术在轨道交通领域的应用

国内外 3D 打印技术在轨道交通领域应用的现状

2015 年，德国联邦铁路与 SIEMENS、Concept Laser、Materialize、EOS、Stratasys、Autodesk 成立了德国铁路的移动增材制造（3D 打印），在行业内首次将 3D 打印技术制造的

备品备件应用于轨道车辆的运营维护中，目前打印的备件包括塑料零件（接线盒、开关箱、摇杆等）和金属零件（砂箱、轴承盖等）。为发挥 3D 打印的自由成型优势，德国联邦铁路对部分零部件的设计进行了改进，如列车轴承盖备件通过内部中空结构设计，优化了部件的抗振动性能和耐磨性能，应用于电机部件维保中。通过分布式的 3D 打印制造网络，用户可以根据零部件的更换需求开展就近、快速制造，极大地减轻了仓储、物流压力。

中车株洲电力机车有限公司也联合轨道交通产品产业链中的 12 家企业组建了"国家先进轨道交通装备制造业创新中心"，对国内轨道交通装备维保领域的 3D 打印技术进行研究和产业孵化。

轨道交通是指运营车辆需要在特定轨道上行驶的一类交通工具或运输系统，主要包括传统火车组成的铁路系统、来往于中短距离城市之间的城际铁路和随着城市快速发展为解决城市交通问题而形成的城市轨道交通系统。国家统计局数据显示，到 2015 年底，我国的铁路运营里程已达到 12.1 万公里，国家铁路客车拥有量已达到 83.6 万台。

钢轨是轨道交通系统的组成之一，与列车轮对接直接接触，引导列车行走。车轮和钢轨的磨耗是普遍且难以解决的问题，可影响列车运行的平稳性和稳定性。随着铁路运输负荷的增加，不仅使钢轨的磨耗加剧，缩短了钢轨的使用周期，也提高了铁路的运营成本，因此，对钢轨磨耗的研究铸件被提上日程。近年来，列车在高速、轻量化和重载方面的研究已取得初步进展，基本明确了轮对与轴承、车轴与轴承等车辆部件因接触面微动引起的磨损问题。国内外学者认为增强材料表面硬度、改变材料表面化学性质等措施可减缓微动损伤，这就对材料加工和处理工艺提出了新的要求。此外，我国现行的 CRH1、CRH2、CRH3 和 CRH5 多种型号的列车动车组使得我国无法形成单一的动车组检修制度，而是根据车辆的牵引质量、线路、温差、地域等具体情况，针对特定系统或部件采用不同的检修模式，现有的部件加工程序难以满足不同规格的个性化设计需求。因此，在轨道、机车及车辆部件设计、生产和维护过程中引入新技术、新材料是一种较为有效的解决方案。

3D 打印是快速成型技术的一种，通过构建数字模型文件，并使用金属或塑料粉末制品等可黏合材料，将其逐层打印制作目标产品。与传统制造技术相比，3D 打印可以实现复杂结构加工和无模具制造、个性化定制、多零部件和多材料的整合，同时减少了材料的浪费。3D 打印技术发展迅速，在航空航天、汽车、石油化工、精密制造及医疗产品开发等领域已得到广泛应用。3D 打印的技术优势使得研究人员开始关注 3D 打印技术与轨道交通领域的有效结合。这一过程仍处在探索阶段，在实际应用方面鲜有报道。利用 3D 打印技术来强化轨道部件性能，延长维修周期，快速制造、修复易磨损零部件（钢轨、道岔、闸瓦、轮对等），对降低轨道交通系统的成本，提高工作效率，具有重要的实用价值。

1. 激光快带融合技术改变钢轨的耐磨性

钢轨作为轨道交通的重要组成部分，引导列车轮对沿着既有轨道前进，与轮对直接接触并承受来自轮对的巨大压力。钢轨在长时间工作下，便会出现影响其使用性能的损伤，如折断、裂纹和磨损等。为了尽可能地减少钢轨损伤，改善钢轨的材质，提高钢轨耐磨性是有效的方法之一。例如，高硬稀土轨的耐磨性是普通钢轨的 2 倍左右，淬火轨的耐磨性为普通钢轨的 1 倍以上。整个钢轨都使用高耐磨性材料则成本较高。使用激光宽带熔覆技术，对普通钢轨表面进行强化，效果明显。激光熔覆其本质是在钢轨表面附加高耐磨性材料而改善其耐磨性。通过在钢轨表面添加高耐磨性材料，并在高能量密度的激光束作用下与钢轨表面薄层一起熔凝的方法，可在钢轨表面构建一层高耐磨性的熔覆层。在对钢轨表面强化时需将自熔性 Fe 基粉末以同步送粉的方式输送到钢轨表面，进行激光熔覆。这一技术可使用 3D 打印机完成，并适用于轨道交通系统中对耐磨性有较高要求的其他零部件。

金属 3D 打印技术在轨道交通产品应用的探索

不同于传统金属铸造过程中宏观凝固过程，金属 3D 打印技术具备维区熔池的快速融化—凝固特点，产品微观晶粒细小均匀、熔质偏析倾向小、辅助采用远离平衡态的温场控制技术、支撑设计技术、合金化匹配技术等，可实现高性能金属零部件的直接成型，产品精度、复杂程度、力学性能远高于铸件产品，如国内西北工业大学、西安铂力特公司开发的 C919 大飞机中央翼缘条产品的综合性能测试已经达到锻件水平，高于波音公司的产品标准。国内轨道交通装备制造企业已开始认知到金属 3D 打印技术的特殊优势并开展相关应用技术研究，中车株洲电力机车研究所采用英国 Renishaw 的选区激光融化设备已经成功打印了机车高压接地开关传动件。

金属 3D 打印制成的机车高压接地开关传动件

这种传动件最早采用 316L 不锈钢材质的传动杆与传动盘经铆接或电阻焊连接制成，结合部位强度低，经常由于扭转应力的作用在服役过程中脱落。采用 SLM 金属 3D 打印技术一体化成型后，传动杆与传动盘冶金结合强度大大提高，抗压性能较原件提高了 25% ~ 75%，力学性能也优于不锈钢锻件水平，并且零件各方向上的尺寸精度均小于 0.1mm，满足使用要求。这说明金属 3D 打印技术在解决轨道交通异形件、复杂件以及连接件一体成型方面具有较大的应用潜力。

2. 易磨损零部件的修复

钢轨、道岔、闸瓦、轮对等在使用过程中发生各种伤损难以避免，其伤损会直接降低正常功能，在反复交变载荷作用下，零部件因使用过度而疲劳，从而引起损伤，对行车安全造成一定的影响。常规的解决方式是更换新部件，耗时长、成本高。随着对铁路运能要求的不断提升，对于铁路施工效率的要求也越来越高。若能实现钢轨局部的 3D 打印修复，可不用拆卸待修复钢轨，直接切削钢轨表面的破损、裂缝部位，利用 3D 技术在钢轨切削表面上进行打印修复，避免拆卸钢轨，可以缩短工期，降低成本。前期的一些研究为该设想提供了一定的理论和技术基础。3D 成型修复技术的提出突破了激光熔覆技术仅能在规则曲面上涂覆熔合层的技术局限，实现了表面凹凸不平或复杂/异形结构零件表面成形修复/修补；基于 3D 打印激光成型修复技术在矿机易损设备修复的应用范围及应用前景，认为 3D 打印激光修复设备易损零部件具备可行性，可达到仿形精确修复并提高矿用设备易损件使用寿命的目的；在产生裂缝、细纹或破损的钢轨接触面上切削一定的厚度，利用 3D 打印技术在切削后的工件表面打印高性能的合金材料，从而达到改善钢轨性能、延长使用寿命的目的。此外，对于缺损部件，可尝试采用数字化扫描设备对切削后的零部件进行三维重建，利用 3D 打印技术在切削后的表面上打印强度、硬度和耐磨性都较高的合金材料，从而提高上述零部件的耐磨性。

株洲 2018 年内实现 3D 打印轨道交通零部件，预计两年内产值达到 1 亿元

2018 年，株洲市先进轨道交通装备制造业创新中心宣布，将对适用于轨道交通装备维保领域的 3D 打印技术进行产业孵化。

目前，3D 打印技术已应用于工业设计领域，如运用 3D 打印技术打印轨道交通关键零部件，像受电弓导向杆、高压接地开关传动件、真空断路器异性风缸、磁浮车辆悬浮架托臂等，通过这一技术，可提高零件精密度、降低成本。

目前，创新中心适用于轨道交通装备维保领域的 3D 打印技术这一项目已经完成了基础研究、商业策划和融资，预计 2019 年实现产业化，两年总产值将达到 1 亿元。除 3D 打印技术外，创新中心还将以无人驾驶技术、新能源动力包集成技术、仿真技术、大数据与智能技术、受电碳滑板材料为突破进行产业孵化。

3. 辅助研发和制造

在新结构设计验证阶段，采用塑料材料打印出模型，打印速度快、成本低。在设计完成后即可使用 3D 打印技术进行模型制造，去除了开模试制组装试件环节，从而节省了模型试制时间。此外，如果装配中发现问题，可立即修改设计并再次快速制成模型。铁科院铁建所三维打印技术实验室使用 3D 打印设备打印 1:1 零部件模型，进行组装，验证装配尺寸和合理性，并首次将 3D 打印技术应用于铁垫板试件制造，其流程是直接用 3D 打印机打印出铸造砂模，然后在铸造车间浇铸成试件。整个过程用时 15 小时，比传统工艺制造周期缩短了 25 天，节省成本近 2 万元。利用 3D 打印技术生产制造限位块模具型芯，打破了传统的模具设计与制造方法，实现了绿色、快速模具制造。采用选区激光烧结和三维喷印两种工艺快速打印出铁路典型铸钢件砂芯，铸件型位尺寸精确、表面光洁，达到试制

要求。此外，已有学者提出利用 3D 打印技术强化轨道部件性能，快速制造铁路阔大货物模型并进行模拟教学、试运测试和装载加固等设想，并分析讨论了其理论可行性和实际应用价值。

3D 打印在轨道交通铸件零部件及模具开发和制造中的应用

现阶段，轨道交通车辆包含有大量的金属材质零部件产品，铸造是其中主要成型方法之一，如钩缓、制动、齿轮传动等多采用铸钢、铸铝、铸铁材质。在铸件新品开发和小批量试制过程中，采用 3D 打印技术来制造铸型可以有效节省模具开发时间和研制成本，因此获得了大量的应用。

目前，中车戚墅堰所、中车齐齐哈尔公司、长江公司等产品研发和生产单位均建立起了相关技术储备，并在深入开展产业化拓展工作。其中，中车戚墅堰所在技术储备的基础上成立了快速制造工程化示范中心，采用 SLS 砂型打印技术、SLA 高分子刚性模具打印技术和数控加工技术的组合模式，可以实现覆膜砂型、蜡模、模具的多品种小批量生产能力，常态服务于轨道交通铸件的开发和生产中，并将砂型镂空设计、自体支撑、梯度打印等专业技术进一步深化，已拓展至汽车零部件等新产业服务领域。

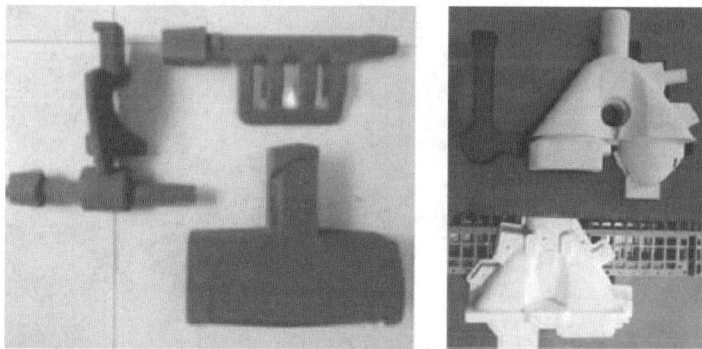

采用 3D 打印制造的轨道交通零部件砂型及模具产品

4. 提高机车检修效率

我国轨道列车检修采用计划预防检修制度，即先通过统计分析车辆零部件损耗的相关数据，推算出不同零件的损伤规律、速度以及损伤极限，科学地、有计划地将零部件划分成若干组，并制定相应的检修期限和检修范围。以我国 CRH 系列高速动车组为例，将检修分为五个等级：一级和二级检修是指日常的运用检修，三至五级检修是指定期的更高级别检修，检修周期根据列车运行的里程或时间的长短确定。列车每次入库均需进行一级检修，包括机车设备、车厢设施、车载信息系统、车顶设备及其他性能试验；列车运行 3 万千米后需进行二级检修，包括清洗列车外部，检查电气设备及车体等机械部件的状态，并进行其他性能的试验。由于一二级检修频率较高、总修时较短，传统的工厂制作耗时较长。列车一二级检修涉及的零部件种类较多，全部备齐的同时又难以避免浪费。针对轨道交通形态各异的零部件，3D 打印的优势在于小部件加工精准、快速，利用 3D 打印技术来制造易磨损、加工工序复杂的零部件，能够实现即刻设计、即可生产，若未来可以实现大规模的使用 3D 打印技术生产零部件，将极大地提高列车检修效率。

3D 打印技术助力超级高铁建设

特斯拉的创始人提出："超级高铁"是一种以"真空钢管运输"为理论核心设计的交通工具，具有超高速、高安全、低能耗、噪声小、污染小等特点。因其胶囊形外表，被称为"胶囊高铁"。这种"胶囊"列车有可能是继汽车、轮船、火车和飞机之后的新一代交通运输工具。

在这项伟大的项目中，来自中国的建筑公司 Winsun（赢创）参与其中，该公司已经签署了正式的合作协议 Hyperloop 交通技术，而美国公司则致力于发展创新的交通系统。

超级高铁又被称为胶囊列车，它的概念最早由特斯拉创始人埃隆·马斯克提出。马斯克的设想是，在一个完全真空的管道中，像发射炮弹一样将车厢以超音速的速度发射至目的地，在行进过程中车舱会全程悬浮在管道中，时速超过 1200 千米。目前，全球已有两家创业公司在实践马斯克的设想，HTT 是其中之一，另一家名为 Hyperloop One。

Winsun（赢创）将加入众包技术团队来建设高速铁路系统，该公司将运用 3D 打印系统打印高强度、高精度铁路管道设施、车站，铁路平台设施。

利用 3D 打印技术建造高铁，技术的关键点是 3D 打印的技术能否达到建造超级高铁的技术要求，其中，效率、速度、成本都是 HTT 公司关注的焦点。同时，HTT 也给赢创科技在技术层面上提出了挑战。"最主要的就是在管道的密封性上，在抽成真空，尤其车辆速度那么快的情况下，我们打印的管道在刚性和强度上能不能达到相应的要求是很关键的。"

赢创表示，利用 3D 打印系统可以提供更加高效及实用的 Hyperloop 管道，因为它将不再需要锻造、成型、组装所需的钢材或树脂管道。3D 打印系统通过建立数字模型然后通过打印技术和高质量的材料来保证管道的密封和强度。

超级高铁系统宣布：它将构建一个全面的 5 英里的原型，以便后续推广。人类的进步、科技的发展，跟创新推动力密切相关。未来的创新，不是靠尾大不掉的大公司来实现，而是靠科技推动创新，这才是未来的发展方向，3D 打印结合高铁成本更低、建造速度更快，性能也将更加高效安全。

3D 打印制造技术被认为是第三次工业革命的代表，其以数字模型文件为基础，通过逐层打印来进行增材制造。与传统制造技术相比，3D 打印可以实现复杂结构加工和无模具制造、个性化定制、多零部件和多材料的整合，经济效益潜力巨大。尽管目前难以实现规模化生产，适用于打印的材料种类较少，部分性能难满足实际需求，但随着新材料研发技术的不断进步，3D 打印技术和设备的不断成熟，其在轨道交通领域的应用范围将越来越广泛。把握 3D 打印引领的技术革命契机，创新思路、积极研发，对于改善轨道交通领域的生产、加工模式，提高经济效益、运输效率，具有十分重要的意义。

知识点 2：3D 打印技术在医疗领域的创新与应用

医药生物行业是目前 3D 打印技术扩张最为迅猛的行业。3D 打印技术能够为医疗生物行业提供更完整的个性化解决方案；生物 3D 打印技术将促进再生医学领域在人造活体组织与器官的研究。在个性化解决方案方面，比较典型的应用有 3D 手术预规划模型、手术导板、3D 打印植入物，以及假肢、助听器等康复医疗器械。在再生医学领域，研究人员已经在利用生物 3D 打印技术培养人造器官方面取得了值得肯定的进展。

1. 3D 打印人造器官技术

3D 打印人造器官技术，目前在国外得到快速发展，引起了制造、生物科学等方面科研人员的高度重视。美国大力推动 3D 打印人造器官技术的研发，如二维乳房癌组织测试系统的研究、细胞打印应用于创面修复的研究、基于细胞组装的集成微肝脏模拟装置的研究等。麻省理工学院（MIT）、美国德雷赛尔大学（Drexel）等研究机构在细胞 3D 打印、器官打印等领域开展专项研究。部分医疗研究机构及公司利用 3D 打印人造器官技术打印出动脉、心肌组织、肺、肾等人体器官。韩国浦项科技大学的 Lee 科研组制备了 3D 打印水凝胶管道模型，内径为 1mm，形成了微血管床成功诱导周围毛细血管。

辅助肿瘤手术的 3D 打印肝脏模型普及有望，仅需不到 150 美元

2017 年 3 月初，波兰克拉科夫一医学团队通过展示肝脏内部肿瘤、内循环系统，以及对外科医生或将面临的种种问题予以参照。研究者以一名 52 岁的女患者的肝脏为样本，先获得其肝脏 CT 扫描，再使用 PLA 彩色材料的标准 3D 打印机，进行六个部件的打印。随后搭建起"肝薄壁组织的支架"，再填充硅胶材料。完成后的模型即能清晰可见肝脏，包括形状、质量，还有肿瘤及内部些许血管。总共花费约 160 小时，模型成本低于 150 美元。相比于 2015 年日本筑波大学科研团队的研究，此项 3D 肝脏模型将成本拉至可接受的水平，让大部分病患能承担得起，定制化的治疗方案对手术成功率提升亦有所助益。

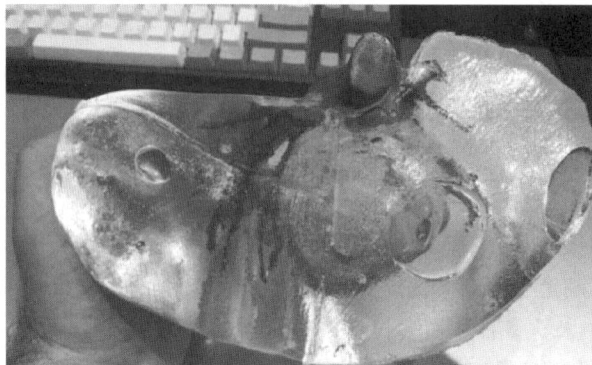

3D 打印肝脏照片

2. 3D 打印人造骨骼

个性化定制人工骨骼在临床应用中需求量特别大，由于人体骨骼形态不规则，个体形态差异较大，瑞士伯恩塞尔医院的 Weinand 领导的研究团队成功复制了他自己的拇指骨。比利时哈塞尔特大学 BIOMED 研究所为患者打印并移植了下颌骨。南方医科大学黄华军等，收集临床复杂胫骨平台骨折病例以及常用胫骨平台钢板的 CT 数据，进行骨折三维重建、虚拟复位以及建立钢板三维模型库，然后进行内固定方案的数字化设计。3D 打印出骨折复位模型以及钢板模型，在 3D 模型上按照数字化设计内固定方案进行模拟手术，结果显示 3D 打印技术结合数字化设计能有效地提高复杂胫骨平台骨折内固定植入效果。

加拿大生物公司 Aspect 联手强生研发 3D 打印膝关节软骨

加拿大生物技术公司 Aspect Biosystems 与强生 DePuy Synthes Products 达成一项新的研究合作，用 Aspect 的 "打印机上的实验室"（Lab – on – a – Printer）生物打印平台来开发适用于手术治疗的生物打印膝盖半月板。

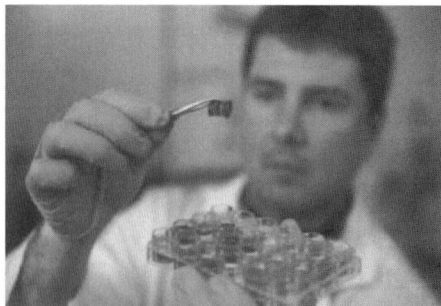

3D 打印膝关节软骨

OPM 公司的 3D 打印骨植入物获得欧洲专利批准

牛津高性能材料公司（OPM）的"用于骨替换的定制植入物"将利用新兴的 Osteo-Fab 植入物制造工艺。OPM 将其高性能添加制造工艺应用于 3D 打印定制植入物，以执行骨替换操作。该欧洲专利最初于 2011 年底提交，于 2016 年 12 月 21 日生效，并将持续到 2029 年 8 月 7 日。目前，OPM 是第一家也是唯一一家获得 FDA510（k）批准的 3D 打印患者特异性聚合物基植入物的公司。

澳大利亚联邦科学与工业研究组织（CSIRO）、墨尔本医疗植入物公司 Anatomics 和英国医生联手，为一名 61 岁的英国患者 Edward Evans 实施了 3D 打印钛——聚合物胸骨植入手术，这也是全球首创。之前这种植入物一般都会用纯钛制造，新型胸骨植入物能够比之前的纯钛植入物更好地帮助重建人体内的"坚硬与柔软组织"。Evans 术后仅 12 天就能出院，并且恢复十分迅速。

澳大利亚成功实施首例 **3D 打印钛——聚合物胸骨植入手术**

3. 3D 打印人造血管

当今，由于心脑血管疾病的不断增多，临床上对血管移植物的需求更加明显。如今，方便、快速地制造出可供移植的血管和血管修复材料是利用 3D 人造器官技术实现的。新加坡南洋理工大学的 Leong 等试图研究适合于 SLS 技术的聚合物及其成型结构的特性，提出了制造条件、制造精度、材料生物相容性和可重复性是 3D 打印技术的关键要素，利用选择性激光烧结制造血管支架结构。Lee 等制备了内径 1mm 的 3D 打印水凝胶管道模型，成功诱导周围毛细血管形成了微血管床。又如，美国宾夕法尼亚大学 Miller 等首先将碳水化合物玻璃打印成网格状模板，用浇注法复合载细胞水凝胶形成管道状血液通路。德国的 Gunter Tovar 博士制作出毛细血管，具有良好的弹性与人体相容性，不仅可以用于替换坏死的血管，还能与人造器官结合，使构造的组织与器官实现再生血管，利用 3D 打印双光子聚合和生物功能化修饰。

3D 打印血管植入动物体内

之前，有报道称俄罗斯生物科技集团 3D Bioprinting Solutions 已成功将 3D 打印甲状腺植入一只老鼠体内。2016 年底中国科学家已成功将 3D 打印血管植入恒河猴体内，这标志着在打印血管及其他器官用于人类移植方面迈出了重要的一步。3D 打印机打印出约 2 厘米长的血管样本，然后将这些血管植入 30 只恒河猴的胸腔中。植入一个月后，人工血管中的干细胞生长成天然血管所需的多种细胞，随着时间的推移，这些细胞与恒河猴的原生血管已变得"不可区分"。

使用 3D 打印的血管植入 30 只恒河猴的胸腔中

4. 3D 打印与制药

通过 3D 打印成型技术制备药物缓释装置，与传统压片方法相比具有独特的优势。3D 打印可以实现多种材料精确成型和局部微细控制，得到具有复杂内部结构的装置；释药特征与所设想的复杂释药行为一致。通过 3D 打印成型技术，将粉末材料黏结成型，可以方便地实现医学应用中需要的具有复杂型腔的多孔结构，对于药物释放有着重要意义。

通过调整打印液流速、喷头移动速度、打印液液滴直径、粉末铺层厚度、喷涂次数、喷涂角度、喷涂位置等工艺参数，可以改变药剂中含量、辅料成分和组成，从而改变药物释放速率和释放量，使得具体的生产过程灵活而简单，通过 CAD（计算机辅助设计）为单个患者设计制造理想化的治疗方式成为可能。

UCLA 推出新型生物墨水，可 3D 打印成药物

加州大学洛杉矶分校（UCLA）开发出了一种全新的生物墨水，而这种墨水能够通过喷射 3D 打印技术被制成药物。UCLA 此次开发的新型生物墨水主要成分是透明质酸（一种天然生物分子，广泛存在于皮肤、结缔组织、神经系统中），至于其 3D 打印过程则大致如下：①与光引发剂混合，从而在受到光线照射时固化。②与盐酸罗匹尼罗（用于治疗帕金森氏症）混合，组成药物原材料，这里需要说明一下，选盐酸罗匹尼罗作为 API主要是因为它具有良好的亲水性，容易溶解——这不但有利于人体吸收，而且有利于测算药物溶解速率。③将上述混合物通过压电喷嘴沉积成型。UCLA 团队对其在模拟胃部酸性环境中的溶解速率进行了测量。结果显示，其溶解率在 15 分钟内就超过了 60%，到 30分钟时更是超过了 80%。但是，这种药物也有不足之处，就是在 1 小时的溶解后，会失去一小部分（约 4%）。

知识点 3：3D 打印技术在汽车领域的应用

3D 打印技术在汽车零部件领域更广泛地应用已成大势所趋。有人说，它将是汽车行业的一次重大突破，极有可能颠覆传统的"四大工艺"。如今，理想似乎正一寸寸地照进现实。随着"工业 4.0 概念"的不断提出，3D 打印作为该革命技术支持的核心之一，近年来再次被推到了市场的风口浪尖，已经运用于多个行业。而制造业的骄子——汽车及零部件制造则是 3D 打印技术重点推广领域。但是汽车轻量化是长期趋势，传统汽车方面，汽车轻量化是节能降耗的必由之路。

世界首款 3D 打印汽车 Urbee 2 问世花费 2500 小时

2013 年 3 月 1 日，世界首款 3D 打印汽车 Urbee 2 问世，它是一款混合动力汽车，绝大多数零部件来自 3D 打印。

3D 打印不仅改变了制造业的流程时，也改变了汽车的生产方式。世界上第一款 3D 打印汽车问世，这次不是玩具，而是真正能开上马路的汽车。Urbee 2 是一款三轮的混合动力汽车，它的所有零部件都是 3D 打印出来的。

这款汽车是 Jim Kor 和他的 Kor Ecologic 团队头脑风暴的产物，他们一直专注于研究未来的 3D 交通工具。他们在网站上展示了对未来汽车的构想："用最少的能耗开最远的路程；把生产、使用、回收过程的污染降到最低；尽可能用汽车产地附近的原材料生产汽车。"

Kor 的目标是让未来的汽车更节能、环保，生产过程更便捷。

Urbee 的生产车间是 RedEye，世界上第一款 3D 打印机摩托车原型也诞生于此。Kor 说 3D 打印的一个优势是具有其他片状金属材料所不具备的灵活性和可塑性。传统的汽车制造是生产出各部分，然后再组装到一起，3D 打印机能打印出单个的、一体式的汽车车身，再将其他部件填充进去。据称，新版本 3D 汽车需要 50 个零部件左右，而一辆标准设计的汽车需要成百上千的零部件。

这让制造变得更简单。Kor 只要将模型的每部分上传到打印机上，2500 小时后，他就拿到了所有的塑料部件，然后他再把这些东西组装在一起。完整的 Urbee 看上去像是一个大号电脑鼠标。

Urbee 的打印材料大部分是塑料，当然，它的底盘和引擎还是钢铁。这车开到路上安全吗？Kor 的答案是肯定的，"我们甚至觉得它可以用于专业比赛的赛车"，"我们要让这辆车通过美国勒芒比赛的技术检测。"

相比传统制造工艺，3D 打印能为汽车制造业带来什么？

首先，3D 打印拥有更快的速度、更低的零部件成本、更高的机密性。利用 3D 打印技术，可以在数小时或数天内制作出概念模型，从而帮助整车厂和零配件厂商优化设计，并加速产品概念验证流程。

其次，多样的材料选择，不同的机械性能以及精准的功能性原型制作，让制造商在前期可以随时修正错误并完善设计，使得错误成本最小化。

在工装夹具方面，3D 打印技术提供了一种快速准确的方法，大幅降低了工具生产的成本和时间。因而，汽车制造商迅速在产能、效率和质量上都得到了提升。

而针对生产工具，例如水溶性内芯、碳纤维包裹、注塑成型等 3D 打印的应用，有助于企业实现快速小批量工具定制、降低成本并缩短产品上市时间。

最后，在最终使用部件制造中，3D 打印技术可让原始设备制造商和零件制造商的部件的生产不出现延迟，并可为汽车制造商定制生产持久耐用的最终使用产品。

借助注塑成型和高性能热塑性塑料，3D 打印技术能够构建耐用且牢固的汽车零件。汽车制造商能够实现小批量定制部件和生产自动化。

综合来看，目前 3D 打印技术在汽车制造的应用主要分为四个方面：动力总成、底盘系统、内饰、外饰。

1. 3D 打印与汽车设计

就像 Urbee，3D 打印机可以为它实现打印车身外壳、减重车身、个性化设计，但电机等关键零部件都还是来自传统制造业。与传统企业制造汽车区别最大之处在于，3D 打印汽车是先打印出单个的、一体式的车身，再将其他部件填充进去，而不是将车身各部分组装到一起。

在产品设计方面，由于 3D 打印的快速成型特性，研发人员可以利用 3D 打印技术，在数小时或数天内制作出概念模型，可以应用于汽车外形以及内饰设计的研发。相较于传统的手工制作油泥模型，3D 打印能更精确地将 3D 设计图转换成实物，而且时间更短，提高设计层面的生产效率。而且，3D 打印允许多样的材料选择，不同的机械性能以及精准的功能性原型制作，让大家在前期就能够随时地修正错误并完善设计，使得在设计中规避相应的错误，避免不必要的损失。

2. 3D 打印与汽车零部件

与传统制造业的 CNC 数控加工等"减材制造技术"相比，3D 打印技术的魅力主要在于可直接从计算机图形数据中生成任何形状的零件，可以为复杂结构金属零部件免去开发开模环节，缩短新品开发周期，节省出更多的人力、财力和时间，具有制造成本低、研制周期短、生产效率高等明显优势。此外，运用 3D 打印技术在设计早期验证产品装配可行性时，能及时发现产品设计差错、复杂零部件或样机原理的可行性。

生产形状复杂、尺寸微细、难以制造的零件也是 3D 打印技术的强项！基于其原理，3D 打印技术用于大批量的生产虽然并不快，且成本昂贵，但此技术从零开始堆积材料，不受传统加工手段制约，可以制造几乎任意形状的产品。如带有形状复杂却十分精确的孔的零件，或者要做一个中空的薄臂件，这时用 3D 打印工艺就比传统加工工艺快捷省事。最重要的是，3D 打印技术让零件的制造不再拘泥于工艺，而更多的是取决于想法，越是稀奇古怪，越是传统加工工艺无法加工的零件，就越是 3D 打印技术的用武之地。在这个过程中，相对于传统工艺，节省成本也是 3D 打印对用户的最大吸引力。

3D 打印汽车彻底颠覆整个原本的汽车制造业格局

毋庸置疑，在拥有了 3D 打印机之后，几乎每个人都能成为设计师，不要说小小的家具，打印个汽车都不是什么难事。是的，没错，就是汽车。最近全球首款牛野 3D 打印汽车问世，让 3D 打印汽车不再遥远。

牛野 3D 打印汽车的诞生过程简直就像科幻小说才有的情节：一个巨大的机器开始使用碳纤维增强材料打印汽车，形成底盘、车身甚至仪表盘，整个过程大约需要 40 小时。然后，再连接一些主要部分进行组装，如车轮、操控和动力系统，这样一辆完整的牛野 3D 打印汽车就诞生了。打造这款原型车只需三天时间。

另外，牛野 3D 打印汽车除了轮胎、座椅的真皮和方向盘上的真皮以及玻璃，车身内外饰采用从玉米中提炼的环保材料制造。通过使用 3D 技术打印，用户可以实现个性化定制，如颜色、车身细节等，也可以随心所欲地进行更换。

牛野这家制造出世界上第一辆 3D 打印汽车的公司，又展出了一款名为牛野 NY3D 的原型车。这辆车用 3D 打印制造的部件在整辆车中占到了 75% 的比例。不过，电器系统、发动机等部件还不能用 3D 打印制造，车子目前使用的是纯电版 BMW i3 的动力系统。虽然现在牛野还是家小公司，但它的造车方式，很可能会颠覆整个汽车制造业。

目前，牛野正在宣称世界上第一辆以虚拟现实设计的汽车，由人工智能设计，充分发挥先进制造的潜力，并由未来的供应链提供。一旦技术得到充分发展，只有硬件集成、工程分析等才会以数字方式完成，其他一切都将由客户自定义。

相比于传统汽车复杂的结构，牛野 3D 打印汽车的结构非常简单，车子发生事故后维修的方式也非常简单，直接把发动机等零件拆下来，然后重新打印一辆就行了。因为打印材料的可重复利用，再造一辆车的成本会很低。而且 3D 打印的汽车比大部分传统汽车的安全系数都高，因为 3D 打印技术能让设计师使用结构更复杂的碰撞吸能区，来增加车辆的安全性，而且高强度的车架本身就可以当作防滚架使用。

知识点 4：3D 打印技术在飞行器制造领域的应用

史上最小 3D 打印无人机，小到快看不见了

3D 打印技术正在飞速发展，现在它已成为提高飞行器设计与制造能力的一项至关重要的技术，在航空航天领域的应用则更为广泛深入。

虽然生活中我们并不一定会接触到小型的飞行器之类的东西，但是大家可能都听说过，因为这些小家伙在电影上经常会出现，电影中人们会用苍蝇大小的飞行器监视敌人、获取情报等。这些原本只在电影上出现的神奇飞行器，随着科技的进步，已经离我们的生活越来越近了。

2017 年初，来自宾夕法尼亚大学的研究团队研发出了一款 3D 打印的飞行器，能够自

行供电的飞行机器人 Piccolissimo（来自意大利语，最小的意思），它是迄今为止最小的自主可控飞行器。该机器有四个旋翼，除了螺旋桨与机身外，没有其他任何的部件。

机器人有两种尺寸，小的只有一枚 25 美分硬币那么大，重 2.5 克，大的 4.5 克，宽度多出 1 厘米，大尺寸的增加了关键的组件，因此具备远程可控性能。

为了能够自由飞行，机器人全身上下只有机身与螺旋桨能够活动。团队的领导者 Matt Piccoli 说："它自身每秒旋转约 40 次，而螺旋桨每秒旋转约 800 次。由于螺旋桨并没有安装在机器人的中心，而是螺旋桨的中心，所以它推动的位置也每秒旋转约 40 次。"

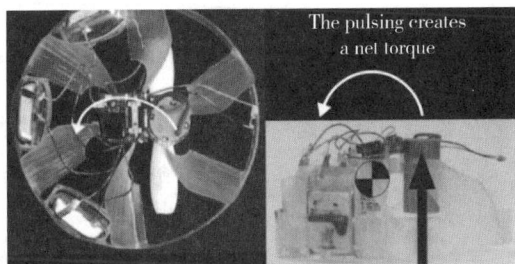

从 3D 打印角度看，体积如此之小，那它对打印机精度的要求必须非常高。由于对分辨率和重量的高度要求，需要一台高精度的专业 3D 打印机，他们最终通过大学工程部门提供的 ProJet 6000 SLA 3D 打印机来完成打印。同时对材料的要求也非常高，用普通 FDM 打印机所用的塑料是行不通的，因此他们在 Shapeways 这样可靠的服务机构上购买所需的材料等。

先完成 3D 打印框架，然后再嵌入控制板、微型电机以及锂聚合物电池，Piccolissimo 便诞生了。仅仅做出来还不够，供电方式是至关重要的，如哈佛的名叫 Robobee 的可控飞行机器人，实际宽度比 Piccolissimo 要小几毫米，但却被电源线束缚着。

因此，便携式的电源发挥着重大作用，很多项目最终都是在探讨如何实现便携性，UPenn 的工程学院院长 Vijay Kumar 希望在未来能够用于农业或救灾领域，他认为，假若有成百上千个小型可控飞行器，就能在灾难现场发挥更大的作用，比用一个大型而昂贵的飞行器灵活且节省成本。ModLab（研发 Piccolissimo 的实验室）的首席教授也赞同这个观点，他说："不管是从尺寸还是花费的角度来说，如果使用 Piccolissimo，Kumar 院长那100 个机器人在农场上一起飞行的梦想一定会实现。在搜索和救援方面，如果有 100 个或1000 个小型可控飞行器的话，我们就可以救援更多的灾难现场，而不需要用一个大型而且昂贵的飞行器。"

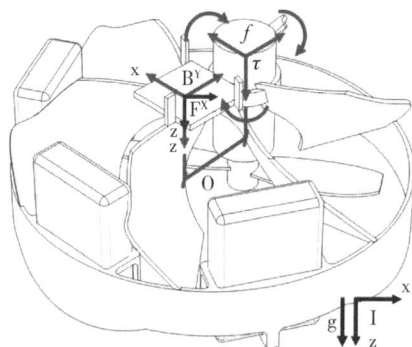

Piccolissimo 可以载重量约为 1 克，这听起来作用不太大，但是对于搭载一台超轻相机与传感器（如条形码读取器）来说已经完全足够了，Piccolissimo 团队正在努力研究中。

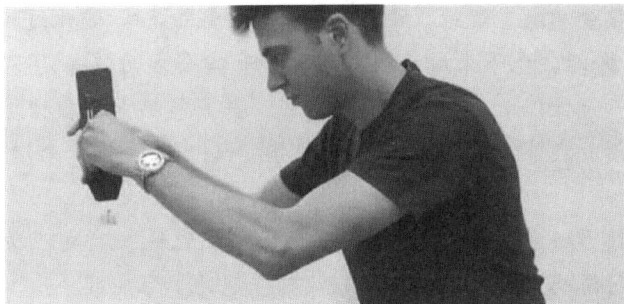

　　要不是 3D 打印技术的可用性日益增长，是不可能在预算中实现设备的复杂性与微小体积共存的。3D 打印微小模型既让人大开眼界，又变得越来越实用。

　　3D 打印技术自问世以来就引起极大的关注，3D 打印产业的增长速度也超过了人们的认知，其带来的社会效益、经济效益都远远超过了人们最初的预期。3D 打印技术给制造业带来的巨大变革毋庸置疑，尤其是在航天器制造方面，3D 打印技术已经可以被应用在零部件制造到整机制造各个方面，有效缩短航天器制造的周期，减少机械加工量，增加航天器寿命，是航空航天领域的关键技术之一。

　　1. 缩短新型航天器的研发周期

　　3D 打印技术由于其特点，可以在航天器研制的过程中缩短一些金属零部件的制造流程。3D 打印技术还具有非常灵活、高柔性等特点，使其适用于复杂零部件的快速研制，从而进一步提升新一代航天器的研制周期。

霍尼韦尔航空航天集团应用 3D 打印技术缩短了时间成本

　　Donald Godfrey 是霍尼韦尔航空航天集团研究员级工程师，2015 年他见证了霍尼韦尔首次使用 3D 打印技术生产出了 HTF7000 发动机的一个部件，这一发动机型号广泛应用于一系列中远程公务机，包括在国内较常见的达索猎鹰、庞巴迪挑战者、湾流等机型。公司还计划将 6~7 个 3D 打印部件装入 TPE331 发动机。

　　尽管技术门槛非常高，但如今 3D 打印在航空制造业的研究已经开始由最初的实验室阶段逐步向实际使用阶段过渡。

　　霍尼韦尔航空航天集团是从 2010 年进入 3D 打印领域的。2010 年 6 月，霍尼韦尔首次采用 718 镍合金 3D 打印了一个切向注入喷嘴（TOBI），并将其安装在了霍尼韦尔飞行试验台上。2012 年 1 月，霍尼韦尔使用同种材料打印了旋流发生器，并在客户的飞行试验台上进行了测试。

　　Donald Godfrey 说，无论使用何种机器，3D 打印的工作原理都是通过软件建模，将要打印的部件切割成无数层切片，在此过程中，每一层实体切片需要不断与电脑建模的数字切片对比，发现偏差后进行修正。

　　霍尼韦尔是第一家使用电子束熔炼（EBM）技术（3D 打印技术的一种），利用铬镍铁合金 718 这种镍基超合金生产航空航天零部件的企业。电子束熔炼技术使用的是电子束，而非被称为直接金属激光烧结（DMLS）的多次金属烧结/熔化过程中发现的激光束。

Donald Godfrey 介绍，电子束熔炼技术的优势有四个方面：一是不需要模具；二是可以减少时间成本；三是任何金属材质都可以加工，并且能够支持各种复杂的几何结构；四是在设计上更为灵活。在霍尼韦尔看来，从严格意义上讲，电子束熔炼技术才是真正的3D 打印技术。

之所以要花费精力研究多年，是因为 3D 打印飞机配件，不仅可以降低制造成本，还可以缩短生产和交付时间。

比如霍尼韦尔首次使用 3D 打印技术生产 HTF7000 镍基超合金发动机的管腔，就有望降低 50% 的制造成本。过去，通过传统工艺研制涡轮叶片的样件需要 3 年的时间，而如今采用了 3D 打印技术则仅需短短 9 周，与过去相比，为整个供应链节约了 70% 的时间。

2. 提高材料的利用率，降低制造成本

用传统的金属材料制造方法来制造航天器的材料，容易导致原材料的使用率很低，延长研制周期的同时大大提高了航天器的研制成本。金属 3D 打印技术作为一种快速成型的技术，材料的加工程序被简化，整个材料的研制周期较传统方法被大大缩减，从而大幅提高了材料的使用率，通常可以达到 60%，降低了制造成本。

3. 优化零件结构，减轻重量，减少应力集中，增加使用寿命

在 3D 打印技术出现之前，传统的航天器制造方法已经不能再进一步优化，不能进一步降低航天器零部件材料的重量。3D 打印技术可以优化复杂零部件的结构，在不降低性能的同时减轻航天器重量。同时，3D 打印技术使得零部件的结构更加合理，各个零件承受的应力也分布得更加均匀，从而可以减少对零部件的损耗，增加航天器的使用寿命。

全球首架仅重 21 千克的 3D 打印飞机亮相柏林

2016 年 6 月，欧洲飞机制造商空中客车（Airbus）在德国柏林航空展上，展出的全球首架 3D 打印飞机 THOR 吸引了众人的目光。它是一架无人机，远比一般客机小得多。

全球首架仅重 21 千克的 3D 打印飞机亮相柏林

该架 3D 打印飞机是螺旋桨无人机，既没有机师也不能载客。THOR 翼展及机身均长 4 米，重量只有 21 千克，由大约 50 件 3D 打印组件合并而成，制作时间少于 4 周。除了电子零件、电池及机轮，飞机其他部分全以 3D 打印材料制成。其名字 THOR 是 "现实中高科技目标测试"（Test of High‑tech Objectives in Reality）的缩写。它于 2015 年 11 月作处女飞行时，空客工程师哈泽（Gunnar Haase）大赞 THOR 飞得很出色，而且十分稳定。

另一名空客工程师柯尼戈基思（Detlev Konigorski）则指出，这次计划能测试 3D 打印技术的潜能界限，希望不单用 3D 打印技术复制零件，而是整个系统。对空客来说，这次算是小试牛刀，将来若技术发展成熟，将为未来航空发展带来巨大变化，制作飞机会变得更省时、省燃料和省钱。

事实上，空客及其竞争对手美国波音公司，目前已在生产客机时运用 3D 打印技术，分别为空客 A350 及波音 787 客机生产部分零件。

4. 零件的修复成型

受损的航天器的修复技术也是航空航天领域非常重要的技术之一，其关键技术是航天器零部件的修复技术，传统的修复方法不能快速地找到零部件的受损处及受损原因，导致效率较低，且修复的效果一般不理想。金属 3D 打印技术由于其快速成型的特点，对于航天器受损零件的修复和成型有着广泛的应用价值。

3D 打印可减少飞机维修费用并提高维修效率

航空航天业是一个代表着国家先进生产力的行业，但奇怪的是，它又很大程度上都是依赖于 "老式" 技术。像波音 737、空客 A320 等机型都是自 20 世纪 60 年代和 80 年代就开始使用的了。因此，RepAIR 提出了一种新的方法来提高飞机的维护和修理水平，即将飞机的健康管理功能与 3D 打印技术结合起来。

近年来，虽然技术在不断地革新，但是这些飞机的核心部件和设备已经维持不变三年以上了。这些老化零部件的维修需要很高的成本，为了降低维修成本，RepAIR 开始进行研究设计。据悉，克兰菲尔德大学已经收到了 100 万美元的资金支持，用于研发飞机健康状况监测、通过维修和制造零部件以及认证等。

据克兰菲尔德大学研究人员透露，状态监测与 3D 打印技术的结合应用将会导致显著的成本节约、减少周转时间和计划中断，以及削减废品浪费等。对于航空航天业而言，维修主要是反应性或预防性的，只要有一个部件发生故障，那么整个单元都会被更换。

事实上，3D 打印技术将很好地改善这一现状。当系统监测到飞机上的故障时，通过 3D 打印技术修复的话，在飞机还没有落地时，修复故障件的过程就可以启动。这样一来，不仅不需要增加额外的硬件，甚至操作过程都变得十分简便和智能化。

据悉，若将 3D 打印技术应用到航空航天业的修复中的话，复杂零件成本会下降 30%，耗费时间减少 20%，同时减少有毒化学物质。除此之外，还可以提高自动化生产配件的水平，这对于整个国家的科技发展来说是至关重要的。

3D 打印技术给航天器制造领域带来的变革将不会停止，将会在更多的航天器制造和修复过程中扮演重要的角色。随着 3D 打印产业的快速发展，3D 打印技术也将在其他领域被广泛应用，大放异彩。

波音用 3D 打印制造人工冰减少飞机测试成本

如果用户在晴朗的冬日出门，那么肯定看到过覆盖树木和房屋的结冰，对于普通用户来说也许这会是充满诗意和浪漫的一天；但是对于飞机航行来说，结冰无疑是一场噩梦，如果在机翼边缘产生结冰将存在潜在的致命危险，降低飞机的空气动力学，并增加失控的概率。

正因如此，美国联邦航空管理局（FAA）和其他国家/国际航天机构都要求所有新上线飞机都通过冰雪环境的安全测试，可以在结冰状态下安全飞行。目前，采用的测试方法是将待测试飞机放在寒冷的风道中，并通过玻璃纤维和树脂模拟恶劣天气环境，随后在飞机表面产生类似于冰块的纹理机械性地附着在飞机表面，然后团队进行仔细测量。

波音表示传统的检测流程无疑存在很多的缺点，流程缓慢、成本高昂、测试不精准，且无法控制重要的变量，并且能够损坏非常昂贵的飞机。因此公司的答案就是引入 3D 打印，在没有树脂和其他材料的情况下创造人工冰来满足测试环境。

【拓展阅读】

高铁制动闸片在 3D 打印上的研究及应用

现代人出行的交通工具多种多样，其中我国的动车高铁在世界上已经成为了一张闪亮的"铭牌"，我国有着全球运营里程最长的高铁路线，建立了一张覆盖了几乎中国东部城市和一些西部城市的铁路网。最高时速能达到 350km/h。然而开起来容易，想要停下来就有难度了。其中主要的难点在于高铁在制动的瞬间，60 多吨重的每节列车车厢都会产生巨大的惯性，其产生的巨大动能会因为摩擦导致发热，制动闸片（俗称刹车片）不仅要承受 800℃~900℃ 的高温，还要保证其性能不降低，哪怕是在雨、雪、沙尘等恶劣环境下也能正常工作而不会伤害到制动盘。

在此之前，只有德国、法国和日本等少数几个国家能够生产高速列车制动闸片，其中德国就曾垄断全球 80% 以上的高铁刹车片市场。近几年，国内高铁刹车片的研发与生产技术逐步获得突破，打破了国际垄断的局面，其中包括天宜上佳、贵州新安航空机械、博深工具、北京瑞斯福等。随着金属 3D 打印技术与应用面的深度结合，国内出现了将金属 3D 打印技术应用于制动闸片的探索。

制动闸片是高速列车组制动装置中的关键材料，利用闸片材料与配对制动盘材料的摩擦力使高速列车组的动能转化成热能或其他形式的能量，散发到空气中。闸片根据材料的不同可分为合成闸片、复合材料闸片以及粉末冶金闸片等。早期高速列车使用的合成闸片由于其机械强度较低、冲击韧性较差，磨损量较大，闸片在运行中会出现微裂纹，而且这种闸片材料对水比较敏感，列车在雨季和潮湿地区运行时，会因为闸片潮湿导致材料摩擦力减小，使其制动性能降低。

复合材料闸片一般采用碳/碳复合材料，这种复合材料是以碳为基体的碳纤维增强的新型结构材料。这种复合材料目前大部分只应用于航空航天等重要领域。现有高速列车用闸片材料还是以粉末冶金闸片为主。

粉末冶金闸片的制备工艺采用传统的粉末冶金方法，将原料粉末混合均匀后压制成型，然后将压坯固定在钢背上一起随炉烧结，最终得到耐磨层与钢背结合的闸片整体，将闸片整体与燕尾板焊接为一体安装到支架上，即可与制动盘组成刹车副。现有技术采用粉末冶金方法制备闸片，在烧结过程中，由于闸片内各组分的收缩系数不同，容易产生孔隙、夹粗等缺陷，导致闸片的致密度较低，从而影响其最终的力学性能和摩擦性能。

而且，由于将闸片压坯和钢背一同烧结，烧结过程中闸片压坯本身的收缩与钢背的收缩不一致，使两者的结合强度较低，在使用过程中容易造成闸片脱落的情况。另外，烧结过程中的高温会使钢背内部组织结构发生变化，影响钢背的机械性能，进而影响整个制动闸片以及刹车副的制动效果。

通过电子束选区熔化或激光选区熔化 3D 打印技术，西迪技术股份有限公司将耐磨层直接打印在钢背表面，3D 打印过程中采用的高能电子束能够使闸片材料中各组分充分反应、高度致密化，使得到的闸片具有较好的力学性能和摩擦性能。

3D 打印如何助力超级高铁

超级高铁（Hyperloop）具有长距离、超高速、低能耗等特点。无论是倡导超级高铁，还是制造载人龙飞船，ElonMusk 都在进行着颠覆性的创新，而这些创新的尝试中就不乏新兴的制造技术，如 3D 打印技术。

　　处理复杂设计与快速制造在ElonMusk的设想中，Hyperloop超级高铁将成为未来的交通工具。它将像飞机一样快，像火车一样舒适。这是一个极其大胆的设想：在管道内，以每小时1225千米的速度发射吊舱。

　　为此，SpaceX还举办了超级高铁车厢设计大赛（Hyperloop Pod Race），著名的大学和工程团队被邀请参加比赛。麻省理工学院拿走了最高奖项，来自荷兰的Delft科技大学和Auburn大学分别排第二三位。

　　荷兰Delft科技大学制造的1:2缩尺Hyperloop Pod在比赛中证明是安全、可靠、高效的，这个模型能达到每小时400千米的速度，能够运输乘客和行李，并且只有149千克的重量。为了达到高速，Hyperloop的设计理念是全靠接近真空的管道来实现，没有发动机的噪声。最接近发动机的东西就是管道，一条可以测量速度和位置的智能管道。车厢通过增压将重力加速度最小化，使乘坐的舒适感达到最佳。

　　虽然管内几乎没有气压，但由于吊舱的高速度接近于声速，外形的优化还是必要的，Delft科技大学的Hyperloop Pod外观是一个气动外形。从下图中可以看出，吊舱外观类似于水滴，因为这是最小化阻力的最佳形状。正是这一特殊形状的设计带来了新的挑战：悬挂的设计。由于几乎不可能通过铣削来完成设计里面的曲面或双曲面的加工，Delft科技大学采用精密铸造的方法解决了这一问题，这为他们带来更宽泛的设计自由度。

荷兰 Delft 科技大学此次参赛的合作伙伴是 RP2 公司，这其中颇为引人注目的是 3D 打印机制造商 Voxeljet（维捷）为 RP2 提供了 3D 打印的 PMMA 熔模铸造模具用于铸造铝件。

Delft 科技大学设计了一个形状十分复杂的铝制吊舱悬挂系统，这样的产品需要采用熔模铸造工艺来完成。为此，RP2 邀请了 3D 打印机专家 voxeljet 加入制造团队来应对这一挑战。

通过 voxeljet 位于德国 Friedberg 服务中心的 VX1000 系统，工程师将这些零件的熔模铸造模具打印出来，通过 1000mm × 600mm × 500mm 的制造空间，所有的 25 个熔模铸造模具在不到 24 小时内一个批次打印完成。这些组件达到 600dpi 的打印分辨率精度，打印层厚度仅为 150 微米，使组件达到了细致的工业级精度要求。VX1000 适合于各种工业应用，使小批量生产变得经济且轻松。

随后这 25 种不同的组件被送到 RP2 铸造环节，制造商采用真空铸造工艺。他们发现 voxeljet 的 PMMA 材料带来非常出色的燃烧结果，达到非常低的灰分含量，并且膨胀系数低，所以陶瓷壳没有形成裂纹的风险，打印技术与材料技术的结合带来了优良的铸造质量。

这些组件被安装在铸造工艺的蜡树上，蜡树被陶瓷包裹，然后放在炉子里淬火，当 PMMA 材料被燃烧后，熔化的铝材料就被浇注进陶瓷空腔里。最后，工程师对铝件进行了 T6 热处理，提高了强度。在这个过程中，3D 打印技术使得 RP2 能够生产复杂铸件模具，不仅经济、高效，而且还满足了复杂零件的细节要求。

【本节小结】

（1）3D 打印技术在轨道交通领域有哪些应用？
（2）3D 打印技术在医疗领域有哪些应用？
（3）3D 打印技术在汽车制造领域有哪些应用？
（4）3D 打印技术在飞行器制造领域有哪些应用？

第三节　用 3D 打印设计你的未来

【引导案例】

3D 打印 + 冷铸：让您在家制作金属工艺品

桌面 3D 打印机是很强大的个人制造工具，有了它，消费者很容易就能在家里制造一些很好玩的东西，这在以前是根本不可能实现的。下面介绍一个普通 3D 打印爱好者尝试的冷铸工艺。简单地说，冷铸就是将金属粉末如铁与透明树脂混合在一起，制造出可以被模制的溶液的工艺。

第一步，创建一个蒸汽朋克机器人头部的 STL 文件。然后使用一台 Pegasus Touch 3D 打印机将其打印出来。Pegasus Touch 是基于激光光固化（SLA）技术的 3D 打印机。SLA 技术的打印分辨率相对较高，能够保留很多的细节——这对于大多数小玩具的设计很重要。在打印出模型后，使用酒精溶液对其进行清理，并去除支撑。

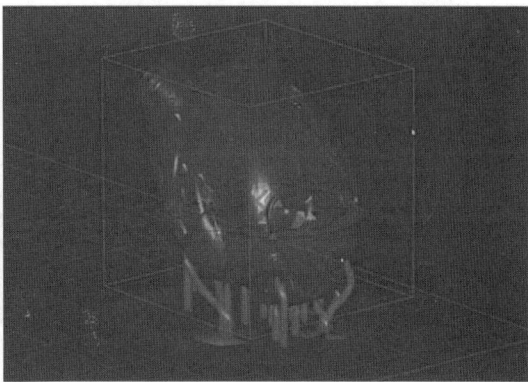

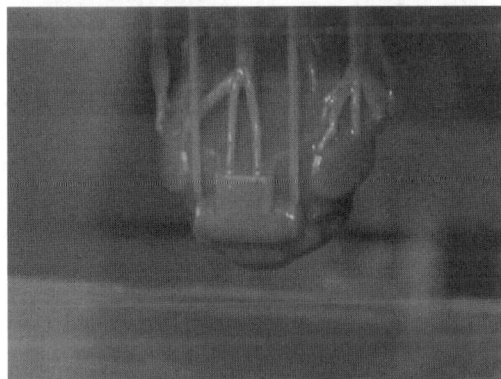

第二步，准备一个塑料杯，把底部切掉，在杯口与底部的接触面上涂一层热胶将其固定在一个一次性材料的表面，并准备把它当成一个"池子"来用。另外，还要用胶水把 3D 打印出来的对象固定在"池子"的底部，以防将来倒入硅胶时造成它的移动。

当把"池子"和 3D 打印对象固定好之后，混合一批 Pinkysil 快凝硅橡胶，然后缓慢而均匀地将其注入装有 3D 打印对象的"池子库"，同时要注意不能产生气泡，大约 20 分钟后，这个硅胶模具就做好了，然后可以将其拿出来。

模具制好后，再把等份的铁粉和透明树脂混合在一个杯子里——这就是冷浇铸材料，它看起来像铁水，但实际上是冷的。

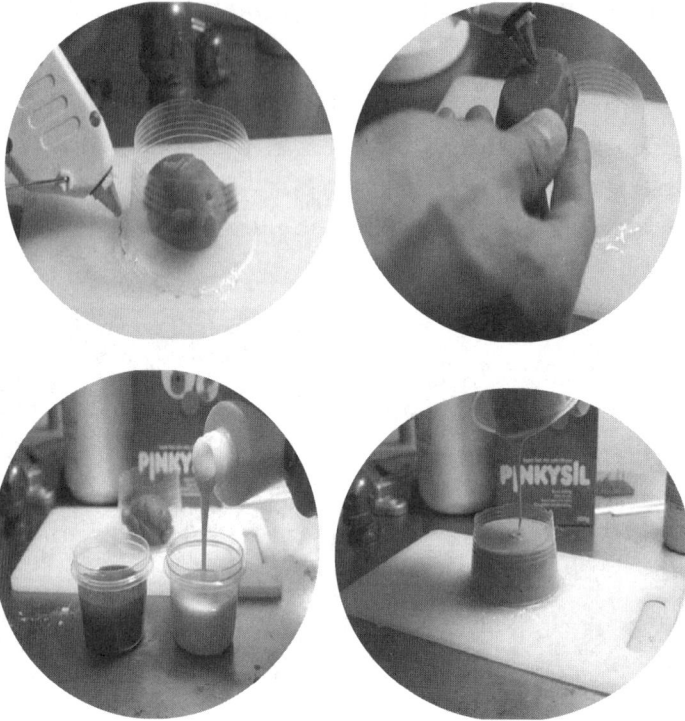

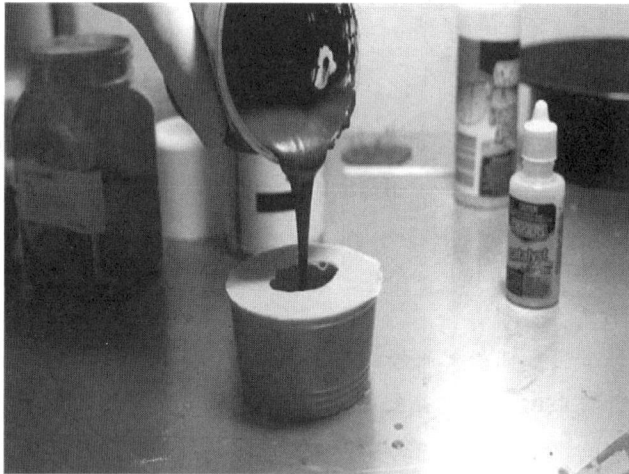

第三步，使用钢丝棉对它的表面进行打磨抛光，如果需要的话，还可以在表面添加一些锈蚀的效果。如使用一种可以即时生锈的溶液，大约需要 3 个小时才能完全发挥作用。等溶液干燥后，再用钢丝棉和一个勺子背为其做最后的抛光。

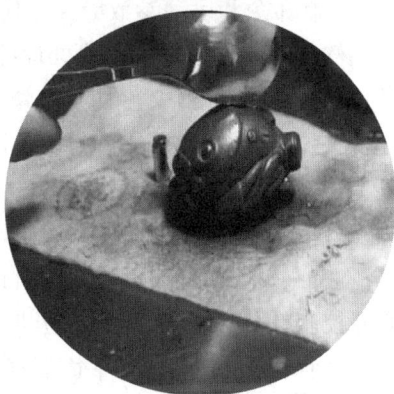

【小组讨论】

随着 3D 科学技术的进步和新材料的涌现，桌面级 3D 打印机逐渐进入人们的家庭，自己就可以在家中根据自己的创意制造产品。利用 3D 打印机在家中制造产品，改变了现有的商业模式和消费者的消费体验，对社会产生巨大影响。

（1）在家中利用 3D 打印机制造产品需要什么准备工作？3D 打印的材料有哪些？

（2）在家中利用 3D 打印机制造产品有什么价值？

【知识链接】

知识点 1：家中 3D 打印制造产品的准备工作

3D 打印机软件系统主要由计算机、应用软件、底层控制软件和接口驱动单元组成。

（1）计算机一般采用上位机和下位机两级控制。其中上位主控机一般采用配置高、运行速度快的 PC 机，下位机采用嵌入式系统 DSP，驱动执行机构。上位机和下位机通过特定的通信协议进行双向通信，构成控制的双层结构。为提高数据传输速度和可靠性，上位机和下位机的接口可选用通信速率高、数据传输量大的 PCI 接口，实现多重复杂控制任务的高效性与协调运动。

上位机完成打印数据处理和总体控制任务，主要功能有：

1）从 CAD 模型生成符合快速打印成型工艺特点的数据信息。

2）设置打印参数信息。

3）对打印成型情况进行监控并接收运动参数的反馈，必要时通过上位机对成型设备的运行状态进行干涉。

4）实现人机交互，提供打印成型进度的实时显示。

5）提供可选加工参数询问，满足不同材料和加工工艺的要求。

下位机进行打印运动控制和打印数据向喷头的传送，它按照预定的顺序向上位机反馈信息，并接受控制命令和运动参数等控制代码，对运动状态进行控制。

（2）应用软件主要包括下列模块处理部分：

1）切片模块：基于 STL 文件切片模块。

2）数据处理：具有切片模块到打印位图数据的转换，打印区域的位图排版，对于彩色打印还需要对彩色图像进行分色处理。

3）工艺规划：具有打印控制方式、打印方向控制等模块。

4）安全监控：设备和打印过程故障自诊断，故障自动停机保护。

（3）底层控制软件：主要用于下位机控制各个电机，以完成铺粉辊的平移和自转，粉缸升降，打印小车系统的 X、Y 平面运动。

（4）接口驱动单元：主要完成上位机和下位机接口部分驱动。

1. 软件

（1）3D 打印机控制软件（上位机，如 Printrun）：读取 G 代码控制打印机工作。

Reprap 官方上位机，界面简单，操作方便，是新手不错的选择。它是 3D 打印机的控制中心，它会不停地读取计算机上的 G 代码文件，然后通过 USB 线传输给 3D 打印机主控板（mega 2560），从而实现对打印机的精确控制。

软件	功能	适用水平	系统
Cura	切片软件 \ 3D 控制	初学者	PC \ Mac \ Linux
EasyPrint 3D	切片软件 \ 3D 控制	初学者	PC
CraftWare	3D 建模 \ CAD	初学者	PC \ Mac
123D Catch	3D 建模 \ CAD	初学者	PC \ Android \ iOS \ Windows Phone
3D Slash	3D 建模 \ CAD	初学者	PC \ Mac \ Lirnux \ Web Browser
TinkerCAD	3D 建模 \ CAD	初学者	Web Browser
3DTin	3D 建模 \ CAD	初学者	Web Browser
Sculptris	3D 建模 \ CAD	初学者	PC \ Mac
ViewSTL	STL 查看	初学者	Web Browser
Netfabb Basic	切片软件 \ STL 检测 \ SIL 修复	中级	PC \ Mac \ Linux
Repetier	切片软件 \ 3D 打印控制	中级	PC \ Mac \ Linux

软件	功能	适用水平	系统
FreeCAD	3D 建模 \ CAD	中级	PC \ Mac \ Linux
SketchUp	3D 建模 \ CAD	中级	PC \ Mac \ Linux
3D – Tool Free Viewer	STL 阅读 \ SIL 检测	中级	PC
MesInfix	STL 检测 \ SIL 阅读	中级	Web Browser
Simplify3D	切片软件 \ 3D 打印机控制	专业级	PC \ Mac \ Linux
Slic3r	切片软件	专业级	PC \ Mac \ Linux
Blender	3D 建模 \ CAD	专业级	PC \ Mac \ Linux
MeshLab	STL 编辑 \ STL 修复	专业级	PC \ Mac \ Linux
Meslmixer	STL 检测 \ STL 阅读 \ STL 编辑	专业级	PC \ Mac
OctoPrint	3D 打印控制	专业级	PC \ Mac \ Linux

1）Cura。Cura 可以被称为 3D 打印软件的标准切片软件，它可以兼容大部分 3D 打印机，并且其代码完全开源，可以通过插件进行扩展。

Cura 使用非常方便，在一般模式下，可以快速进行打印，也可以选择"专家"模式进行更精确的 3D 打印。另外，该软件通过 USB 连接电脑端后，可以直接控制 3D 打印机。

2）EasyPrint 3D。EasyPrint 3D 并不是单一的切片软件，切片功能仅是其中一个功能，同时还可以通过 USB 连接 3D 打印机，从而控制其进行特定的运行。

从使用端而言，该软件十分适合初学者使用，其简易的操作让打印不再是困难的事，同时，该软件也适用于专业级用户，其功能与 Cura 相差不大，但操作端非常便利。

3）CraftWare。CraftWare 3D 打印切片软件由匈牙利的　家 3D 打印机设备商开发，该软件也支持其他 3D 打印机使用。和 Cura 一样，支持"简单"和"专家"模式的切换，具体可以根据用户的使用习惯就行改变。而这款软件最大的特点就是支持个人管理，但该功能必须付费。

4）123D Catch。123D Catch 是用于 PC 和移动端的免费应用程序，它可以对用户拍摄的照片进行合成，转化为 3D 模型。其工作原理是，从不同的角度和位置对被拍摄者拍摄多张照片（越多越好），然后进行合成，最终创建成一个 3D 模型。

5）3D Slash。这是一款较为新颖的 3D 打印软件，通过该软件，可以使用模块简单地构建 3D 模型。

从使用而言，其从最原始的模型开始，通过各种剪切工具逐一去除模型的多余部分。也可以通过搭建立方体、圆形等形状的物品来构建模型。

6）TinkerCAD。TinkerCAD 被称为世界上最简单的建模软件之一，该软件并不需要下载相关的软件，只需要在网页上进行操作即可。与 Blender、FreeCAD 和 SketchUp 相比，其集成的功能还未完善，诸多用户在学会使用后都会切换到其他更全面的设计工具。

7）3DTin。3DTin 是另外一种在线 3D 建模软件，该软件由于其界面直观，操作相对便利，非常适合初学者建立 3D 打印模型，而用户只需要启动浏览器即可。该软件最大的特点就是用户构建的模型可以上传到云端，其他用户可以根据付费等手段进行下载。

8）Sculptris。Sculptris 是一款虚拟建模软件，其重点在于建模黏土的概念，如果用户想创建小雕像，那么这款软件十分适合使用。

9）ViewSTL。ViewSTL 是一款预览 STL 文件的浏览器，用户只需要把 STL 文件拖入虚线框中即可选择离开，而 ViewSTL 可以直接浏览 STL 文件。

10）Netfabb Basic。Netfabb Basic 是一款功能不错的 3D 切片软件，该软件会在用户进行切片前自动对模型进行分析，从而修复和编辑 STL 文件。如果不想使用 MeshLab 或 Meshmixer 等其他工具，该软件可以满足你的任何需求。

（2）建模软件（UG、3D Max 等）。如何使用 3D 打印技术的核心部分就是设计，说到设计就不得不提多种多样的建模软件，3D 打印技术对建模软件的要求很低，只要一款软件就能够导出 STL、obj 等均可用于 3D 打印分层的格式文件，那么它就可以用来进行 3D 打印设计。目前，大部分的建模软件不管是操作简单适合初学者的软件，还是操作复杂的专业建模软件几乎都可以满足这一要求。

目前市面上可以接触到的三维建模软件可以分为两大类：一类是参数化建模软件，另一类是非参数化建模软件（也称为艺术类建模软件）。这两类建模软件虽然都可以进行模型设计，但是在建模的方法和思路上有很大的区别。一般情况下根据使用者的需求进行软件的选择。

参数化建模软件主要应用于工业零部件、建筑模型等需要由尺寸作为基础的模型设计。由于参数化是由数据作为支撑的，数据与数据之间存在着相互的联系，改变一个尺寸就会对多个数据产生影响。所以参数化建模的最大优势在于可以通过对参数尺寸的改变来实现对模型整体的修改，从而实现快捷地对设计进行修改。这一点对于从事工业设计的使用者来说是有非常大的帮助的。

下面介绍几款比较具有代表性的参数化建模软件：

①Proe。全称 Pro/Engineer，是美国参数技术公司（PTC）旗下的 CAD/CAM/CAE 一体化的三维软件。Proe 是参数化技术的最早应用者，在机械设计领域具有很高的认可度。同时作为最早一批进入国内市场的建模软件，在国内的产品设计领域也占有很高的比例，主要应用于电子行业与模具制造业。

②Solidworks。Solidworks 是由法国 Dassault Systèmes 公司开发的一款在 Windows 环境下进行实体建模计算机辅助设计和计算机辅助工程的计算机程序。Solidworks 最大的优势在于操作相比较其他工业建模软件命令的使用更加简单直观，适合设计领域的初学者进行学习。因此这款软件也成为了很多高校设计专业课程内容。除此之外，在设计、工程、制造领域也是最佳的软件系统之一。

③Inventor。Inventor 是由 AUTODESK 公司开发的一款机械设计实体建模软件。使用过 autodeskCAD 的朋友对这款软件会更容易上手，在平面草图的绘制上与 CAD 是非常接近的。它的主要应用领域是机械设计、产品模拟测试、钣金设计等。

④UG（Unigraphics NX）。UG 是西门子公司出品的一个交互式 CAD/CAM（计算机辅助设计与计算机辅助制造）系统，这款软件功能十分丰富，可以轻松构建各种复杂形状

的实体，同时也可以在后期快速对其进行修改。它的主要应用领域是产品设计，在模具行业也有举足轻重的地位。

5）OPENscad。OPENscad 是一款开源软件，它基于代码编程构建模型实体，由程序代码控制模型的形状与大小，可以说是一款真正意义上的完全参数化建模软件。对广大程序员朋友来说是非常有意思也值得尝试的软件。

艺术设计类建模软件：这种类型的建模软件使用起来就没有工业建模软件那么多的限制，相较于模型的大小和尺寸艺术建模更偏向于模型的外形设计。一般而言，建模主要通过对点、线、面精心细微地勾勒从而实现对模型的修改。相较于工业建模软件，艺术设计软件更适用于复杂工艺结构、复杂曲面结构。在应用方面也偏向于影视特效、游戏人物或场景建模等。

①3DS MAX。3DS MAX 是一款非常知名的艺术建模软件，也是目前国内最普及的软件之一，由 Discreet 公司开发（后被 Autodesk 公司合并）。3DMAX 功能强大并支持多款包括后期渲染在内的插件。主要应用领域为建筑动画、影视特效、游戏建模。3DMAX 也参加过多部电影的制作，如《后天》《阿凡达》《钢铁侠》。在游戏领域著名的《魔兽世界》《刺客信条》系列等都使用到了这款软件。

②MAYA。MAYA 是由 AUTODESK 公司出品的三维动画软件。作为与 3DMAX 同属一家公司的 MAYA 更倾向于动画的制作。在建模方面，MAYA 有三种不同的方式可供选择，这也使得它更适合于细节较多的高精度模型的设计。

③ZBrush。ZBrush 是由 pixologic 开发的三维建模软件，它的强大之处在于不同于以往的三维设计的工作模式，由于它特殊的建模方式，使用者可以自由地使用手绘板或鼠标像捏橡皮泥一样进行模型设计。同时 ZBrush 能够很好地塑造皱纹、丝发等细节。由于这些优势，ZBrush 多应用于一些生物模型、人物头像等设计。

④Rhino。Rhino 是由美国 Robert McNeel & Associates 开发的一款功能丰富的三维绘图软件，由于其配有多种行业的专业绘图插件，Rhino 被应用于很多设计行业，尤其在建筑

设计、汽车外形设计、工业产品外形设计领域。

（3）3D 打印切片软件（如 Slic3r）：识别 3D 模型格式转化为 G 代码。

每个人想要从身边的 3D 打印机中最快速地获得最佳打印效果，除了设计优化、3D 打印机和打印材料之外，还有一个更重要的环节就是切片软件，它对打印结果起着重要作用，我们可以把切片软件理解为从数字模型到实体模型转化和驱动的工具。

下面列出 2018 年 19 款针对桌面级 FDM 技术的 3D 切片软件工具，如 Cura、HORI 3D 打印切片及控制系统、闪铸 Flash Print、Simplify3D、Makerbot Print 等，这些软件可用于 FDM 技术的 3D 打印，因为不少切片软件都有对应的硬件，但也有一些软件是通用型的，当前大部分 3D 打印切片软件都比较实用，但是在用户定位和功能上有一些差异，有的软件定位是给入门用户的，所以很多参数的设定就会很简单，设定的选项也更少，而有的软件是给专业用户使用的，能设定的参数选项会非常多，包括喷头温度、底板温度、速度、层厚、层间隙、材料直径等，还有的软件支持云切片、模型修复和设计，功能差异比较大。

3D 打印的过程由几个基本要素组成。首先，你需要拥有 3D 模型和 3D 打印机，还有 3D 打印切片机软件，它充当 3D 模型和 3D 打印机之间的中间驱动和路径规划以及计算环节。

可以从以下几个维度来评价一款切片软件：SLT 文件导入和切片效率、修复功能是否强大、打印参数选项是否足够丰富、模型和打印信息展示、支持不同的打印机还是仅支持一个品牌的打印机、支撑功能、模型最终输出结果、打印效率等。

序号	软件名称	用户定位	是否收费	适用系统	组别
1	3DPrinterOS	入门、专业	免费	Browser，Windows，Mac	支持云切片的软件
2	Astroprint	入门、专业	免费	Browser，Raspberry Pi，pcDuino	
3	SliceCrafter	专业	免费	Browser	
4	Cura	入门、专业	免费	Windows，Mac，Linux	软件开源
5	Repetier	中阶、专业	免费	Windows，Mac，Linux	
6	Slic3r	入门、专业	免费	Windows，Mac，Linux	
7	Craftware	入门、专业	免费	Windows，Mac	
8	Netfabb Standard	中阶、专业	1000～4300 美元	Windows	支持建模或修复
9	SelfCAD	入门、专业	9.99 美元/月	Browser	
10	Simplify3D	入门、专业	150 美元	Windows，Mac	
11	IceSL	专业	免费	Windows，Linux	
12	KISSlicer	入门、专业	35 美元	Windows，Mac，Linux，Raspberry Pie	
13	MatterControl	入门、专业	免费	Windows，Mac，Linux	
14	HORI 3D print soft	入门、专业	免费	Windows	
15	MakerBot Print	入门	免费	Windows，Mac	仅支持各自品牌硬件
16	Tinkerine Suite	入门	免费	Windows，Mac	

序号	软件名称	用户定位	是否收费	适用系统	组别
17	Z – Suite	入门	免费	Windows，Mac	
18	flash print	入门、专业	免费	Windows，Mac，Linux	
19	O – ctoPrint	中阶、专业	免费	Raspberry Pi，Windows，Mac Linux	支持打印机系统切片

目前，国内外主流的 3D 打印切片软件如下：

①3DPrinterOS。3DPrinterOS 是一个基于云平台的切片软件，集成了 3D 打印所必需的不同组件。像普通喷墨或激光打印机一样，将 3D 打印机接入计算机，从浏览器或桌面软件中打开。除了切片之外，3DPrinterOS 还包括不同的选项来修复模型的网格，这个功能只有少数切片软件具备，如果要专业的修复模型，还是要使用 magics 这样专业的模型修复软件，用户可以从 Sketchfab. com 下载模型并通过打印机来打印，但这个软件一些高级功能是要收费的。不过好消息是，该公司承诺切片功能将永远免费。

有三个 3D 打印机切片应用程序集成到 3DPrinterOS 标准 3D 切片器软件，分别是"云切片机""切片机 2"和专用的"Makerbot 切片机"。3DprintOS 支持的 3D 打印机范围非常广泛，能达到商业解决方案的需求。

"Cloud Slicer"和"Makerbot Slicer"在界面和功能上几乎完全相同。与其他专业 3D 切片软件工具一样，用户可以选择不同级别的复杂程度（简单、高级和专家）。不过有一个功能是大部分 FDM 切片软件没有的，就是估算打印模型的价格，所以更适合做打印服务的用户使用。"Slicer2"的软件界面与前面两种不一样：用户可以自定义多个预设列表，从而精确控制打印，也可以从头开始手动配置打印参数，灵活性和功能性比较好，类似 cura 和 simplify3D。

②Astroprint。Astroprint 同样是基于云的切片软件，设计理念与 3DPrinterOS 和 Octo-print 类似。3D 打印机是通过一个名为 Astrobox（基本上是 Raspberry Pi）的专用设备实现的。用户可以从世界上任何支持 Web 的设备监视和控制你的打印机。

如果用户没有要打印的 3D 模型，可以从 Web 服务下载，如搜索引擎 Yeggi、存储库 CGTrader 或 Thingiverse 下载，也可以在基于 Web 的 3D 建模工具 3DSlash 和 Leopoly 中从头开始设计 3D 模型。如果用户的 3D 模型无法正确打印，可以将 Astroprint 连接到 3DPrintCloud 进行修复。如果用户没有自己的 3D 打印机，也可以通过 i. materialise 打印模型文件。

Astroprint3D 切片器软件本身非常简单。在简单模式下，用户可以选择材料和打印质量。同时，该软件有高级模式供专业玩家使用。

③SliceCrafter。SliceCrafter 是一款在线 3D 切片软件，支持 Mac 用户，用户无法编辑 OpenSCAD 代码，切片功能与 IceSL 大致相同，用户可以通过网页链接上传 STL 文件。

④Cura。Cura 由 3D 打印机公司 Ultimaker 及其社区开发和维护。Cura 本身源于开源，3D 打印切片软件是免费的，也是行业内普及率非常高的一款切片软件，早期国内很多 3D 打印厂商也在用 Cura 做切片功能。我们能看到 Cura 甚至为竞争对手的 3D 打印机添加了

配置文件，其开源和开放的态度非常明确，也让许多用户因此受益。

⑤Repetier。在开源的 3D 打印系统中，RepRap 不可不提，Repetier 是该开源系统的切片软件，功能模块更加专业，适合高阶用户。作为一体化解决方案，Repetier 提供多挤出机支持，最多 16 台挤出机，通过插件支持多切片机，并支持市场上几乎任何 FDM 3D 打印机，前提是用户要经常升级更新。

Repetier Host 还通过 Repetier Server 提供远程访问功能，与 OctoPrint 类似，用户可以将其安装在 Raspberry Pi 上，这样就可以通过 PC、平板电脑或智能手机上的浏览器从任何地方访问和控制 3D 打印机。

⑥Slic3r。Slic3r 是一款开源 3D 切片软件，功能支持上比较领先，这款 3D 打印软件包括多个视图，用户可以更好地预览模型如何打印。

在填充设置上，Slic3r 支持一种新的蜂窝填充设计，在三个维度上创建，填充图案可以跨层而不是重复相同的图案，可以大大增加内部填充和最终打印的强度。

Slic3r 的另一个功能是与 OctoPrint 直接集成。当文件在用户桌面上切片时，现在可以通过单击按钮将它们直接上传到用户的 OctoPrint 库中。

Slic3r 积累了多年的 3D 打印设置、材料和 3D 打印机匹配度的问题，许多切片软件的新功能都来源于 Slic3r，如多个挤出机、边缘、微层、桥检测、命令行切片、可变层高度、顺序打印、蜂窝填充、网格切割、模型切割等。

⑦Craftware。由 3D 打印机制造商匈牙利创业公司 CraftUnique 内部开发的另一款 3D 切片软件，支持该公司众筹的 CraftBot 3D 打印机，同时也支持其他品牌的 3D 打印机使用。

与 Cura 一样，CraftWare 应用程序可以在"简单"和"专家"模式之间切换。Gcode 文件的可视化做得比较好，每个功能用不同的颜色表示。但它的特点是支持个人管理，拥有该功能的切片软件目前是收费的。

这款适用于 3D 打印机的切片软件仍处于测试阶段，在日常使用中会出现错误。

3D 打印机切片软件 MakerBot 的使用方法

MakerBot

MakerBot 软件是由美国 Makerbot 公司开发的一款切片软件。同样，操作界面非常简单，只需要简单的几个步骤即可完成切片。

①快捷键 Ctrl + O 打开需要切片的文件。

②双击左侧的 Move 按钮可以移动模型。

③双击 turn 按钮，可以对模型进行旋转操作。

④双击 scale 按钮，可以对模型的大小进行缩放。

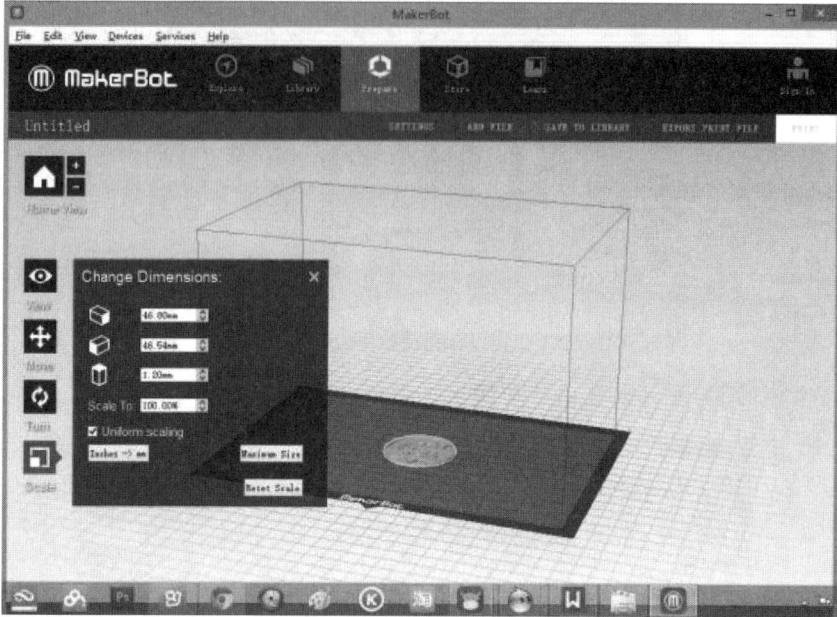

⑤点击右上角"Export Print File"进行切片。

⑥点击 Exprot Now。

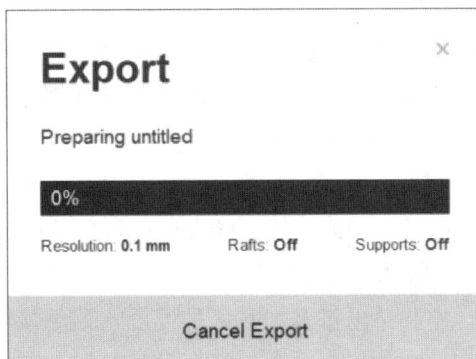

⑦Makerbot 软件还能预估打印所需要的时间以及耗费材料的重量。

⑧保存到指定文件夹即可。

（4）固件（如 Marlin）解释 G-code 指令使机器执行命令。

学习 3D 打印机的基础就是了解并且掌握 G-code 文件，实际上 G-code 指的是 3D 模型在进入 3D 打印机实际打印之前，必须要经过切片器处理而成的一种中间格式文件。这种中间格式文件的内容，实际上就是每一行 3D 打印机固件所能理解的命令，而这种命令，也被称为 G-code 命令，是 3D 打印机与 PC 之间最重要的命令交互界面。

固件负责解释应用程序发来的 G-code 指令，然后让机器执行命令。常见的 3D 打印固件有 Sprinter、Marlin、Teacup、Salifish 等；Marlin 是融合了 Sprinter 和 Grbl 固件的优点，基于 Arduino 的开源混合版；Marlin 固件驱动控制板、读取 G-code 码执行打印的工作、控制步进电机打印出实体、控制挤出机及加热板的温度、侦测挤出机及加热板的温度作为控制温度的回馈、有读写 SD 卡的功能、支持 LCD 显示打印的信息；Marlin 固件的版本主要是按照支持的控制板来区分的，常见的有 RAMPS、Sanguinololu、Ultimaker、Gen 系列。

3D 打印机的固件一般来说有两种，一种是 Sprinter；另一种是 marlin。

而 Sprinter 已经没有人维护了。所以，一般来说我们选用 marlin 固件。

marlin 相对于 Sprinter 有以下优点：

①预加速功能。Sprinter 在每个角处必须使打印机先停下来再加速继续运行，而预加速只会加速和减速到某一个速度值，从而速度的矢量变化不会超过 xy_ jerk_ velocity。要达到这样的效果必须预先处理下一步的运动。这样一来加快了打印速度，而且在拐角处减少了耗材的堆积，曲线更加平滑。

②支持圆弧。Marlin 固件可以自动调整分辨率以接近恒定的速度打印一段圆弧，得到最平滑的弧线。这样做的另一个好处是减少了串口的通行量，因为通过一条 G2/G3 指令可以打印圆弧，而不用通过多条 G1 指令。

③温度多重采样。为了降低噪声的干扰，使 PID 温度控制更加有效，Marlin 采样 16 次取平均值去计算温度。

④自动调节温度。当打印任务要求挤出速度有较大变化时，或者实时改变打印速度，那么打印速度也需要随之改变。通常情况下，较高的打印速度，也意味着有较高的温度，marlin 可以使用 M109 S B F 指令去自动控制温度。使用不带 F 参数的 M109 不会自动调节温度。否则，Marlin 会计算缓存中所有移动指令中最大的挤出速度单位 steps/sec，即所谓的 Maxerate。然后目标温度值通过公式 $T = Tempmin + Factor \times Maxerate$，同时限制在最小温度（Tempmin）和最大温度（Tempmax）之间。如果目标温度小于最小温度，那么自动调节将不起作用。最理想的情况下，用户不用去控制温度，只需要在开始时使用 M109 S B，F 并在结束时使用 M109 S0。

⑤非易失存储器。Marlin 固件将一些常用的参数，如加速度、最大速度、各轴运动单位等存储在 EEPROM 中，用户可以在校准打印机的时候调整这些参数，然后存储到 EEPORM 中，这些改变在打印机重启之后生效而且永久保存。

⑥液晶显示器菜单。如果硬件支持，用户可以构建一个脱机智能控制器（LCD、SD 卡槽、编码器、按键）。用户可以通过液晶显示屏实时调整温度、加速度、速度、流量倍率、禁用步进电机等其他操作。

⑦SD 卡内支持文件夹。marlin 固件可以读取 SD 卡中子文件夹内的 G - code 文件，不必是根目录下的文件。

⑧SD 卡自动打印。若 SD 卡根目录下有文件名为 auto［0 - 9］.g 的文件时，打印机会在开机后自动开始打印该文件。

⑨限位开关触发记录。如果打印过程中碰到了限位开关，那么 marlin 会将限位开关的触发位置发送到串口，并给出一个警告。这对于用户分析打印过程中遇到的问题是很有帮助的。

⑩编码规范。Marlin 固件采用模块化编程方式，让用户更加清晰地理解整个程序。为以后将固件升级成 arm 系统提供了很大的帮助。

⑪基于中断的温度测量。一路中断去处理 ADC 转换和检查温度变化，这样就减少了单片机资源的使用。

⑫支持多种机械结构。普通的 XYZ 正交机械、CoreXY 机械、Delta 机械以及 SCARA 机械。

（5）固件上传工具（如 Arduino IDE）：插上 USB 即可上传固件。

集成开发环境（Integrated Development Environment，IDE）相当于编辑器编译器 + 连接器 + 其他。Arduino IDE 就是 Arduino 团队提供的一款专门为 Arduino 设计的编程软件，使用它，我们便能将程序从代码上传至 Arduino 主板。

（6）安装打印机相应驱动。

2. 硬件

DIY 3D 打印机没有必要的工具，几乎是不可能完成的，当然必要的配件也是必需的。

常用工具：在测试或 3D 打印机套件时，可能会用到的工具包括一字螺丝刀、剥线钳、压线钳、电烙铁、镊了、片口、尖嘴钳、高温胶带等。

配件：一台完整的 3D 打印机是由几十个甚至上百个零件组合而成，如果想完成一台打印机，应该有以下零件：

（1）3D 打印机主控套件。主要包含一个 mega 2560 主控板，一个 RAMPS1.4 拓展板和 4 个 4988 步进电机驱动板。

（2）12 伏 200 瓦开关电源。用于提供 12 伏电压，可以使用电脑上的 ATX 电源，但接线时需要注意。

（3）2 个 100 千欧 ntc 热敏电阻。为了实现控制板对加热头及加热床的温度控制，需要有两个温度传感器，最方便的莫过于 ntc；对于热敏电阻，100 千欧电阻是不错的选择（大部分固件直接支持）。

（4）至少一个两相四线步进电机：如果你是简单测试，只需要一个步进电机就可以完成轮流测试，如果你要组成一台成品，你需要 4 ~ 5 台步进电机，Z 轴根据机械结构的不同采用两台电机驱动。电机型号需要根据你自己的情况选择，一般来说普通 42 台电机都可以胜任，需要注意的是 4988 最大支持的驱动电流是 2 安培。

（5）至少一个限位开关：限位开关是打印机用来确定位置的重要传感器，要组成完整的打印机至少需要 3 个限位来帮助打印机确定原点位置，限位开关种类很多，可以是机械式的、光电的、磁性的等。

（6）12 伏加热管：如果你的是机械式 FDM，那么加热管几乎是必需的，用在加热头上面，可以选择 12 伏 40 瓦的加热管。如果你仅仅是测试主控板是否正常，可以不需要，因为 ramps 板子上有 LED 指示灯，知道是否在通电。

（7）12 伏加热床 PCB 板：为了让打印材料更容易粘在打印平台上，以及防止冷却变形（主要是 ABS 材料），如果打印 PLA 材料，该板子可以不需要，如果测试也可以只通过 LED 来指示。

3D 打印机调试篇

1. 需要下载的软件

（1）固件上传工具——Arduino IDE。这是上传固件的必备工具，有了这个软件，上传固件变得容易很多，插上 USB，就可以轻松上传。

下载地址：

Windows 版本：http：//downloads. arduino. cc/arduino – 1. 5. 5 – windows. exe.

MAC 版本：http：//downloads. arduino. cc/arduino – 1. 5. 5 – macosx. zip.

Linux 32 位版本：http：//downloads. arduino. cc/arduino – 1. 5. 5 – linux32. tgz.

Linux 64 位版本：http：//downloads. arduino. cc/arduino – 1. 5. 5 – linux64. tgz.

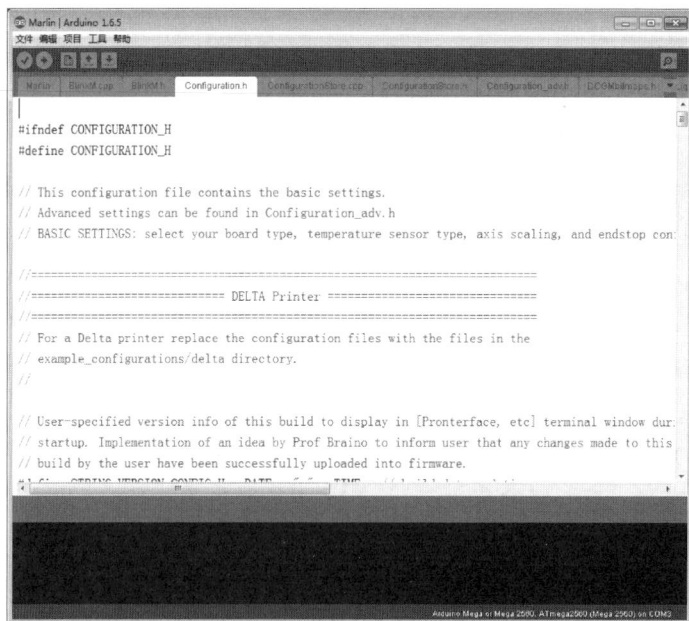

（2）3D 打印切片软件——Yidimu。这个软件是生产 3D 打印机能够识别的控制代码的必备工具。没有它，3D 打印机将不能识别 3D 模型的格式。只有通过这个软件转化为 G 代码后，打印机才可以正常使用。

（3）3D 打印机控制软件（上位机）——Pronterface。

（4）固件——Marlin。

固件是安装在 mega 2560 板子上的软件，功能强大的 Marlin 是不错的选择。

下载解压后，marlin 文件夹里的所有文件就是固件的源代码，找到里面的 pde 或 ino 文件用 IDE 软件打开即可。

2. 安装驱动

MAC 和 Linux 系统都不需要为 mega 2560 安装特定驱动，插上 usb 就可以使用了，由于 mega 2560 板子实际上是 usb 转串口，所以插上后如果正常，会多一个串口出来。

Windows 操作系统安装驱动。当安装好 Arduino IDE 后，来到 IDE 的目录，里面有一个 driver 文件夹，进去后找 mega 2560 r3 字样的 inf 文件，如果找不到，这个目录下应该会有一个压缩文件，解压后就可以找到这个文件了，右键安装就可以了。这时插上 mega 2560 板子，应该就是可识别的设备了。

3. 准备完毕，正式开始

如果你已经把上面的软件硬件都准备好了，那么就可以进入下一个环节。mega 2560 板子在 3D 打印机中相当于大脑，控制着所有的 3D 打印配件来完成复杂的打印工作，但 mega 2560 不能直接使用，需要上传（Upload）固件（Firmware）才可以使用。

（1）下载固件——Marlin。由于 Marlin 固件的强大功能和简单易用，所以这里暂时只介绍 Marlin 固件。

（2）配置固件参数。大部分参数不需要调整，基本上烧入后就可以进行后面的工作。但下面需要配置的参数还是知道比较好，免得因为固件配置有问题而使打印机无法使用。没有提到的参数默认即可。

#define BAUDRATE 250000 是配置串口波特率的，只有上位机波特率和固件波特率相同才能通信成功，一定需要注意。当然也不能随便改，常见的波特率为 2400、9600、19200、38400、57600、115200、250000。在 3D 打印机中常用的是后面 3 个。

#define MOTHERBOARD 33 参数是配置板子类型的，3D 打印机主控板类型非常多，每个板子的 io 配置不尽相同，所以这个参数必须要跟自己的板子类型相同，否则无法正常使用。板子是 RAMPS1.4 版本，对应的配置应该为 33（单打印头配置）和 34（双打印头配置）。如果使用的是其他板子，请参考旁边的注释并选择合适的配置。

#define TEMP_ SENSOR_ 0 1 和#define TEMP_ SENSOR_ BED 1 两个参数是分别配置温度传感器的类型。这是读取温度是否正常的重要参数，如果读取的温度不正常，将不能工作甚至有很大的潜在危险（烧毁器件等）。配置为 1 说明两个都是 100K ntc 热敏电阻。如果使用了其他温度传感器，需要根据情况自行更改。

#define EXTRUDE_ MINTEMP 170 参数是为了防止温度未达到而进行挤出操作时带来的潜在风险，如果做其他 3D 打印机，如有人做巧克力打印机，挤出温度只需要 45℃，那么这个参数需要配置为较低数值，如 40℃。

const bool X_ ENDSTOPS_ INVERTING = true、const bool Y_ ENDSTOPS_ INVERTING = true 和 const bool Z_ ENDSTOPS_ INVERTING = true 三个参数是配置 3 个轴的限位开关类型，配置为 true，限位开关默认状态输出为 1，触发状态输出为 0，也就是说，机械限位应该接常开端子。如果你接常闭端子，则将 true 改为 false。

#define INVERT_ X_ DIR false 和#define INVERT_ Y_ DIR true 两个参数是比较容易错的。根据自己机械的类型不同，两个的配置不尽相同。但是原则就是要保证原点应该在打印平台的左下角（原点位置为 [0，0]），或右上角（原点位置为 [max，max]）。只有这样打印出来的模型才是正确的，否则会是某个轴的镜像而造成模型方位不对。参考下图坐标。

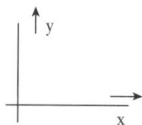

#define X_ HOME_ DIR –1，#define Y_ HOME_ DIR –1，#define Z_ HOME_ DIR –1，如果原点位置为最小值参数 –1，如果原点位置为最大值参数 1。

#define X_ MAX_ POS 205，#define X_ MIN_ POS 0，#define Y_ MAX_ POS 205，#define Y_ MIN_ POS 0，#define Z_ MAX_ POS 200，#define Z_ MIN_ POS 0 六个参数是配置打印尺寸的重要参数，参考上面的坐标图来填写，这里需要说明的是，坐标原点并不是打印中心，真正的打印中心一般在 $[$（x. max – x. min）/2，（y. max – y. min）/2$]$ 的位置。中心位置的坐标需要在后面的切片工具中使用到，打印中心坐标应该与这里的参数配置匹配，否则很可能会打印到平台以外。

#define HOMING_ FEEDRATE $\{50 \times 60, 50 \times 60, 4 \times 60, 0\}$ 配置回原点的速率，单位为毫米每分钟，如果使用的是 xy 轴同步带传动，z 轴螺杆传动，这个参数可以使用默认值。

#define DEFAULT_ AXIS_ STEPS_ PER_ UNIT $\{85.3333, 85.3333, 2560, 158.8308\}$ 这个参数是打印机打印尺寸是否正确的最重要参数，参数含义为运行 1 毫米各轴所需要的脉冲数，分别对应 x、y、z、e 四轴。多数情况下这个数字都需要自己计算才可以。计算公式可以参考文章 3D 打印机各轴脉冲数计算方法。

至此，最常用的参数都已经配置完成，可以开始使用了。

另外，如果使用了 MINIPANEL lcd 板子还需要改//#define MINIPANEL，将前面的//删除掉才可以正常使用。

（3）上传固件。上传之前，Windows 用户需要提前安装驱动。

配置板子类型：工具 > 板 > Arduino Mega or Mega 2560，如下图所示。

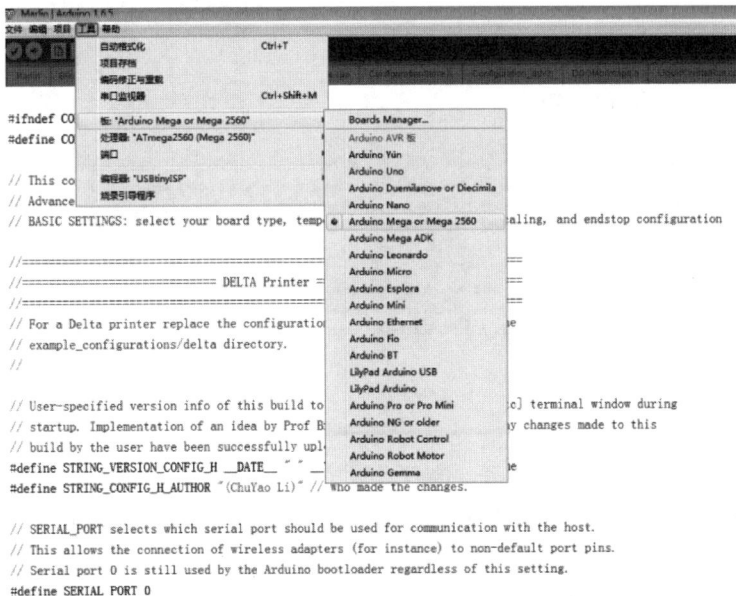

配置串口：工具 > 端口 > mega 板子对应串口号一般是最后一个，如果是 Windows 系统，串口号一般是 com3、com4、com8 之类的形式，如下图所示。

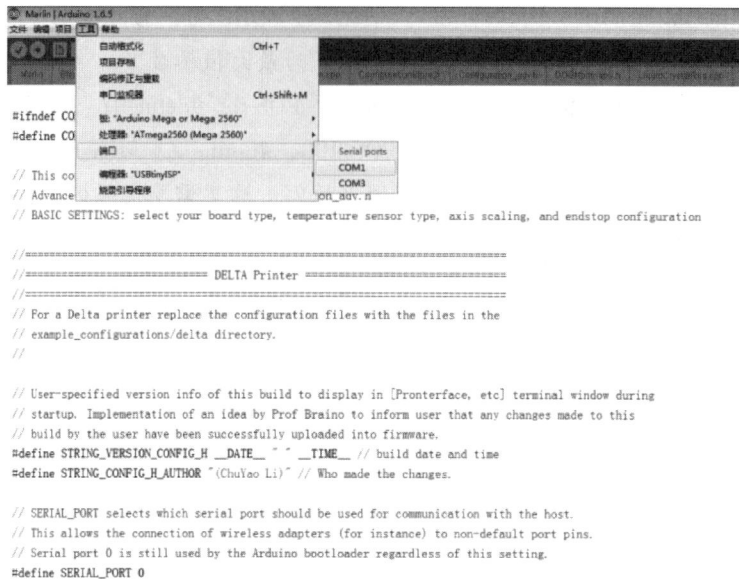

点击对号按钮来检查是否有错误，如下图所示。

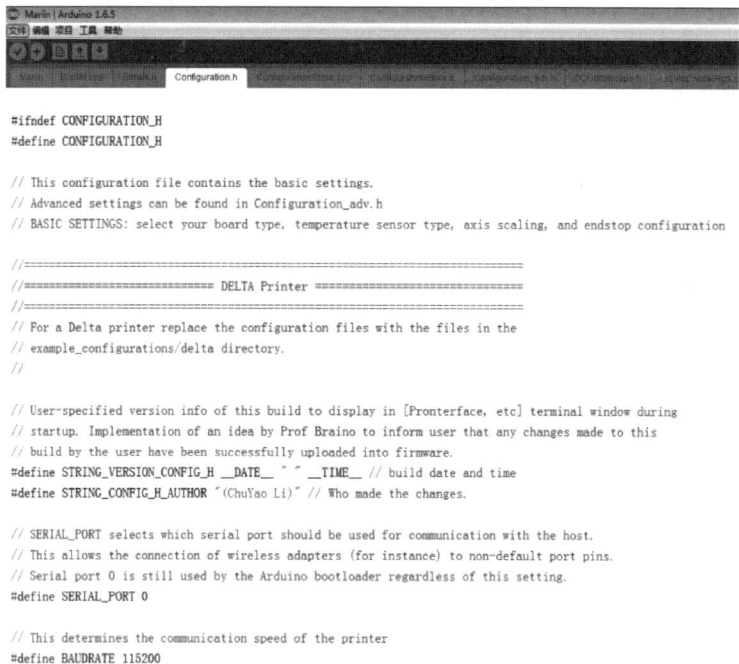

点击向右的箭头按钮来上传固件，如下图所示。

上传过程中，2560 板子上的 TX RX 和 L 对应的三个 LED 灯都会闪。如果不闪了，说明上传完成，如下图所示。

如果上传成功，就可以进入下一个步骤了，如果上传中出现问题而无法上传，请查看 IDE 下方的提示框，确认是什么问题后进行解决再上传，常见错误板子类型选择错误，串口选择错误等。

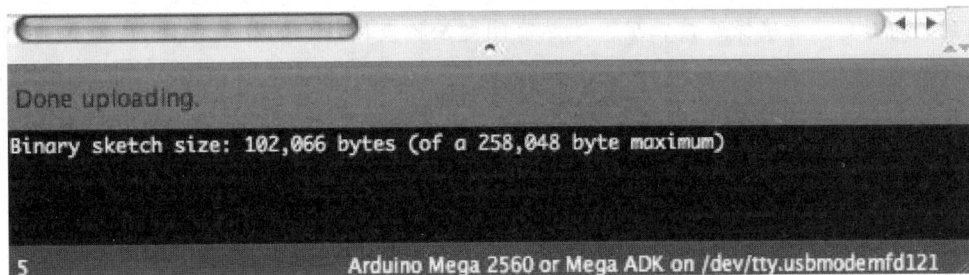

```
Marlin | Arduino 1.6.5
文件 编辑 项目 工具 帮助

                Configuration.h

#ifndef CONFIGURATION_H
#define CONFIGURATION_H

// This configuration file contains the basic settings.
// Advanced settings can be found in Configuration_adv.h
// BASIC SETTINGS: select your board type, temperature sensor type, axis scaling, and endstop configurat

//================================================================
//========================= DELTA Printer ========================
//================================================================
// For a Delta printer replace the configuration files with the files in the
// example_configurations/delta directory.
//

// User-specified version info of this build to display in [Pronterface, etc] terminal window during
// startup. Implementation of an idea by Prof Braino to inform user that any changes made to this
// build by the user have been successfully uploaded into firmware.
#define STRING_VERSION_CONFIG_H __DATE__ " " __TIME__ // build date and time
#define STRING_CONFIG_H_AUTHOR "(ChuYao Li)" // Who made the changes.

// SERIAL_PORT selects which serial port should be used for communication with the host.
// This allows the connection of wireless adapters (for instance) to non-default port pins.
// Serial port 0 is still used by the Arduino bootloader regardless of this setting.
#define SERIAL_PORT 0

// This determines the communication speed of the printer
#define BAUDRATE 115200
```

```
Done uploading.

Binary sketch size: 102,066 bytes (of a 258,048 byte maximum)

5                              Arduino Mega 2560 or Mega ADK on /dev/tty.usbmodemfd121
```

RAMPS1.4 作为 mega 2560 的拓展板插在 mega 板子上面，从而让 mega 板子可以控制 3D 打印机的工作。ramps 上的接线至关重要，接错不仅不能打印，甚至还会烧坏器件和板子，请一定注意。

（4）通过上位机连接板子。

如上图所示，打开软件，选择正确的串口，设置正确的波特率（需要跟你固件中的配置一致），点击 connect。如果连接正常，右侧的提示区会有类似下面的提示：

Connecting...

start

Printer is now online.

echo：External Reset

Marlin 1.0.0

echo：Last Updated：Sep 8 2013 15：04：20 | Author：（MakerLab, default config）

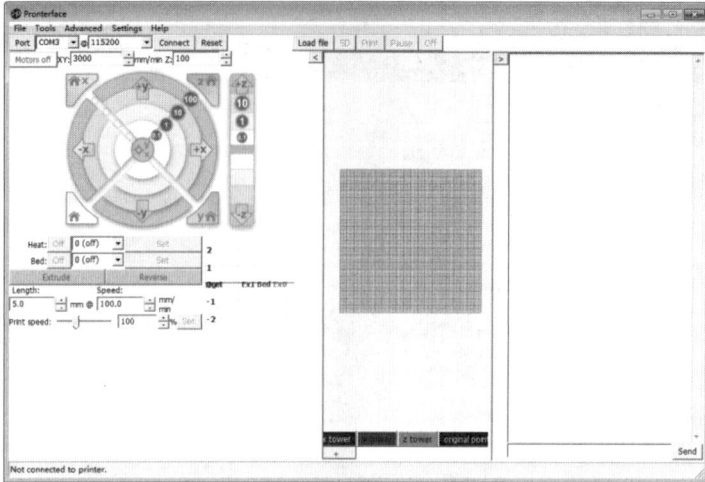

Compiled：Sep 8 2013

echo：Free Memory：4260 PlannerBufferBytes：1232

echo：Hardcoded Default Settings Loaded

（5）查看温度是否正确（只接 5V 即可）。如果上面的操作都正确，可以看到现在两个温度传感器的温度，并且温度应该为室温，手捏在上面可以看到温度的变化。如果温度读取到的为 0℃，请确保连接正确，依然有问题应检查固件中的相关参数。

（6）测试三个输出端（需接 12V）。接上 12V 电源，点击下图方框中的按钮，两个设置温度的按钮，一个风扇按钮（如果没有风扇打开按钮，可以在右侧输入 M106 S255 命令来实现）。

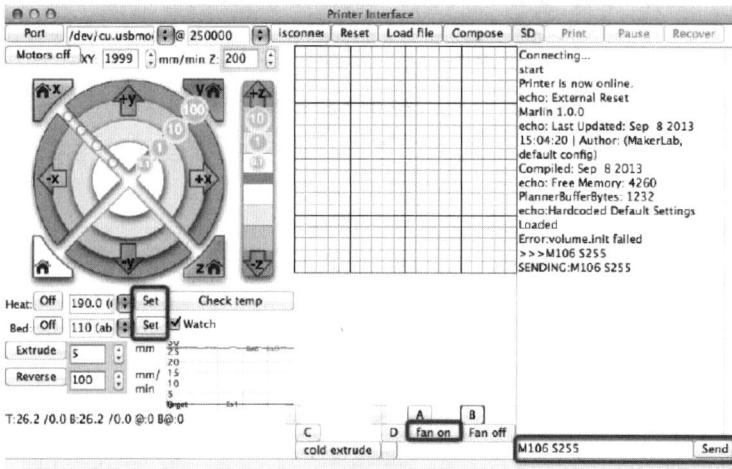

如果这时 RAMPS1.4 上亮起了三个红色 LED，那说明输出端测试成功，如下图所示。

（7）测试电机及驱动（需接 12V）。连接步进电机的 4 根线到 X 轴电机输出端，如果电机导线颜色是标准颜色，可以用红—蓝—绿—黑的顺序连接，如果线颜色不标准或没有颜色区分，需要通过电机说明书找到 4 根线属于哪一相及哪一极，然后安装相 B 负—相 B 正—相 A 正—相 A 负的顺序连接（还有其他接线方式，请了解一下步进电机的原理）。

1）xyz 三轴电机测试。点击上位机左侧的手动操作区域，进行对 xyz 三轴的测试。如果只有一个电机测试完一个轴后，再插到另一个轴上。

测试流程：

首先电机某个轴的加（+）方向操作，电机应该往正方向运转；

其次电机对应轴的负（－）方向操作，电机应该反转。

重复几次上面的操作。

需要注意的是，固件为了防止打印机撞车，小于最小位置和大于最大位置后电机就会停止运动。也就是说，并不会一直加或减下去，电机都会转。

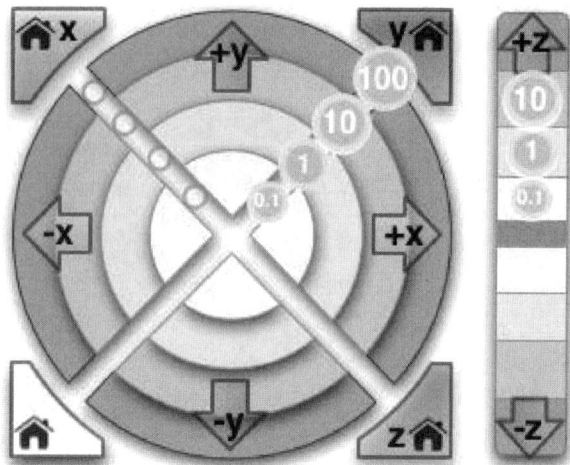

2）挤出机电机测试。由于固件不允许温度为达到最小挤出温度（固件中的参数）时执行挤出动作，所以如果你连接了真正的挤出机，并且有物料在里面，请不要在温度未达到 230（ABS）和 185（PLA）时进行挤出机测试。

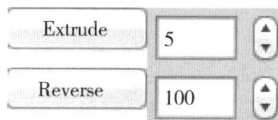

测试方法：

①将温度加热到物料对应的挤出温度，PLA：185℃，ABS：230℃，再进行测试，电机 Extrude 为挤出动作，Reverse 为后退动作。如果所需要的方向跟实际方向相反，直接把所有的 4 根电机导线反向即可。

②如果没有接挤出机或挤出机中没有物料，可以不需要进行加热来测试。需要在右侧命令输入框中输入 M302 来允许冷挤出操作，这样就可以跟上面一样进行 Extrude 和 Reverse 测试了。

3）限位开关测试。RAMPS1.4 最多共支持 6 个限位开关，分别是 X - min，X - max，Y - min，Y - max，Z - min，Z - max。其中至少需要用到 3 个来确定打印机的原点，可以是一个轴的 min 或 max 位置的限位（由固件中做配置）。限位开关根据不同的形式接线方式也不同，机械式的限位开关只需要连接两个段子即可（负和信号），光电、霍尔式开关一般需要连接三个段子（正、负和信号）。这里测试用 3 个轴的 min 位置来做原点的配置方式。测试限位开关应该接在各轴的 min 位置上，然后电机测试轴的 home 按键，对应轴的电机应该开始转动，然后按下对应轴的限位开关两下（为了提高精度，碰到一次后返回几毫米再碰到才是真正的原点），此时电机应该停止转动。以上操作重复在其他轴上进行测试。

4）测试完成。如果上面的测试顺利完成，说明可以开始把所有的东西安装在机构架子上了。需要注意各轴和各限位开关的对应关系。

如果固件有问题，强烈建议再过一遍固件配置部分。

比较容易出错的地方是限位开关的配置、每毫米脉冲数等。

切片软件是生产打印机主控板可以识别的代码（Gcode）的工具，没有这个软件的帮助，打印机不能识别3D模型文件。这里暂时只介绍Slic3r这个切片软件，简单好用，功能强大。

4. 常见问题

这里将总结比较常见的调试问题和建议解决办法。请认真查看，以免漏掉关键信息导致不能使用。

自检温度。温度很重要，如果温度不正常，太小或太大，整个打印机将出现错误，无法做任何操作（包括各轴步进电机的测试等）。

温度（热敏电阻）。RAMPS 1.4可以接3个热敏电阻分别是T0、T1和T2。多数情况下，只接T0和T1就够了，T0是加热头1（对应E0）的温度传感器接口，T1是加热床的接口。如果固件没有做过其他设置而是用配置的固件，请一定接好T0和T1，如果没有热敏电阻，可以用普通电阻代替，$10k\Omega \sim 100k\Omega$的电阻都可以。然后接通USB线，打开上位机并连接，读取温度，如果两个温度读数大于0℃小于230℃，热床温度大于0℃小于110℃，就是正常的。

知识点2：购买3D打印机所需考虑的参数

随着3D打印技术的不断提升，很多厂家对3D打印机都是有着强烈的需求，而现在市场上也有很多的种类，有很多的品牌，这对于我们的选择来说，那是一个不小的挑战，我们在进行3D打印机的选择时需要注意哪些呢？

1. 注意事项

（1）3D打印机的精度。对于机器来说，机器的加工精度十分重要，打印精度其实就是打印出来的模型和三维图纸设计尺寸之间的误差以及产品表面光滑度，打印精度与喷嘴的直径有关，打印机都会在参数上写清楚层高精度以及定位精度，所以在进行购买的时候，可根据需要达到的效果进行挑选。

（2）操作的简便性。许多用户并非3D打印机的资深使用者，所以在购买机器时也是需要注意机器操作的简便性，这样在进行操作的时候也更容易上手，在购买3D打印机时可以多做一些对比，这样就可以更加清晰地了解所需要购买的东西。

（3）性价比。在购买产品时，价格也应被考虑在内，目前市场上3D打印机的价格参差不齐，应根据不同产品的外观设计、机器质地、机器稳定性安全性、可打印产品尺寸等因素，综合决定其性价比。

2. 选购参数

选购3D打印机的时候应根据实际需求，着重考虑相应的参数。

（1）打印尺寸。打印尺寸是指3D打印机可供打印的最大体积，是由3D打印机的打印区域大小决定的。一般用"长×宽×高"的参数来表示一个3D打印机的打印尺寸，如210mm×210mm×220mm，这个参数表示了3D打印机的X、Y、Z三个方向的最大伸展长度。对于家庭用的桌面级3D打印机而言，其打印尺寸的各方向参数有几百毫米。

（2）打印精度。3D打印机的精度可以有几个不同方面的参数。层高精度是指在Z轴方向，每一层的最小高度，因为 3D 打印机是逐层打印的，层高越小，打印得就越精细，当然速度也会相应减慢；定位精度是指在三个轴向上位置的误差，误差越小，物体成型后越真实；喷嘴直径决定了打印材料的细腻程度，喷嘴越细，吐出的材料就越细，当然就可以有更高的精度，物体边缘的锯齿会相应减少。在选择 3D 打印机的时候，不同的 3D 打印机可能会给出不同方面的打印精度，这使得我们很难比较 3D 打印机的精度，所以最好可以亲自查看打印实物的边缘和拐角清晰度、最小细节尺寸、侧壁质量和表面光滑度等。

（3）打印材料。虽然目前已经有很多打印耗材出现在人们的视野中，但是能够真正在桌面级 3D 打印机应用的并不多，目前最常见的两种耗材是 PLA（环保塑料）和 ABS（工程塑料）。PLA 可以在没有加热床的情况下打印大型零件模型而边角不会翘起，PLA 还具有较低的熔体强度，打印的模型更容易塑型，表面光泽性较好，色彩艳丽。ABS 具有优良的综合性能，有极好的冲击强度、尺寸稳定性好、电性能、耐磨性、抗化学药品性、染色性，成型加工和机械加工较好。在选择材料时应根据自己的需要合理选材。

（4）多色与多材料打印。彩色打印和多材料打印的 3D 打印机的原理在于 3D 打印机有几个打印喷头。对于单喷头的打印机，一次成型的过程中只能打印出一种颜色、一种材料的物体。如果需要打印彩色物体，可以用单喷头打印机分别打印不同颜色的部件，在后期处理时将它们组合成彩色物体；也可以直接用多喷头的打印机，在一次成型的过程中将彩色物体打印出来。对于多种材料混合的物体，是同样的道理。

（5）打印软件。每一款 3D 打印机都有与之配套的 3D 打印软件，该软件的作用是将 3D 模型转化为 3D 打印机可以识别的 G – code。在选购 3D 打印机时也要注意打印机提供的软件，是否与自己的操作系统兼容，是否简单易用。

知识点 3：3D 打印机

1. Cube X 3D 打印机

3D Systems 公司在 2013 年的消费电子展上（Consumer Electronics Sho，CES）发布了速度更快的 Cube 型号及加大版的 Cube X 型号 3D 打印机，这两种 3D 打印机主要面向消费者打印领域，Cube X 型号适合桌面用户，且功能较第二代 Cube 更多，其外观如下图所示。

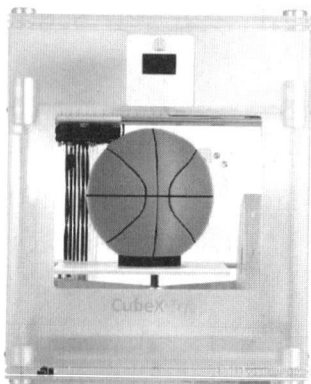

售价：2 万 ~3 万元

材料：PLA/ABS。

软件：所有 Cube X 3D 打印机都包含一份完整的 Axon 2 打印软件，可以将 3D 模型转换为打印机识别文件格式（G – code），无需另外购买相关软件。

特点：最多支持三种打印色彩，视打印机具体硬件配置不同而有所区别。

2. MakerBot 3D 打印机

自 MakerBot 公司 2009 年发布采用简易构造的低价位产品之后，这种打印机便作为可轻松制造小型立体造型物的工具受到了全世界的关注。MakerBot 目前公布的最新机型为"MakerBot Replicator 2X"。MakerBot 专门面向 Replicator 用户开设了名为"Thingiverse"的社区网站，用户可以下载并使用其他用户制作的 3D 模型，这可谓是 Replicator 系列的最大特点。网站上公开了 iPhone 保护壳、儿童玩具以及配件等多种造型物的数据，完全不会 3D 建模的用户也可以使用 3D 打印机。

售价：2 万 ~4 万元。

材料：PLA/ABS。

软件：MakeWare 套装，无需另外购买软件。

特点：为 ABS 材料优化的平台设计、通风围板设计、双喷头打印。

3. Ultimaker 3D 打印机

Ultimaker 是由三位来自荷兰的开发者共同开发的。相较于 MakerBot，Ultimaker 具有更快的速度，更高的性价比，可打印更大的尺寸，同时还是一个开源的 3D 打印机。和 Makerbot 一样，Ultimaker 也是使用 ASB 塑料或者 PLA 塑料来制作产品的，属于熔融沉积快速成型打印机。

售价：1 万元左右。

材料：PLA/ABS。

软件：Cura 是一个开源软件，将 3D 模型转换为 G – code，简单易用。

特点：可以在 Ultimaker 官网找到它的物料清单和相关软硬件源码，图纸。如果你能力够强，可以完全自己去 DIY 一台 Ultimaker。

4. 太尔时代 UP 3D 打印机

太尔时代是一个低调的国产 3D 打印公司。2012 年底，美国 *MAKE* 杂志评选最佳 3D 打印机，太尔时代的 UP 3D 打印机荣登榜首。目前太尔时代已经发布了第二代 3D 打印机 UP Plus。

售价：1 万元左右。

材料：PLA/ABS。

软件：打印软件是一款与打印机同名的 UP 软件。

特点：方便设置、使用，重量较轻。

5. 朗信 LXMaker 系列 3D 打印机

朗信 3D 是为小企业和个人用户提供定制桌面式 3D 打印机的国产 3D 打印品牌。产品价位相对较低，性价比较高，并且机器打印尺寸很大，能满足部分工业需要。比较适合刚刚开始接触 3D 打印的用户和小企业使用。朗信 3D 的产品包括第 1 代系列和第 2 代系列，同系列产品中有不同材质的外壳，如木质、亚克力、工业塑料和钢等。

售价：5000 元左右。

材料：PLA/ABS。

软件：使用的是 Cura 软件作为 G - code 转换软件。

特点：价格便宜、售后方便完善、服务非常到位。

家用 3D 打印机，操作简便，想玩什么玩具自己打

最近几年，3D 打印这个玩法逐渐被人们所接受，就连一些手机都开始普及 3D 扫描技术，变相降低了 3D 打印的门槛，如荣耀手机就支持这种模式。

一家叫作 Kodama 的公司推出了一款非常小巧的 3D 打印机，命名为"黑曜石"，让大家在家就能体验到 3D 打印的乐趣。

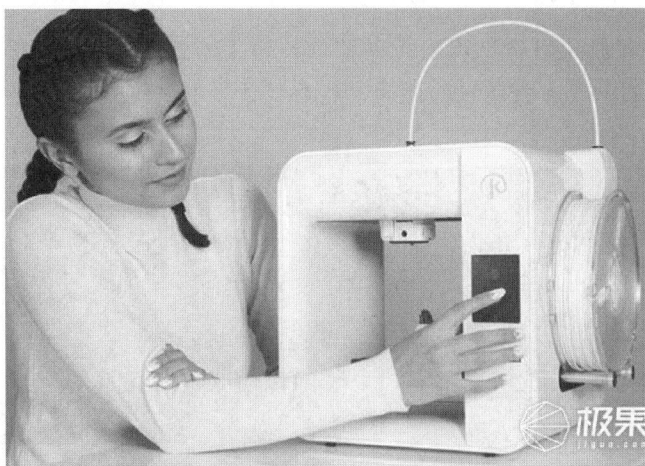

Obsidian 3D 打印机支持 50 ~ 350 微米的精度，打印个小玩具、小螺丝等不在话下。

外观方面，Obsidian 3D 为圆角立方体，四面带有玻璃，从外面可以看见打印机打印的过程。

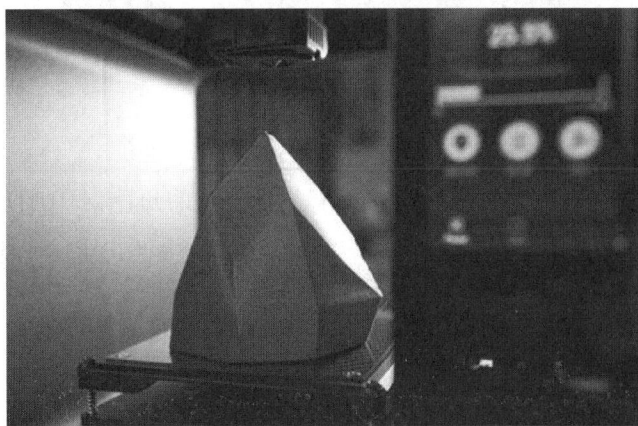

原材料主要使用黑曜石，它是一种常见的黑色宝石、火山晶体，主要成分是二氧化硅、氧化锰、四氧化三铁的混合物。还可以支持市面上常见的尼龙、ABS 等材料，不过依然是这种电线盘式的。

Obsidian 3D 打印机使用的黑曜石是丝状的，为了方便使用，就盘成铁丝的样子。使用时需要把材料的圆盘挂在打印机的侧面，然后捏住黑曜石的一头放到专门的进料口里。

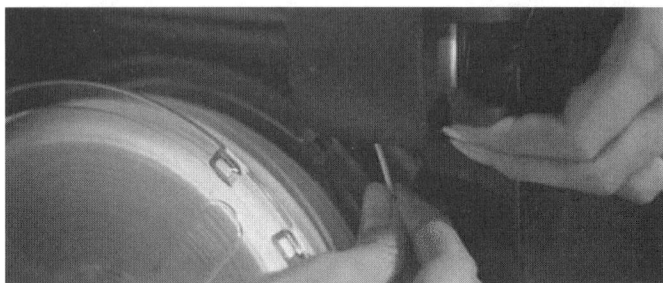

要打印的时候怎么办呢？先在电脑上用专用软件画出要做的形状，然后点击屏幕上的开始按键，机器就开工了。它通过马达把原料像吃面一样吸进去，在机器的上半部分磨成粉末状。

通过机器的打印头一层一层地输出到所放的平台上，从而得到预设的形状。

知识点 4：3D 打印常见材料

在 3D 打印领域，3D 打印材料始终扮演着举足轻重的角色，3D 打印材料是 3D 打印技术发展的重要物质基础，在某种程度上，材料的发展决定着 3D 打印能否有更广泛的应用。目前，3D 打印材料主要包括工程塑料、光敏树脂、橡胶类材料、金属材料和陶瓷材料等，除此之外，彩色石膏材料、人造骨粉、细胞生物原料以及砂糖等食品材料也在 3D 打印领域得到了应用。

类型	累积技术	基本材料	代表公司
挤出型线	熔融沉积式（FDM）	热塑性塑料，共晶系统金属、可食	Stratasys（美国）
	电子束自由成型制造（EBF）	几乎任何合金	
粒状	直接金属激光烧结（DMLS）	几乎任何合金	EOS（德国）
	电子束熔化成型（EBM）	钛合金	ARCAM（瑞典）
	选择性激光熔化成型（SLM）	钛合金，钴铬合金，不锈钢，铝	
	选择性热烧结（SHS）	热塑性粉末	Blueprinter（丹麦）
	选择性激光烧结（SLS）	热塑性塑料、金属粉末、陶瓷粉末	3D Systems（美国）
粉末层 3D 打印	石膏 3D 打印（PP）	石膏	3D Systems（美国）
层压	分层实体制造（LOM）	纸、金属膜、塑料薄膜	
光聚合	光固化成型（SLA）	光敏聚合物	3D Systems（美国）
	数字光处理（DLP）	液态树脂	
	聚合体喷射（PI）	光敏聚合物	Objet（以色列）

3D 打印所用的这些原材料都是专门针对 3D 打印设备和工艺而研发的，与普通的塑料、石膏、树脂等有所区别，其形态一般有粉末状、丝状、层片状、液体状等。通常，根据打印设备的类型及操作条件的不同，所使用的粉末状 3D 打印材料的粒径为 1～100 微米，而为了使粉末保持良好的流动性，一般要求粉末要具有高球形度。

对于 3D 打印材料来讲，当下市场上的材料已不下 200 余种，且随着技术的研发和进步，材料种类的更新度也会越来越快。

目前，3D 打印常见的材料主要有以下几种：

1. ABS 塑料

ABS 是目前产量最大，应用最广泛的聚合物，它将 PS、SAN、BS 的各种性能有机地统一起来，兼有韧、硬、刚的特性。ABS 是丙烯腈、丁二烯和苯乙烯的三元共聚物，A 代表丙烯腈，B 代表丁二烯，S 代表苯乙烯。

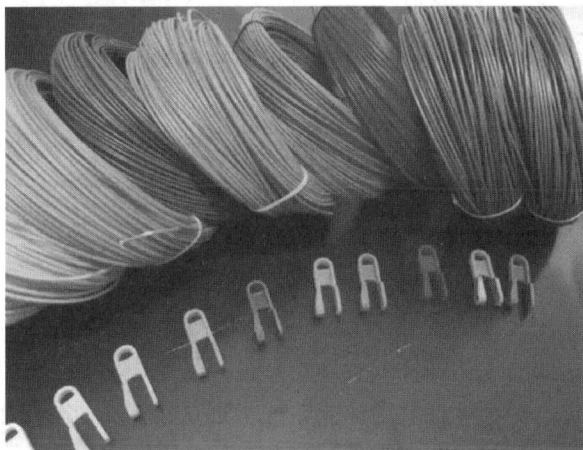

ABS 塑料一般是不透明的，外观呈浅象牙色、无毒、无味，有极好的冲击强度、尺寸稳定性好、电性能、耐磨性、抗化学药品性、染色性，成型加工和机械加工都比较好。

2. PLA 塑料

PLA（聚乳酸）是一种新型的生物降解材料，使用可再生的植物资源（如玉米）所提出的淀粉原料制成。聚乳酸的相容性、可降解性、机械性能和物理性能良好，适用于吹塑、热塑等各种加工方法，加工方便，应用十分广泛。同时也拥有良好的光泽性和透明度及良好的抗拉强度及延展度。

强韧 PLA 材料制作的 3D 打印电吉他

PLA 和 ABS 材料可以制作的东西多种多样，并且有很多重叠。因此从普通产品本身很难判断，对比观察 ABS 呈亚光，而 PLA 很光亮。加热到 195℃，PLA 可以顺畅挤出，ABS 不可以。加热到 220℃，ABS 可以顺畅挤出，PLA 会出现鼓起的气泡，甚至被碳化。碳化会堵住喷嘴，非常危险。

3. 工程塑料

工程塑料是指被用作工业零件或者外壳材料的工业用塑料。相比其他材料，兼有强度、耐冲击性、抗老化、硬度等性能指标兼顾的平衡优点。因此，它也是目前 3D 打印中应用最为广泛的材料。常见的工程塑料包括工业 ABS 材料、PC 类材料、尼龙类材料等。

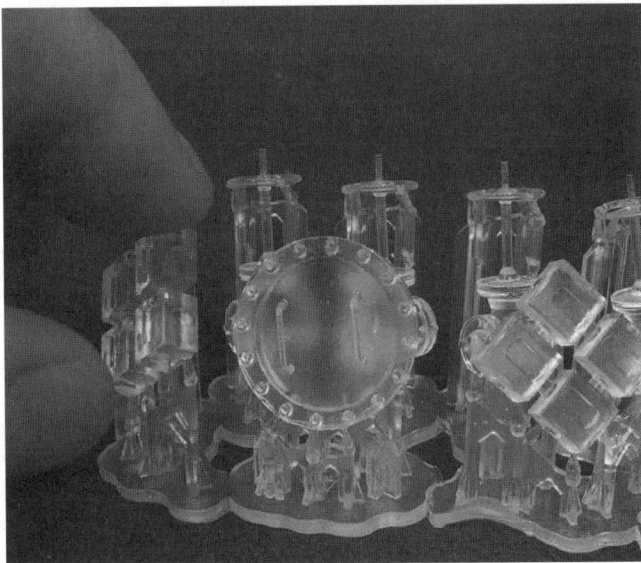

（1）工业 ABS 材料。它是 FDM（熔融沉积造型）快速成型工艺常用的热塑性工程塑料，具有强度高、韧性好、耐冲击等优点，正常变形温度超过 90℃，可进行机械加工（钻孔、攻螺纹）、喷漆及电镀。

3D 打印的 ABS 行星齿轮和车链模型

资料来源：Stratasys。

（2）PC 材料。它是真正的热塑性材料，具备工程塑料的所有特性：高强度、耐高温、抗冲击、抗弯曲，可以作为最终零部件使用。使用 PC 材料制作的样件，可以直接装配使用，应用于交通工具及家电行业。PC 材料的颜色比较单一，只有白色，但其强度比 ABS 材料高出 60% 左右，具备超强的工程材料属性，广泛应用于电子消费品、家电、汽车制造、航空航天、医疗器械等领域。

（3）尼龙材料。它是一种白色的粉末，SLS 尼龙粉末材料具有质量轻、耐热、摩擦系数低、耐磨损等特点。粉末粒径小，制作模型精度高。烧结制件不需要特殊的后处理，即可以具有较高的抗拉伸强度。在颜色方面的选择没有像 PLA 和 ABS 这么广，但可以通过喷漆、浸染等方式进行色彩的选择和上色。材料热变形温度为 110℃，主要应用于汽车、家电、电子消费品、艺术设计及工业产品等领域。

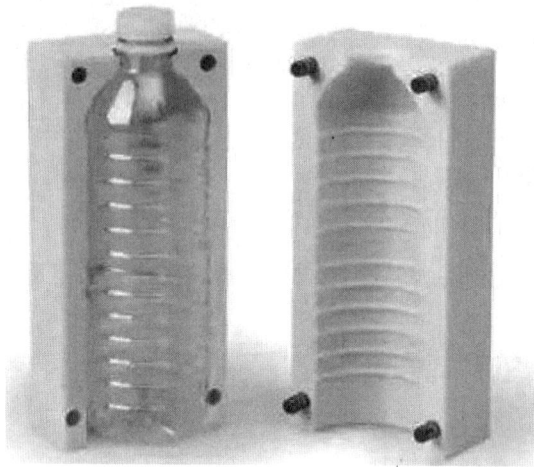

3D 打印吹塑成型模具

资料来源：Stratasys。

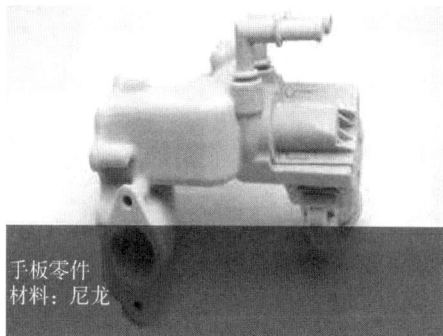

手板零件
材料：尼龙

特点：烧结温度—粉末熔融温度为 180℃；烧结制件不需要特殊的后处理，即可以具有较高抗拉伸强度，并且尼龙粉末烧结快速成型过程中，需要较高的预热温度，需要保护气氛，设备性能要求高。

（4）PC - ABS 材料。它是一种应用广泛的热塑性工程塑料。PC - ABS 具备了 ABS 的韧性和 PC 材料的高强度及耐热性，大多应用于汽车、家电及通信行业。使用该材料配合 FORTUS 设备制作的样件强度比传统的 FDM 系统制作的部件强度高出 60% 左右，所以使用 PC - ABS 能打印出包括概念模型、功能原型、制造工具及最终零部件等热塑性部件。

（5）PC - ISO 材料。它是一种通过医学卫生认证的白色热塑性材料，具有很高的强度，广泛应用于药品及医疗器械行业，用于手术模拟、颅骨修复、牙科等专业领域。同时，因为具备 PC 的所有性能，也可以用于食品及药品包装行业，做出的样件可以作为概念模型、功能原型、制造工具及最终零部件使用。

（6）PSU 类材料。它是一种琥珀色的材料，热变形温度为 189℃，是所有热塑性材料中强度最高、耐热性最好、抗腐蚀性最优的材料，通常作为最终零部件使用，广泛用于航空航天、交通工具及医疗行业。PSU 类材料能带来直接数字化制造体验，性能非常稳定，通过与 RORTUS 设备的配合使用，可以达到令人惊叹的效果。

（7）热固性塑料。热固性树脂如环氧树脂、不饱和聚酯、酚醛树脂、氨基树脂、聚氨酯树脂、有机硅树脂等具有强度高、耐火性特点，非常适合利用 3D 打印的粉末激光烧结成型工艺。哈佛大学工程与应用科学院的材料科学家与 Wyss 生物工程研究所联手开发出了一种可 3D 打印的环氧基热固性树脂材料，这种环氧树脂可 3D 打印成建筑结构件用在轻质建筑中。

4. 光敏树脂

光敏树脂是由聚合物单体与预聚体组成，由于具有良好的液体流动性和瞬间光固化特性，使得液态光敏树脂成为 3D 打印耗材用于高精度制品打印的首选材料。光敏树脂因具有较快的固化速度，表干性能优异，成型后产品外观平滑，可呈现透明至半透明磨砂状。尤其是光敏树脂具有低气味、低刺激性特性，非常适合个人桌面 3D 打印系统。

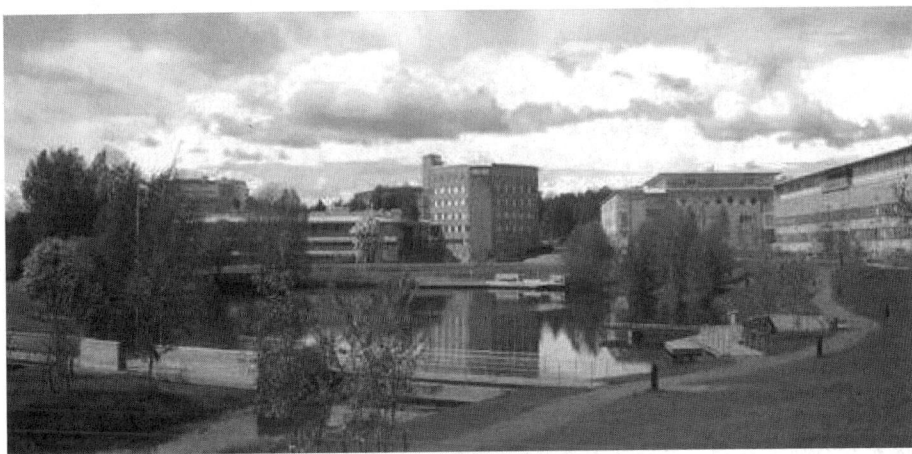

瑞典将尝试用这种技术打印房屋

常见的光敏树脂有 somos NEXT 材料、树脂 somos11122 材料、somos19120 材料和环氧树脂。

（1）somos NEXT 材料。为白色材质，类 PC 新材料，韧性非常好，基本可达到选择性激光烧结（Selective Laser Sintering, SLS）制作的尼龙材料性能，而精度和表面质量更佳。somos NEXT 材料制作的部件拥有迄今最优的刚性和韧性，同时保持了光固化立体造型材料做工精致、尺寸精确和外观漂亮的优点，主要应用于汽车、家电、电子消费品等领域。

（2）somos11122 材料。看上去更像是真实透明的塑料，具有优秀的防水和尺寸稳定性，能提供包括 ABS 和 PBT 在内的多种类似工程塑料的特性，这些特性使它很适合用在汽车、医疗以及电子类产品领域。

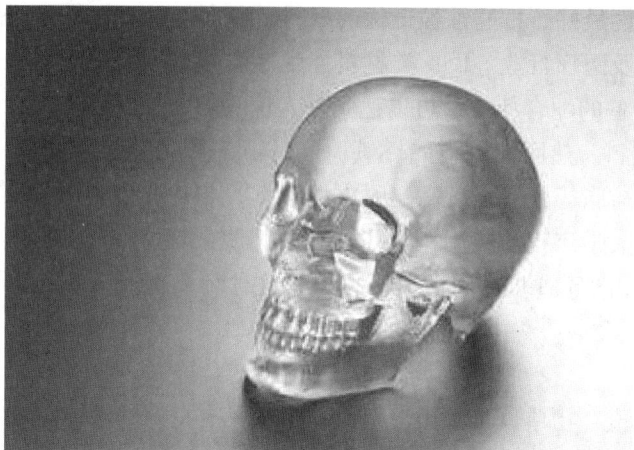

（3）somos19120 材料。为粉红色材质，是一种铸造专用材料。成型后可直接代替精密铸造的蜡膜原型，避免开发模具的风险，大大缩短周期，具有低留灰烬和高精度等特点。

3D 打印散热器风扇和耳塞套

资料来源：Stratasys。

（4）环氧树脂。是一种便于铸造的激光快速成型树脂，它含灰量极低（800℃时的残留含灰量低于 0.01%），可用于熔融石英和氧化铝高温型壳体系，而且不含重金属锑，可用于制造极其精密的快速铸造模型。

5. 橡胶类材料

橡胶类材料具备多种级别弹性材料的特征，这些材料所具备的硬度、断裂伸长率、抗撕裂强度和拉伸强度，使其非常适合于要求防滑或柔软表面的应用领域。3D 打印的橡胶类产品主要有消费类电子产品、医疗设备以及汽车内饰、轮胎、垫片等。

6. 金属材料

3D 打印所使用的金属粉末一般要求纯净度高、球形度好、粒径分布窄、氧含量低。目前，应用于 3D 打印的金属粉末材料主要有钛合金、钴铬合金、不锈钢和铝合金材料等，此外还有用于打印首饰的金、银等贵金属粉末材料。

橡胶与木材混合打印的眼镜

金属 3D 打印材料的应用领域相当广泛，例如，石化工程应用、航空航天、汽车制造、注塑模具、轻金属合金铸造、食品加工、医疗、造纸、电力工业、珠宝、时装等。

转子和叶片组合的一次性制造

资料来源：RSC Engineering GmbH。

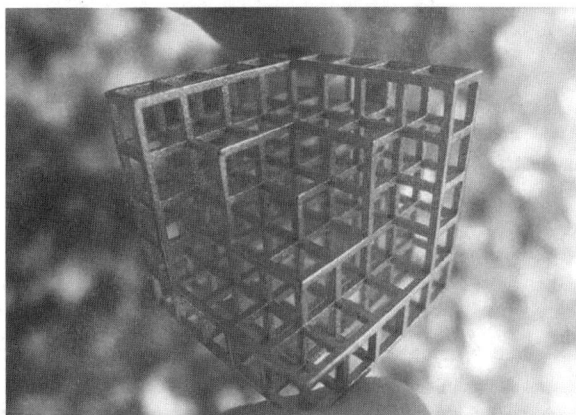

采用金属粉末进行快速成型是激光快速成型由原型制造到快速直接制造的趋势，它可以大大加快新产品的开发速度，具有广阔的应用前景。金属粉末的选区烧结方法中，常用的金属粉末有三种：

第一种是金属粉末和有机黏结剂的混合体，按一定比例将两种粉末混合均匀后进行激光烧结。

第二种是两种金属粉末的混合体，其中一种熔点较低，在激光烧结过程中起黏结剂的作用。

第三种是单一的金属粉末，对单元系烧结，特别是高熔点的金属，在较短的时间内需要达到熔融温度，需要很大功率的激光器，直接金属烧结成型存在的最大问题是因组织结构多孔导致制件密度低、力学性能差。

（1）工具钢金属材料。工具钢的适用性来源于其优异的硬度、耐磨性和抗形变能力，以及在高温下保持切削刃的能力。模具 H13 热作工具钢就是其中一种，能够承受不确定时间的工艺条件。

（2）不锈钢金属材料。不锈钢与碳钢不同，目前的铬含量不同，10.5% 铬含量最低的钢合金，不锈钢不容易生锈腐蚀。

奥氏体不锈钢 316L，具有高强度和耐腐蚀性，可在很宽的温度范围下降到低温，可应用于航空航天、石化等工程应用，也可应用于食品加工和医疗等领域。

马氏体不锈钢 15 - 5PH，又称马氏体时效（沉淀硬化）不锈钢，具有很高的强度、良好的韧性、耐腐蚀性，而且可以进一步地硬化，是无铁素体。目前，广泛应用于航空航天、石化、化工、食品加工、造纸和金属加工业。

马氏体不锈钢 17 - 4PH，在高达 315℃ 下仍具有高强度、高韧性，而且耐腐蚀性超强，随着激光加工状态可以带来极佳的延展性。

（3）合金金属材料。金属 3D 打印材料应用最广泛的金属粉末合金主要有纯钛及钛合金、铝合金、镍基合金、钴铬合金、铜基合金等。

1）钛合金。目前应用于市场的纯钛又称商业纯钛，分为 1 级和 2 级粉体，2 级强于 1 级，对于大多数的应用同样具有耐腐蚀性。因为纯钛 2 级具有良好的生物相容性，因此在医疗行业具有广泛的应用前景。

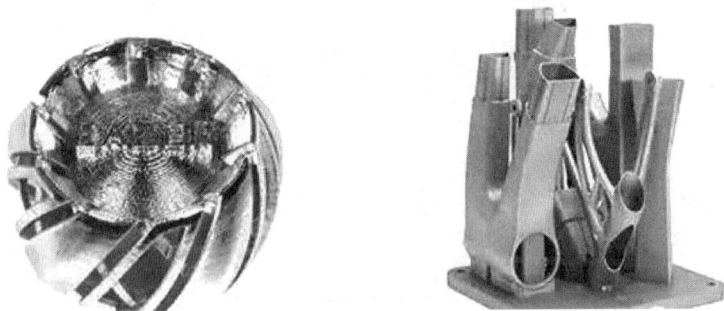

钛是钛合金产业的关键。目前，应用于金属 3D 打印的钛合金主要是钛合金 5 级和钛合金 23 级，因为其优异的强度和韧性，结合耐腐蚀、低比重和生物相容性，所以在航空航天和汽车制造中具有非常理想的应用，而且因为强度高、模量低、耐疲劳性强，应用于生产生物医学植入物。钛合金 23 级，纯度更高，是神级一样的牙科和医疗钛品级。

2）铝合金。目前，应用于金属 3D 打印的铝合金主要有铝硅 AlSi12 和 AlSi10Mg 两种。铝硅 12 是具有良好的热性能的轻质增材制造金属粉末，可应用于薄壁零件如换热器或其他汽车零部件，还可应用于航空航天及航空工业级的原型及生产零部件；硅/镁组合使铝合金更具强度和硬度，使其适用于薄壁以及复杂的几何形状的零件，尤其是在具有良好的热性能和低重量场合中。

3）铜基合金—青铜粉。应用于市场的铜基合金，俗称青铜，具有良好的导热性和导电性，可以结合设计自由度，产生复杂的内部结构和冷却通道，适合冷却更有效的工具插入模具，如半导体器件，也可用于微型换热器，具有壁薄、形状复杂的特征。

4）贵金属材料。3D 打印的产品在时尚界的影响力越来越大。世界各地的珠宝设计师受益最大的似乎就是将 3D 打印快速原型技术作为一种强大，且可方便替代其他制造方式的创意产业。在饰品 3D 打印材料领域，常用的有金、纯银、黄铜等。

7. 陶瓷材料

陶瓷材料具有高强度、高硬度、耐高温、低密度、化学稳定性好、耐腐蚀等优异特性，在航空航天、汽车、生物等行业有着广泛的应用。3D 打印的陶瓷制品不透水、耐热（可达 600℃）、可回收、无毒，但其强度不高，可作为理想的炊具、餐具（杯、碗、盘子、蛋杯和杯垫）和烛台、瓷砖、花瓶、艺术品等家居装饰材料。

3D 打印陶瓷威士忌酒杯

但由于陶瓷材料硬而脆的特点使其加工成型尤其困难，特别是复杂陶瓷件需通过模具来成型。模具加工成本高、开发周期长，难以满足产品不断更新的需求。

选择性激光烧结陶瓷粉末是在陶瓷粉末中加入黏结剂，其覆膜粉末制备工艺与覆膜金属粉末类似，被包覆的陶瓷可以是 Al_2O_3、ZrO_2 和 SiC 等，黏结剂的种类很多，有金属黏结剂和塑料黏结剂（包括树脂、聚乙烯蜡、有机玻璃等），也可以使用无机黏结剂。

陶瓷材料有以下用途：

（1）将陶瓷粉末及黏合剂按一定的比例混合均匀烧结，经二次烧结处理工艺后获得铸造用陶瓷型壳，用该陶瓷型壳进行浇注即获得制作的金属零件。

（2）也可以直接制造工程陶瓷制件，烧结后再经热等静压处理，零件最后相对密度高达99.9%，在工业方面可用于含油轴承等耐磨、耐热陶瓷零件。

8. 复合型石膏粉末（全彩砂岩）

复合型石膏粉末是3D打印领域使用较广泛的材料之一。由全彩砂岩制作的对象色彩感较强，3D打印出来的产品表面具有颗粒感，打印的纹路比较明显，使物品具有特殊的视觉效果。不过，它的质地较脆容易损坏，且不适用于打印一些经常置于室外或极度潮湿环境中的对象。

但当一个设计师希望使用多种颜色打印他们的设计时，他们往往选择彩色砂岩，因为它可以打印多种颜色，颜色层次和分辨率都很好。砂岩打印出的模型较为完美并且栩栩如生。因此，全彩砂岩被普遍应用于制作模型、人像、建筑模型等室内展示物。

9. 蓝蜡和红蜡

蓝蜡和红蜡采用多喷嘴立体打印（MJM）技术，表面光滑；蜡模，用于精密铸造，超越以前纯模型制作与展示功能。可用于标准熔模材料和铸造工艺的熔模铸造应用，是制作珠宝、服饰、医疗器械、机械部件、雕塑、复制品、收藏品进行石蜡模型失蜡铸造工艺。

知识点 5：如何选择 3D 打印材料

怎么选择适合自己的模型，通常会考虑成本、材料性能（力学性能、机械性能、化学稳固性）、后置处理以及应用方向等因素。

1. 成本

从最受关注的成本（不包含后置处理和人工费用）上讲。通过对同一结构体积的材质球打印，根据意造网提供的各类耗材价格，我们发现在同等 $10000\,mm^3$ 体积产品的生产造价上：PLA 塑料 < ABS 塑料 < 树脂 < 全彩砂岩 < 蓝蜡 < 尼龙 < 金属。

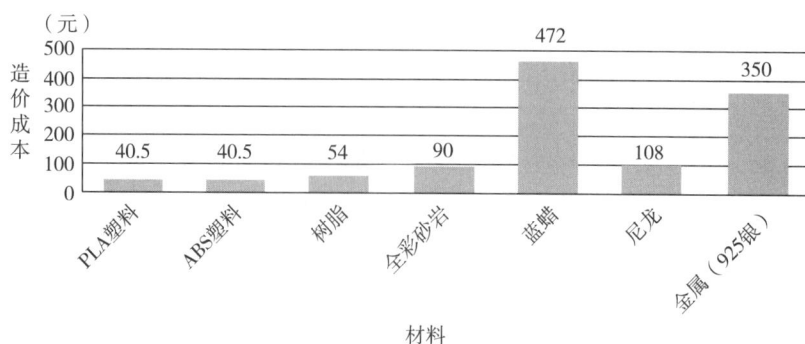

因此，从产品的造价成本上讲，PLA 塑料和 ABS 塑料是最低的，是最符合低成本的耗材使用需求的。这里需要注意的是，PLA 塑料和 ABS 塑料材料的产品在设计时悬空结构或者斜向上的角度最好大于 45 度，小于 45 度就会需要额外的支撑，也就是说，小于 45 度时会变相地增加造价成本。

2. 材料性能

（1）下图是意造网提供的部分 3D 打印耗材的材料性能。

（2）下表中的材料硬度、透明度、尺寸和精度的等级从 1~5 级，是从最低级到最高级的划分。

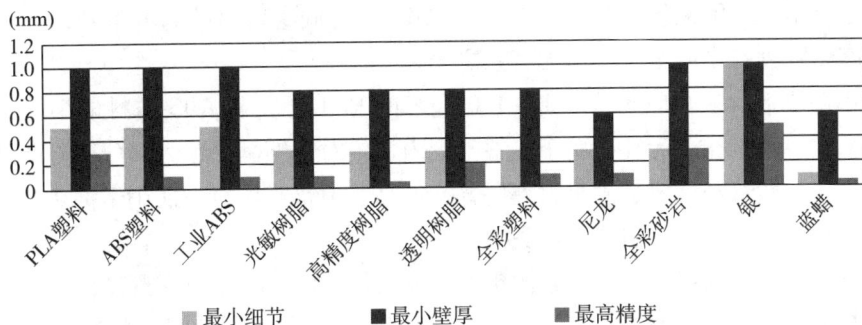

基础性能对比

材料名称	最小细节（毫米）	最小壁厚（毫米）	最高精度（毫米）	硬度（1~5 级）	透明度（1~5 级）	尺寸（1~5 级）	精度（1~5 级）
ABS 塑料	0.5	1.0	0.1	5 级	不透明	3 级	4
工业 ABS	0.5	1.0	0.1	5 级	不透明	3 级	4
PLA 塑料	0.5	1.0	0.3	5 级	不透明	1 级	2
柔性 PLA	0.5	1.0	0.3	5 级	不透明	1 级	2
透明 PC 材质	0.3	0.8	0.2	2 级	透明度 5 级	5 级	3
光敏树脂	0.3	0.8	0.1	2 级	不透明	5 级	4
高精度树脂	0.3	0.8	0.05	3 级	不透明	4 级	5
全彩塑料	0.3	0.8	0.1	3 级	不透明	4 级	4
透明树脂	0.3	0.8	0.2	3 级	透明度 5 级	4 级	3
尼龙	0.3	0.6	0.1	4 级	不透明	5 级	4
全彩砂岩	0.3	1.0	0.3	1 级	不透明	2 级	2
不锈钢	0.3	0.5	0.2	5 级	不透明	3 级	3
钛合金	0.2	0.5	0.2	5 级	不透明	3 级	3
黄铜	1.0	1.0	0.5	3 级	不透明	2 级	1
银	1.0	1.0	0.5	3 级	不透明	2 级	1
金	1.0	1.0	0.5	3 级	不透明	2 级	1

材料名称	最小细节（毫米）	最小壁厚（毫米）	最高精度（毫米）	硬度（1~5级）	透明度（1~5级）	尺寸（1~5级）	精度（1~5级）
铂金	1.0	1.0	0.5	3 级	不透明	2 级	1
青铜	1.0	1.0	0.5	3 级	不透明	2 级	1
红蜡	0.1	1.2	0.05	1 级	不透明	5 级	5
蓝蜡	0.10	0.6	0.05	1 级	不透明	2 级	5
铝合金	0.5	0.5	0.2	5 级	不透明	3 级	3

在最小细节上，0.5 毫米的 PLA 塑料和 ABS 塑料低于蓝蜡的 0.1 毫米，高于银质材料的 1.0 毫米，处在中间水平，尚无特别之处。

在最小壁厚上，从普通产品来讲，1.0 毫米的 PLA 塑料和 ABS 塑料最小壁厚与最低的 0.6 毫米壁厚水平相差无几，属于正常范围内，绝对能够满足绝大部分普通产品的塑造需求。同样，虽然最小壁厚能满足大部门普通产品，但仍需注意不能小于 1.0 毫米，否则会在打印过程中发生变形，造成打印失败。

在最高精度上，受材料自身因素的影响，0.3 毫米的 PLA 塑料在最高精度略低于平均水平，而 0.1 毫米的 ABS 塑料则相对更为高精一些。不过这样的最高精度，已经完全和某些工业级最高精度相媲美，绝对能满足创客对创意产品的制作要求。

同时，PLA 塑料和 ABS 塑料对应的 FDM 工艺相对简单，利用桌面机就可以进行打印制作。而桌面机的使用相对于工业机来讲，或许在精度和批量化生产上稍有差距，但绝对也可以满足正常的产品需求，且造价更低，生产更方便。

3. 后置处理

对于产品的后置处理，在色彩上，有喷漆（上色）、浸染以及电镀等多种方式。由于国内浸染技术不成熟且造价成本较高，电镀操作复杂且成本也相对较高，所以为方便起见，喷漆（上色）是目前来讲最便捷的。当然，对于 PLA 塑料和 ABS 塑料来讲，颜色选项很多，几乎所有的颜色都可以选择，且较为简单易行。

至于外表纹理和支撑处理，对于 PLA 塑料来讲，PLA 材料的 3D 模型较硬、不耐热，如果打磨会愈磨愈粗糙，目前没有较好的外表纹理和支撑处理办法。而对于 ABS 塑料来讲，虽可以进行打磨，但是使用一定比例的碱溶液，即可使其表面光洁明亮，这种表面处理效果会更好。

4. 应用方向

除了以上三种因素外，基于制作打印模型的目的，应用方向大致可分为两类：外观验证和结构验证。

（1）外观验证模型：由工程师设计制作用于验证产品外观的手板模型或直接使用且对外观要求高的模型。外观验证模型是可视的、可触摸的，它可以很直观地以实物的形式把设计师的创意反映出来，避免了"画出来好看而做出来不好看"的弊端。外观验证模型制作在新品开发，产品外形推敲的过程中是必不可少的。

基于外观验证模型的需求，优先建议选用光敏树脂类 3D 打印（包括类 ABS 树脂和透明 PC 材料）。

（2）结构验证模型：在产品设计过程中从设计方案到量产，一般需要制作模具。模具制造的费用很高，比较大的模具价值在数十万元乃至几百万元，如果在开模的过程中发现结构不合理或其他问题，其损失可想而知。因此，制作结构验证模型能避免这种损失，降低开模风险。

基于结构验证模型的需求，对精度和表面质量要求不高的，优先建议选择机械性能较好、价格低廉的材料，如 PLA、ABS 等材料。

此外，还有部分特殊要求，例如对导电性有要求，则需要金属材料；如果要逆向制作一个精美的首饰，则建议使用蓝蜡。

最受欢迎的材料主要应用方向如下图所示。

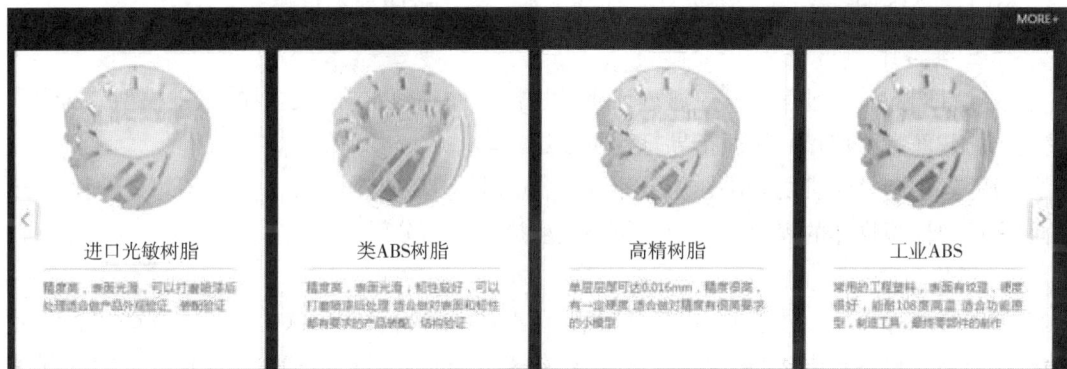

最受欢迎的材料

当然，在对材料有了清晰合理的划分和明确的性能认知后，作为一个 3D 打印行业的从业者来讲，我们还需要对材料的应用方向做出一个大概性的了解。

据了解，当下市场上使用频率最高的 3D 打印材料主要包括塑料（ABS、PLA、尼龙、光聚合物等）和金属（钢、银、金、钛、铝等）两大类。而这两大类别中，又可以根据市场应用和市场需求两个方向进行再次划分。

（1）市场应用最广的。就目前的市场形态来看，塑料类材料在消费级产品制造中是主流。简单点说就是，在我们日常生活中看到的 3D 打印产品，其生产材料不外乎是 ABS、PLA、尼龙和光聚合物四种。

（2）市场需求最广的。如果从市场最需求和未来发展最长久的角度来看，市场对金属类材料制作的产品的渴求是十分迫切的，尤其是在航空航天与国防、汽车、医疗等行业的运用上，具备极大的发展空间。

与传统制造技术相比，3D 打印不必事先制造模具，不必在制造过程中去除大量的材料，也不必通过复杂的锻造工艺就可以得到最终产品，因此，在生产上可以实现结构优化、节约材料和节省能源。3D 打印技术适合于新产品开发、快速单件及小批量零件制造、复杂形状零件的制造、模具的设计与制造等，也适合于难加工材料的制造、外形设计检查、装配检验和快速反求工程等。因此，3D 打印产业受到了国内外越来越广泛的关注，将成为下一个具有广阔发展前景的朝阳产业。

知识点 6：3D 打印步骤

3D 打印是断层扫描的逆过程，断层扫描是把某个东西"切"成无数叠加的片，3D 打印就是一片一片地打印，然后叠加到一起，成为一个立体物体。使用 3D 打印机就像打印一封信：轻点电脑屏幕上的"打印"按钮，一份数字文件便被传送到喷墨打印机上，它将一层墨水喷到纸的表面以形成一幅二维图像。而在 3D 打印时，软件通过电脑辅助设计技术（CAD）完成一系列数字切片，并将这些切片的信息传送到 3D 打印机上，后者将连续的薄型层面堆叠起来，直到一个固态物体成型。

3D 打印过程主要包括三维设计、切片处理、完成打印三个步骤。

1. 三维设计

三维打印的设计过程是：先通过计算机建模软件建模，再将建成的三维模型"分区"成逐层的截面，即切片，从而指导打印机逐层打印。

设计软件和打印机之间协作的标准文件格式是 STL 文件格式。一个 STL 文件使用三角面来近似模拟物体的表面。三角面越小其生成的表面分辨率越高。

2. 切片处理

打印机通过读取文件中的横截面信息，用液体状、粉状或片状的材料将这些截面逐层地打印出来，再将各层截面以各种方式黏合起来从而制造出一个实体。这种技术的特点在于其几乎可以造出任何形状的物品。

3. 完成打印

不同的打印原理都会有不同的后处理，有些技术可以同时使用多种材料进行打印，有些技术在打印的过程中还会用到支撑物，如在打印出一些有倒挂状的物体时就需要用到一些易于除去的东西（如可溶的东西）作为支撑物。

打印完成并非就是成品了，从打印本身上讲还有一些后处理，如拆支撑、清洗、烧结等。从产品上讲后续可能还有抛光、上色、电镀等工艺。

一、使用 3D 打印机打印产品的具体操作步骤

（1）用 UG 软件创建物品模型。
（2）将用 UG 建的模型文件，以 STL 格式导出。
（3）将导出的文件放入切片软件中 MakerBot。
（4）双击左侧的 Move 按钮，可以移动模型。
（5）双击 turn 按钮，可以对模型进行旋转操作。
（6）双击 scale 按钮，可以对模型的大小进行缩放。

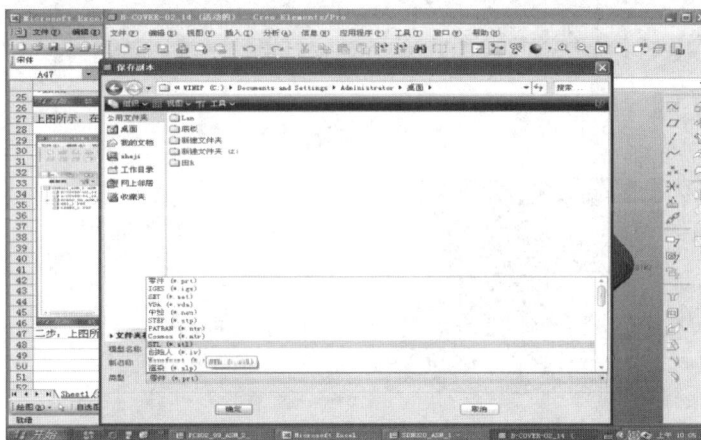

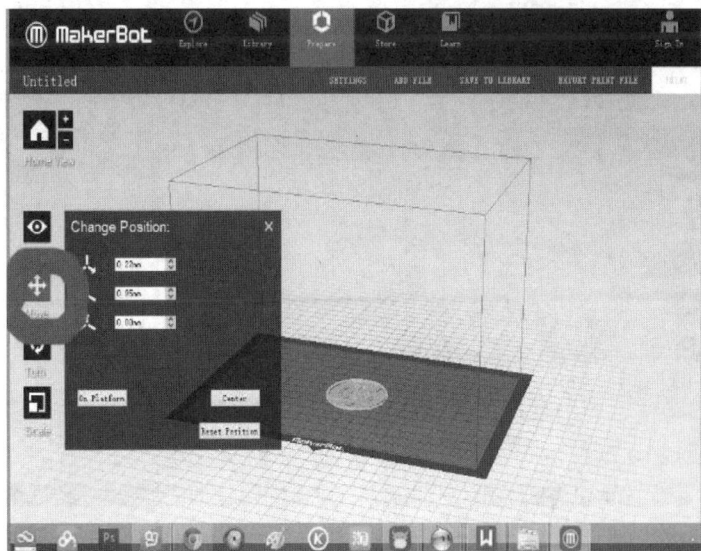

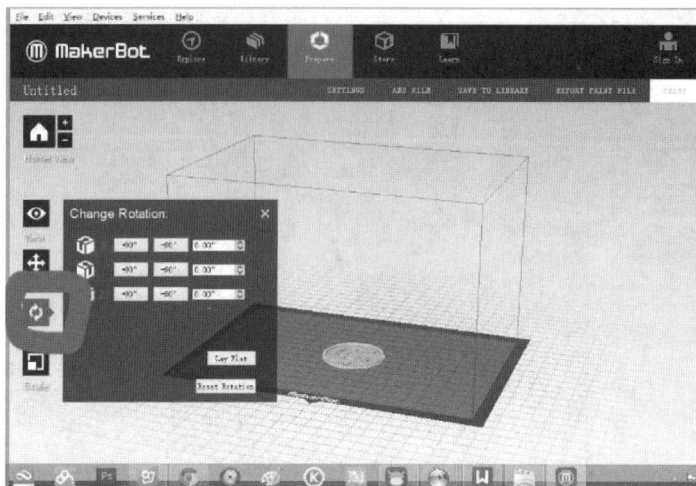

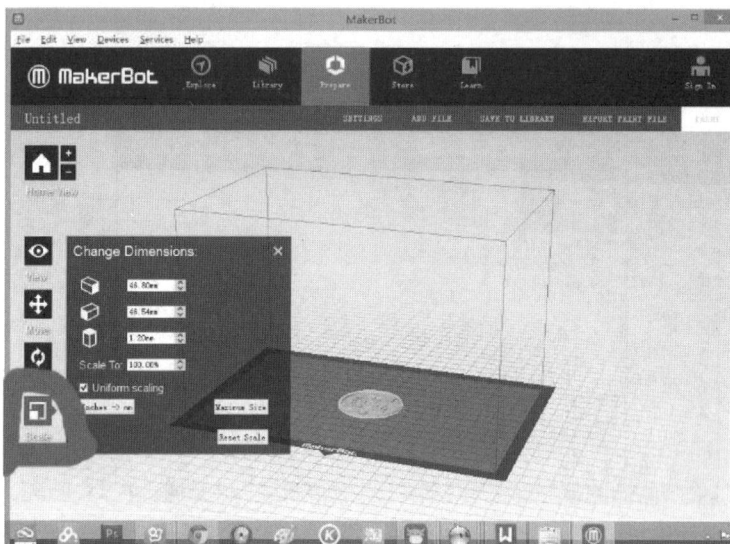

（7）点击右上角"Export Print File"进行切片。

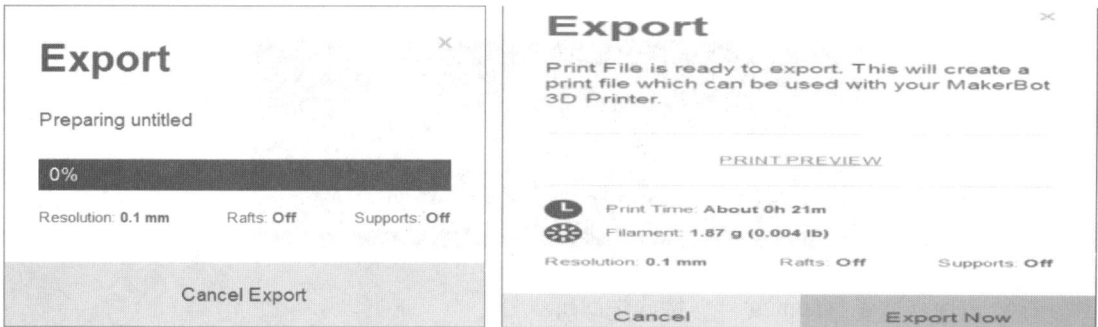

（8）将建的模型导出到 SD 卡中，同样以 STL 格式导出，可以看到导出的进度条、打印完整模型所用时间和模型的填充度。

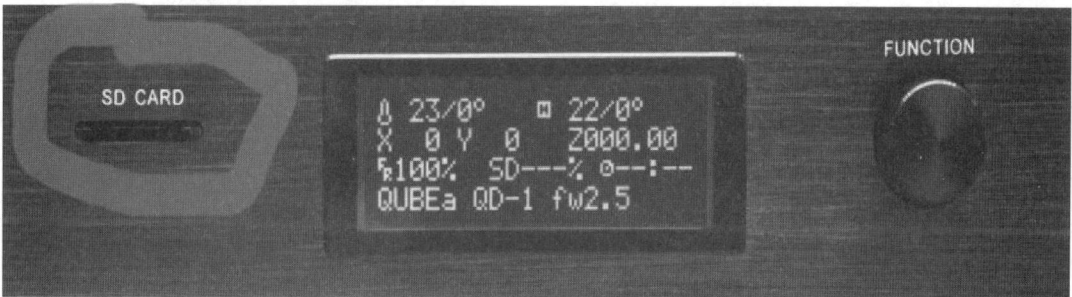

（9）将 SD 卡插入到图示插孔中去（向左旋转旋钮，指针将向下移动。向右旋转旋钮，指针将向上移动。按压旋钮为选择确定当前菜单选项。在二级菜单界面选择"Info screen"将返回一级菜单界面，选项后面带有"→"的表示存在下一级菜单（目录））。

（10）在主界面向里按动控制旋钮，进入菜单界面。

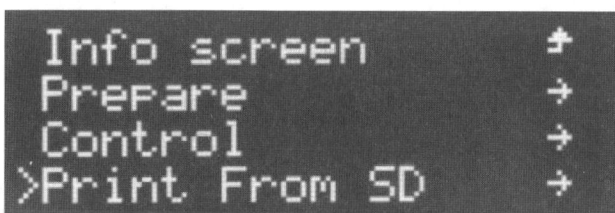

（11）选择"Print From SD"（访问 SD 卡的根目录）。

（12）选择您要打印的文件，按确定即可。

二、几种简单的 3D 打印操作步骤

桌面级 FDM：

（1）如果脱机打印，通常先将切片文件复制到储存卡内，插入机器后再开机。开机以后进丝，待丝稳定以后停止，然后清洁打印平台，检查水平。完成之后即可选择文件进行打印，打印完成后清理打印平台，退出单丝。

（2）如果联机打印，先开机，然后从控制界面操作打印机调平、进丝，再导入模型文件切片，勾选切片完成后直接打印。后面的清洁程序同（1）。

使用 CAD 软件来创建物品。

如果你有现成的模型也可以，如动物模型、人物，或者微缩建筑等。然后通过 SD 卡或者 USB 优盘把它复制到 3D 打印机中，进行打印设置后，打印机就可以把它们打印出来了。

三、在使用过程中的注意事项

（1）请勿使打印机和水源接触，否则可能会造成机器的损坏。

（2）在打印期间，请勿关闭电源或者拔出 SD 卡，否则有可能导致模型数据丢失。

（3）在打印机安装打印丝料期间，喷头会挤出打印丝料，因此请保证此期间喷嘴与打印平台之间至少保持 50 毫米以上的距离，否则可能会导致喷嘴阻塞。

（4）每次完成平台调整后，建议再运行一次平台调整程序，确保满意的调整结果。

（5）打印平台一般只需要调整一次，以后就不需要再调整了。但建议能定期检查喷嘴与平台的高度，因为此距离可能会导致一些不确定的问题发生。

【拓展阅读】

自制简易 3D 打印机

看了这么多关于 3D 打印机的介绍，是不是想拥有一台尝试打印一些东西呢？下面将介绍 Prusa Mendel I2 简易 3D 打印机的制造过程，快快动起手来！

一、结构部分

（1）五金件：螺杆、滑杆导轨，各型号螺母、螺钉、垫片等。

（2）塑料件：Prusa Mendel I2 塑料件一套（网上可以买到）。

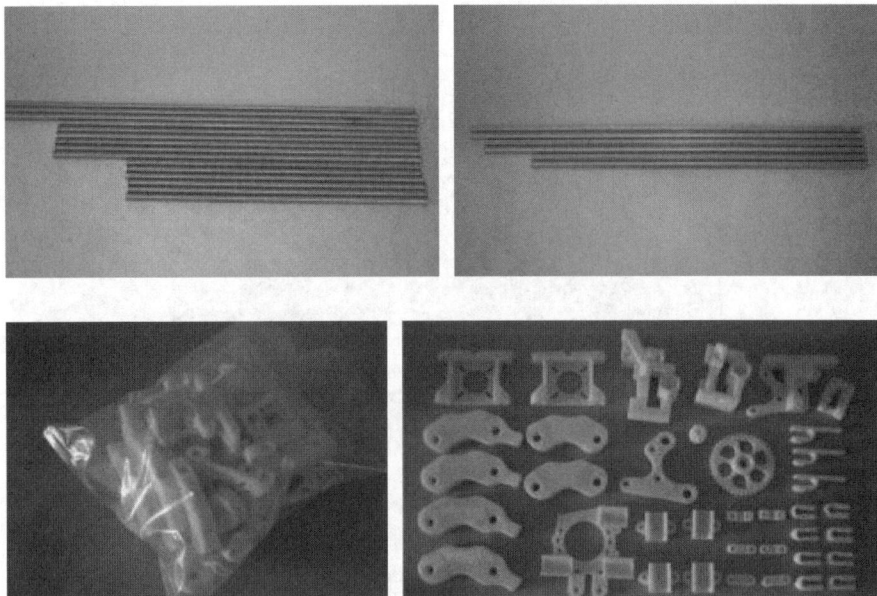

二、动力部分

（1）步进电机。42 步进电机（两相四线、两相六线也可以），点击最好选择高度 >
40 毫米的，电流 >1 安这样才能保证电机的力矩足够。

（2）同步轮、同步带、丝杠同步轮（≥16 齿），同步带选择 2GT 型号或者 S2M，丝
杠一般都直接用 M8 螺杆。

三、电路部分

（1）控制板。

3D 打印的电脑，可以选用 arduino atmega 2560 主板 + Ramps 1.4 控制板。

（2）开关电源一个。功率要求较高，最好选用带散热风扇功率 > 300 瓦的开关。

（3）热敏电阻、轻触开关、电源线、细导线若干。热敏电阻阻值 100 千欧，电源线选用 > 0.75 平方毫米。

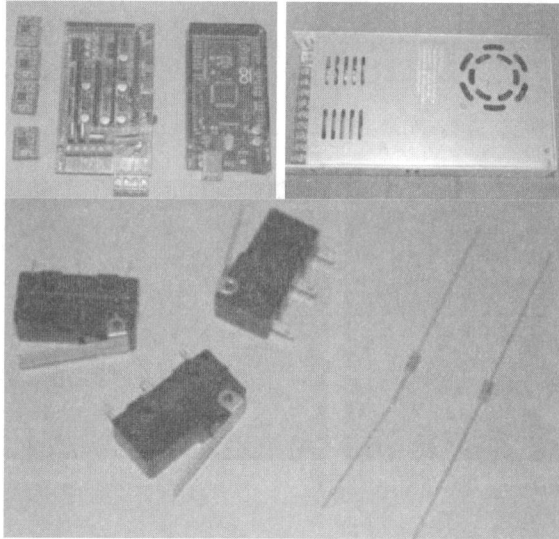

四、加热部分

（1）挤出机一个用来加热打印耗材（abs 或者 pla）。

（2）加热床一个需要铝合金底托 + PCB 加热板 + 热硼硅玻璃板。

五、杂项

打印耗材一卷、高温胶带、扎线带等。

六、所需工具

M8、M3、M3 内六角扳手，用来锯螺杆的电锯或者钢锯，用来给热穿铝板钻孔的电钻。

七、组装过程

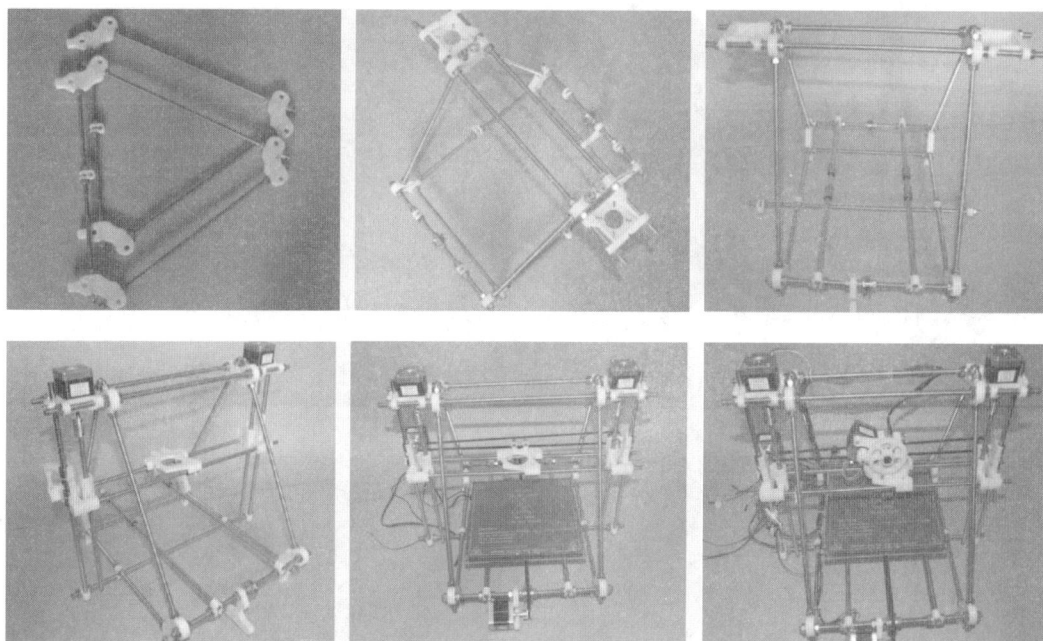

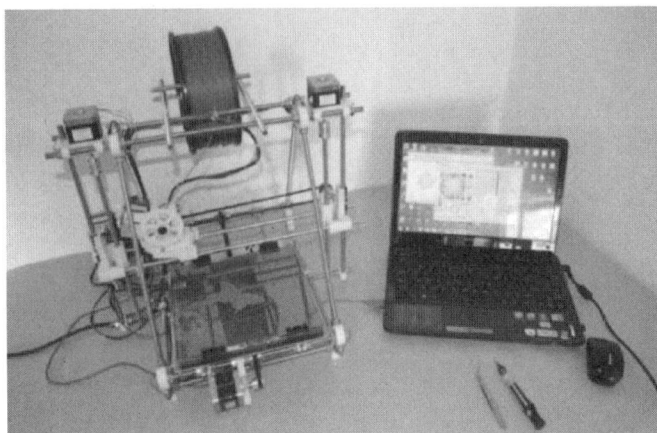

📝【本节小结】

（1）如何应用 3D 打印机制造产品，有哪些步骤？

（2）购买 3D 打印机应该考虑哪些参数？如何购买一台适合自己需要的 3D 打印机。

（3）如何根据实际的需要选择恰当的 3D 打印材料？

（4）在我们的生活中 3D 打印有哪些应用范围？

第三章 创新创业背景下虚拟现实的发展和应用

第一节 什么是虚拟现实

【引导案例】

虚拟现实技术的应用

人类有很多梦想，有的梦想已经实现，有的梦想还在探索中。现在出现一种技术，这种技术能够在一定程度上帮助人们实现体验神秘世界的梦想，例如逃离密室、沙漠中旅行、潜入海底、飞上月球等，就像亲身经历一般。这种技术就是虚拟现实技术（Virtual Reality，VR）。

2009 年，詹姆斯·卡梅隆执导的科幻电影《阿凡达》在北美以 2D、3D 和 IMAX - 3D 三种制式上映。这部电影不仅获得了多项奥斯卡奖项，也让观众了解到了 VR 的奇妙之处。

电影《阿凡达》海报

提到 VR，也许很多人对它不是很了解，但看过《阿凡达》的人，一定记得那台可以将外星人和地球人意识连接起来的机器，也就是影片中男主角控制潘多拉星人的那台机器。

电影《阿凡达》中的控制机器

通过这台机器，人类可以控制外星人的意识，从而化身为外星人。从表面上看这项技术更像是一种精神控制，但是不要忘了，如果没有"连接"，控制也就无从谈起，这与

VR 技术不谋而合。同样地，另一部科幻大片《黑客帝国》也是如此。在电影《黑客帝国》中，让人印象最深刻的莫过于每次进入虚拟世界中都需要插管，男一号、男二号等人物通过这种方式进入虚拟世界中拯救人类。

电影《黑客帝国》海报

　　在电影《黑客帝国》中，VR 技术体现得比较明显，电影中的人物进入的就是一个虚拟世界，在这个虚拟世界中，男主角拥有各种各样的炫酷技能，如瞬间躲子弹、意念控制等。有些时候，甚至主人公自己都无法分清自己所处的世界是现实世界还是虚拟世界。

　　虽然《阿凡达》和《黑客帝国》两部电影的表现手法不太一样，但我们不妨对比一下：《阿凡达》通过一台机器连接、控制外星人；而《黑客帝国》则是通过比较痛苦的插管进入虚拟世界中。因此，可以提取出一个关键词——连接。

　　从科学角度来说，人类看到的真实世界是由意识构建出来的，人类听到、感觉到、摸到的东西都是对外界刺激的反应。我们虽然能闻到花香，但却闻不出空气中含有氮气。如果没有感官上的刺激，我们甚至无法体会到衰老。

　　试想，在这个世界中我们照镜子时发现自己两鬓已经斑白、眼角已经长出皱纹，而在另一个世界中我们却依然保持着 20 岁的青春。就像《阿凡达》中的男主角一样，虽然现实生活中双腿有残疾，但是在另外一个世界中依旧可以狂奔，就像正常人一样。

　　在 VR 巨著《虚拟现实：从阿凡达到永生》一书中有这样的描述："大脑不太在乎某种体验到底是真实的还是虚拟的。想想看，只要按一下按钮，你就不会变老，就能减掉几磅肥肉，或者让肌肉块凸显出来。在这个世界里，你的曾祖父还活着，而且还能和你 6 岁大的女儿玩抛接球游戏……"

　　其实，在很多电影中都有类似于《阿凡达》的这种虚拟与现实之间的连接，现在的影视拍摄、后期制作等领域也在运用虚拟技术。从中不难看出，未来的虚拟技术还是以连接为主。究竟现实生活和虚拟世界的连接能够到达怎样一种程度？是像《阿凡达》一样能够连接到另一个真实世界，还是像《黑客帝国》一样进入虚拟世界中？我们还需要慢慢等待，才能得到答案。

【小组讨论】

面对新兴技术的来临，你希望能够通过这项技术实现你的什么梦想，大胆畅想并分享。

【知识链接】

知识点 1：虚拟现实的定义与系统组成

经过长达半个多世纪的沉浮之后，2016 年 VR 迎来了发展的黄金时期。虽然目前 VR 正处于发展早期，但是其市场发展潜力巨大。在未来，VR 极有可能成为继计算机、智能手机之后下一个改变世界的通信技术。

2016 年 3 月 7 日，第五届全球移动游戏大会 GMGC 2016 在国家会议中心正式开展。在展会现场，最吸引人们注意的就是充满趣味的"VR 互动体验区"。在这里随处可见排着长队等待体验的人们，以及被一圈人围观着的戴着头盔的体验者。2016 年是 VR 全面爆发的一年，VR 进入到人们生活的方方面面。但是，还有很多人对于 VR 一知半解。那么，什么是 VR 呢？

虚拟现实是在 20 世纪 80 年代初提出来的，它是一门建立在虚拟现实技术基础上的交叉学科，是指由计算机生成一种多元信息融合的可交互三维环境，用户通过这个集合多个领域技术于一体打造出来的计算机仿真系统，可以进入一个虚拟的三维空间，并且用户会感觉眼前的一切都是真实的。

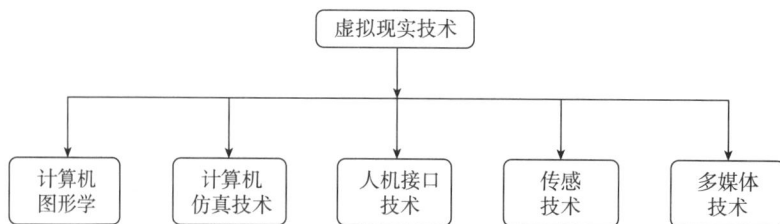

虚拟现实的基础技术

虚拟现实技术是一种仿真技术，也是一门极具挑战性的时尚前沿交叉学科，它通过计算机将仿真技术与计算机图形学、人机接口技术、传感技术、多媒体技术相结合，生成一种虚拟的情境，这种虚拟的、融合多源信息的三维立体动态情境给人们的感觉就像真实的世界一样。

| 虚拟现实技术系统 |

模拟环境系统	感知系统	自然技能系统	传感设备
		解 析	解 析
即虚拟情境，是由计算机生成的动态3D立体图像，特点是非常逼真	即除计算机图形技术生成的视觉感知外，还有听觉、触觉、运动、嗅觉和味觉等一切人类感知	即指人产生的一切行为动作数据，都由该系统来处理，以便对用户的输入及时响应并反馈到人的感官	即现实虚拟应用中用到的三维交互设备

虚拟现实技术系统的组成

虚拟现实技术一改人与机器之间枯燥、生硬、被动的状态，给人们带来立体的感官享受，真正实现了人机交互，让人们沉醉在一个美妙绝伦的环境之中。可以说，虚拟现实技术是当今最具发展前景的技术之一。

虚拟现实城市

简单地说，在 VR 的世界中，人们所看到的场景、人物并不是真实存在的。VR 只是借助特殊设备把人们的意识带入到一个多种技术所生成的集视、听、触觉为一体的逼真虚拟环境之中。从技术角度来看，VR 的实现建立在综合利用计算机图形技术、立体显示技术、视觉跟踪与视点感应技术、语音输入输出技术以及听觉、力觉和触觉感知技术等多种技术的基础之上。

知识点 2：虚拟现实的特征

虚拟现实技术是多种技术的结合，因此，它具有以下四大特征：存在性、交互性、创造性、多感知性。

1. 虚拟现实技术的存在性

虚拟现实技术是根据人类的各种感官和心理特点，通过计算机设计出来的 3D 图像，它的立体性和逼真性，让人一戴上交互设备就如同身临其境，仿佛与虚拟环境融为一体，最理想的虚拟情境是让人分辨不出环境的真假。

虚拟现实技术让人如同置身于真实的情境中

2. 虚拟现实技术的交互性

虚拟现实中的交互性是指人与机器之间的自然交互，人通过鼠标、键盘或者传感设备感知虚拟情境中的一切事物，而虚拟现实系统能够根据使用者的五官感受及运动来调整呈现出来的图像和声音，这种调整是实时的、同步的，使用者可以根据自身的需求、自然技能和感官，对虚拟环境中的事物进行操作。

3. 虚拟现实技术的创造性

虚拟现实中的虚拟环境并非真实存在的，它是人为设计创造出来的。但同时，虚拟环境中的物体又是依据现实世界的物理运动定律而执行动作，例如虚拟街道场景，就是根据现实世界的街道运动定律而设计创造的。

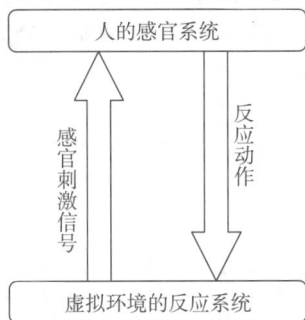

虚拟现实的交互性总结

虚拟街道场景

4. 虚拟现实技术的多感知性

在虚拟现实系统中，通常装有各种传感设备，这些传感设备包括视觉、听觉、触觉上的设备，未来还可能发展出味觉和嗅觉的传感设备，除了五官感觉上的传感设备之外，还有动觉类的传感设备和反应装置，这些设备让虚拟现实系统具备了多感知性功能，同时也让使用者在虚拟环境中能够获得多种感知，仿佛身临其境一般。

知识点 3：虚拟现实系统分类

按照功能和实现方式的不同，可以将虚拟现实系统分成四类（见下图）。

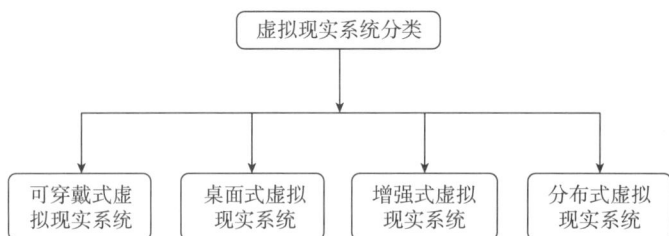

```
                    ┌──────────────┐
                    │ 虚拟现实系统分类 │
                    └──────────────┘
         ┌───────────┬────┴──────┬───────────┐
   ┌─────────┐  ┌─────────┐  ┌─────────┐  ┌─────────┐
   │ 可穿戴式虚 │  │ 桌面式虚拟 │  │ 增强式虚拟 │  │ 分布式虚拟 │
   │ 拟现实系统 │  │ 现实系统  │  │ 现实系统  │  │ 现实系统  │
   └─────────┘  └─────────┘  └─────────┘  └─────────┘
```

虚拟现实系统的分类

1. 可穿戴式

可穿戴式虚拟现实系统又称为"可沉浸式虚拟现实系统"，人们通过头盔式显示器等设备，进入一个虚拟的、创新的空间环境中，然后通过各类跟踪器、传感器、数据手套等传感设备，参与到这个虚拟的空间环境中。

可穿戴式虚拟现实系统让人身临其境

可穿戴式虚拟现实系统的优点和缺点如下图所示。

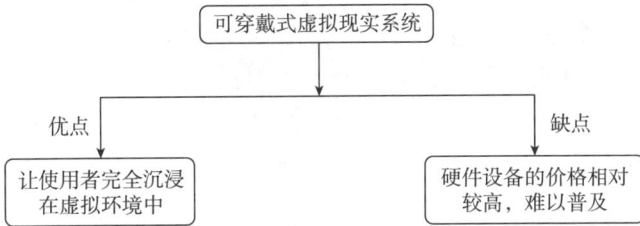

可穿戴式虚拟现实系统的优点和缺点

2. 桌面式

桌面式虚拟现实系统主要是利用计算机或初级工作站进行虚拟现实工作，它的要求是让参与者通过诸如追踪球、力矩球、3D 控制器、立体眼镜等外部设备，在计算机窗口上观察并操纵虚拟环境中的事物。

桌面式虚拟现实系统

桌面式虚拟现实系统的优点和缺点如下图所示。

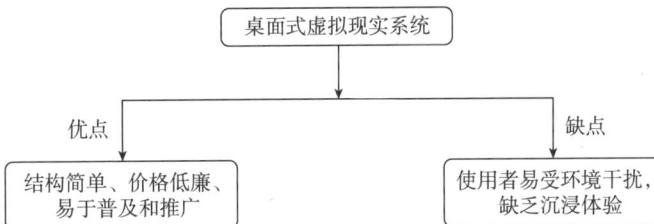

桌面式虚拟现实系统的优点和缺点

3. 增强式

增强式虚拟现实系统是指把真实的环境和虚拟环境叠加在一起，这种系统现在已成为虚拟现实的一个分支，被称为"增强现实"（Augmented Reality，AR）。

增强现实是一种将真实世界的信息和虚拟世界的信息进行"无缝"链接的新技术，通过计算机等技术，将虚拟世界的一些信息通过模拟后进行叠加，然后呈现到真实世界的一种技术，这种技术使虚拟信息和真实环境共同存在，大大地增强了人们的感官体验。

增强现实

增强现实技术包含了多种技术和手段，如下图所示。

增强现实技术包含的技术和手段

增强现实技术可广泛应用到军事、医疗、建筑、教育、工程、影视、娱乐等领域，它具有以下突出特点：真实环境和虚拟环境信息的叠加、实时交互性，在三维空间的基础上叠加、定位跟踪虚拟物体。

4. 分布式

分布式虚拟现实系统又称共享式虚拟现实系统，它是一种基于网络连接的虚拟现实系统，是将不同的用户通过网络连接起来，共同参与、操作同一个虚拟世界中的活动。例如异地的医学生，可以通过网络对虚拟手术室中的患者进行外科手术；不同的游戏玩家可以在同一个虚拟游戏中进行交流或战斗，如下图所示。

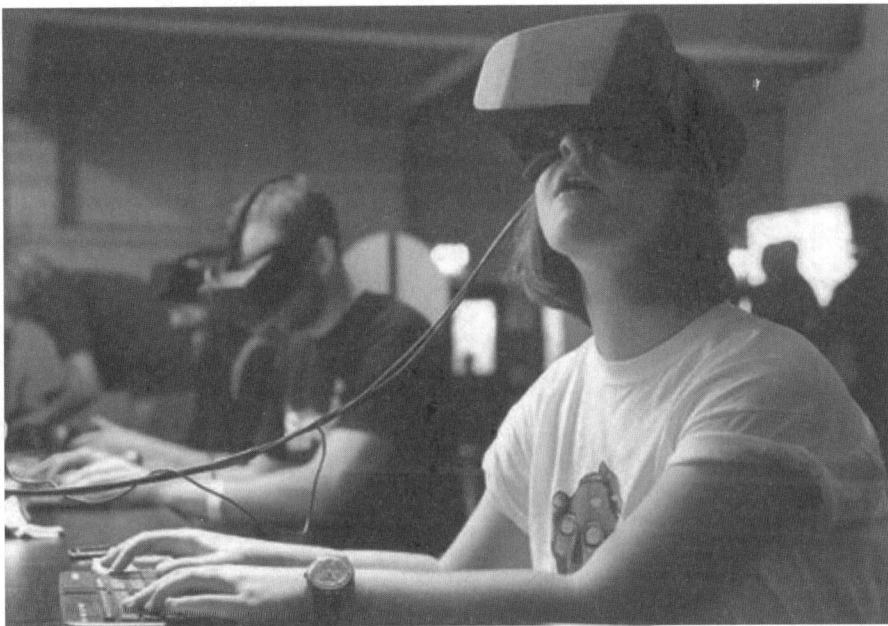

分布式虚拟现实系统

分布式虚拟现实系统的特点包括：资源共享、虚拟行为真实感、实时交互的时间和空间、与他人共享同一个虚拟空间、允许用户自然操作环境中的对象、用户之间可以以多种方式通信交流。

知识点4：虚拟现实系统的主要技术

虚拟现实系统是多种技术的综合，主要包括三维图形实时生成技术、立体显示技术、传感反馈技术、语音输入输出技术。接下来重点介绍虚拟现实系统的这些主要技术。

1. 三维图形实时生成技术

现在，利用计算机模型产生三维图形的技术已经十分成熟，但是虚拟现实系统的要求是这些三维图形能够实时生成。

例如，在飞行虚拟系统中要想达到实时目的，图像的刷新频率就必须达到一定的速度，同时，图像要有很高的质量，还要考虑复杂的虚拟环境。所以说，想要实现实时三维图形生成是十分困难的。对图形刷新频率和图形质量的要求是该技术的主要内容。

2. 立体显示技术

在虚拟现实系统中，用户戴上特殊的眼镜，两只眼睛看到的图像是分别产生的，例如一只眼睛只能看到奇数帧图像，另一只眼睛只能看到偶数帧图像，这些图像分别显示在不同的显示器上，奇、偶帧之间的不同就使视觉上产生了差距，从而呈现出立体效果。

3. 传感反馈技术

在虚拟现实系统中，用户可以通过一系列传感设备对虚拟世界中的物体进行五感的体验。这项技术能够使用户沉浸在虚拟世界中，除了注重强烈的视觉效果外，还注重对用户听觉、触觉和力觉感知的刺激。在 VR 系统中，人们不用转动头部就可以听到在不同位置录制的不同声音，体验到逼真的立体声效果。在触觉和力觉感知方面，设计人员往往是通过安装一些可以振动的触点来实现的。用户通过虚拟现实系统看到了一个虚拟的杯子，在现实生活中，人的手指是不可能穿过任何杯子"表面"的，但在虚拟现实系统中却可以做到，并且还能感受到握住杯子的感觉，这就是传感反馈技术实现的触觉效果。通常通过佩戴安装传感器的数据手套就能获得这种体验，如下图所示。

传感反馈技术

4. 语音输入输出技术

在虚拟现实系统中，语音的输入输出技术就是要求虚拟环境能听懂人的语言，并能与人进行实时交互。要做到这一点是十分困难的，必须解决两大难题：一是效率问题，二是正确性问题。

知识点 5：虚拟现实系统中人的感知因素

在虚拟现实系统中，有一个很重要的理论，叫作"虚物实化"理论，就是通过各种计算、传感、仿真技术将计算机生成的虚拟物体，通过传感刺激以自然的方式传递给使用者。因此，虚物实化理论的重要研究方向就是将虚拟现实系统与人的感知因素结合起来，从而确保使用者能够在虚拟环境中获得视觉、听觉、力觉和触觉等各种感官体验。

1. 虚拟现实与人的视觉

在视觉感知方面，虚拟现实已经做得十分成熟了，当用户戴上头盔后，就能在虚拟环境里体验到丰富的视觉效果。如看到立体的恐龙、月球表面、海里的鲨鱼等。下图为虚拟现实游戏中的视觉体验。

虚拟现实游戏中的视觉体验

2. 虚拟现实与人的听觉

在虚拟现实中，音效也是很重要的一个环节。现实中，人们靠声音的相位差和强度差来判断声音的方向，因为声音到达两只耳朵的时间或距离有所不同，所以当人们转头时，依然能够正确地判断出声音的方向。但在虚拟现实中，这一理论并不成立。因此，如何创造更立体、更自然的声效，来提高使用者的听觉感知，创造更真实的虚拟情境，是虚拟现实需要解决的问题。

著名音频厂商森海塞尔拿出了一套解决方案来展示声音对于虚拟现实的重要性，这套解决方案的名称叫作"Ambeo"。Ambeo是什么？用森海塞尔CEO的话来说，它就是一种针对不同类型环境的音频伞，在虚拟现实的应用中，Ambeo带来的音效无比震撼，就好像让人身临其境。

3. 虚拟现实与触觉和力觉

虚拟现实在触觉和力觉方面的感知，主要是通过各类感觉反馈器传达，当使用者戴上数据手套、穿上数据衣服之后，便能够在虚拟现实情境中感受到虚拟的事物，并产生触觉和力觉方面的感知，如下图所示。

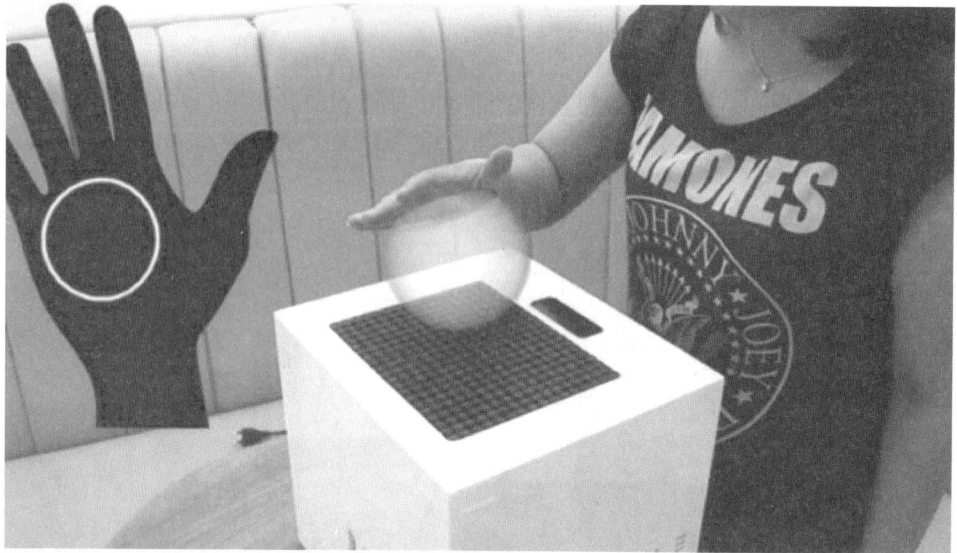

虚拟现实中的触觉和力觉体验

知识点 6：虚拟现实技术的研究状况

虚拟现实技术已经在多个国家和地区的医疗、游戏、军事航天、房地产开发、室内设计等领域得到广泛应用。

1. 国外的研究状况

关于虚拟现实技术在国外的研究成果和发展，主要以美国、英国和日本为例进行阐述。

（1）美国。美国是虚拟现实技术的发源地，其研究水平基本上可以代表国际虚拟现实技术发展的水平，目前美国在该领域的基础研究主要集中在如下图所示的四个方面。

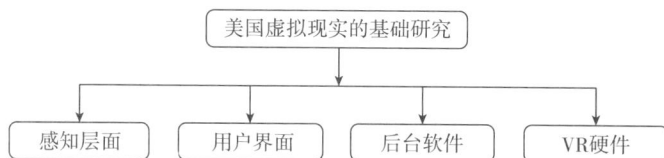

美国在 VR 领域的基础研究

美国宇航局 Ames 实验室的研究主要内容如下图所示。

美国宇航局Ames实验室的研究内容

- 将数据手套工程化，提高数据手套的可用性
- 在约翰逊空间中心完成实时仿真操作
- 大量研究并运用面向座舱的飞行模拟技术
- 完成对哈勃太空望远镜的仿真
- 正致力于"虚拟行星探索"（VPE）计划
- 建立了航空、卫星维护VR训练系统、空间站VR训练系统以及VR教育系统

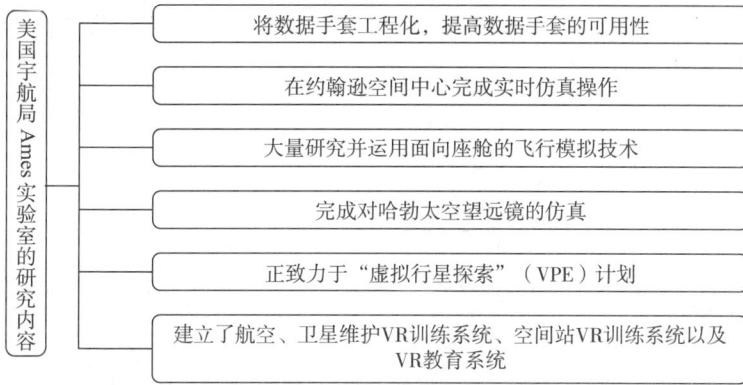

美国宇航局的 Ames 实验室的研究内容

除了美国宇航局在虚拟现实领域的研究以外，美国各个大学也在这方面展开了深入的研究，如下图所示。

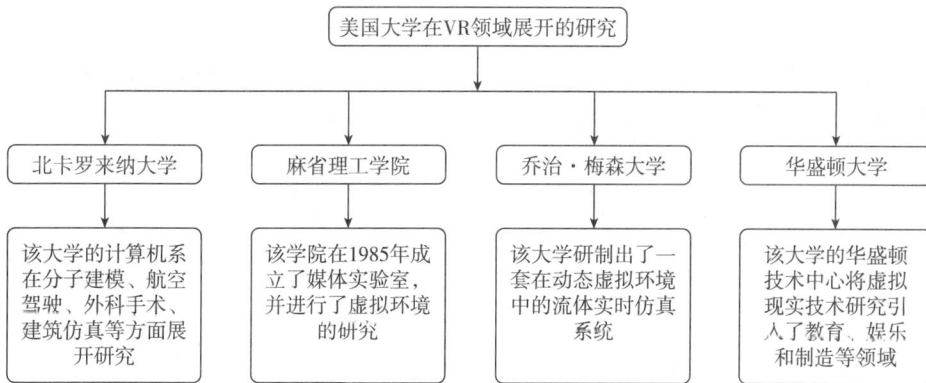

美国大学在VR领域展开的研究

北卡罗来纳大学	麻省理工学院	乔治·梅森大学	华盛顿大学
该大学的计算机系在分子建模、航空驾驶、外科手术、建筑仿真等方面展开研究	该学院在1985年成立了媒体实验室，并进行了虚拟环境的研究	该大学研制出了一套在动态虚拟环境中的流体实时仿真系统	该大学的华盛顿技术中心将虚拟现实技术研究引入了教育、娱乐和制造等领域

美国大学在 VR 领域展开的研究

（2）英国。英国主要在分布并行处理、辅助设备（包括触觉反馈）设计和应用研究等方面领先，到1991年底，英国已经有四个从事 VR 技术研究的中心，如下图所示。

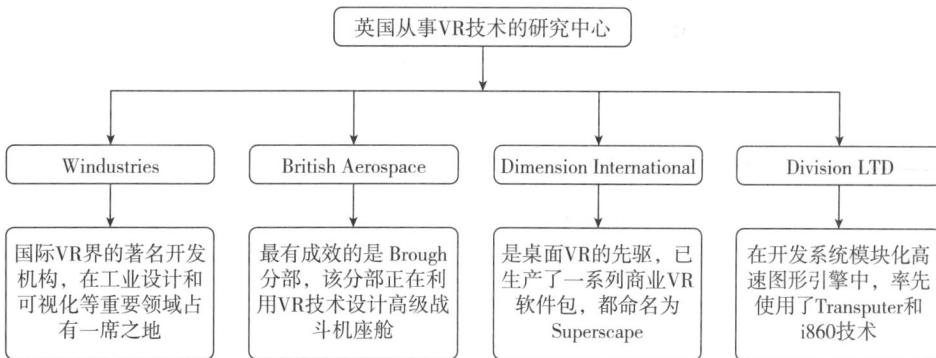

英国从事VR技术的研究中心

Windustries	British Aerospace	Dimension International	Division LTD
国际VR界的著名开发机构，在工业设计和可视化等重要领域占有一席之地	最有成效的是Brough分部，该分部正在利用VR技术设计高级战斗机座舱	是桌面VR的先驱，已生产了一系列商业VR软件包，都命名为Superscape	在开发系统模块化高速图形引擎中，率先使用了Transputer和i860技术

英国的四个从事 VR 技术研究的中心

（3）日本。日本主要致力于大规模的 VR 知识库的研究和虚拟现实游戏方面的研究，主要的研究机构和内容如下图所示。

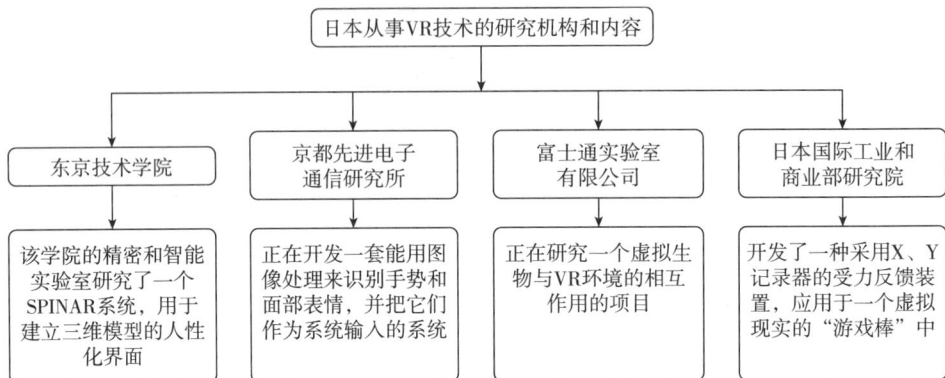

日本企业从事 VR 技术的研究机构和内容

除了以上的这些机构之外，东京大学的各个研究所也在 VR 领域展开了深入的研究，如下图所示。

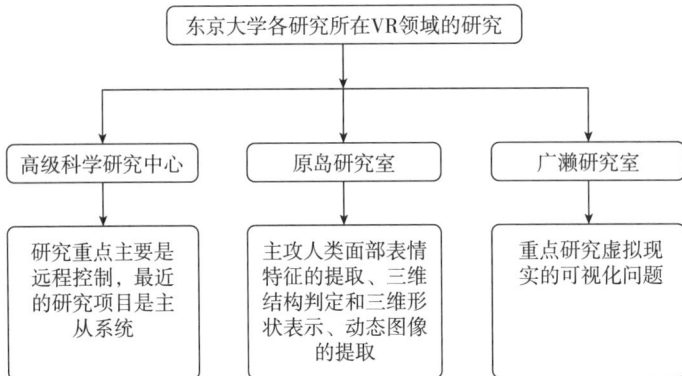

东京大学各研究所在 VR 领域的研究

2. 国内的研究状况

虽然我国在 VR 领域的研究起步较晚，但是随着科技的发展和互联网应用的扩展，VR 技术已经引起了我国科学家的高度重视。

我国的一些重点院校也在这方面展开了深入研究，如北京航空航天大学计算机系研究了如下图所示的内容。

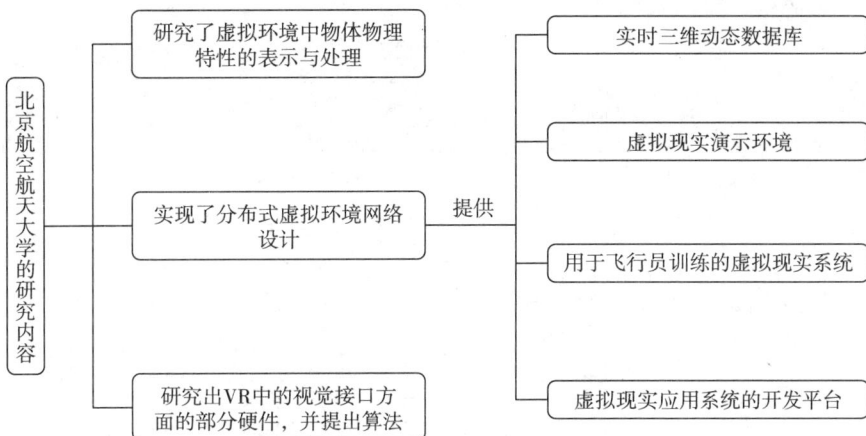

北京航空航天大学在 VR 领域的研究内容

除了北京航空航天大学在 VR 领域展开研究之外，很多重点大学也在这一领域展开了研究，如下图所示。

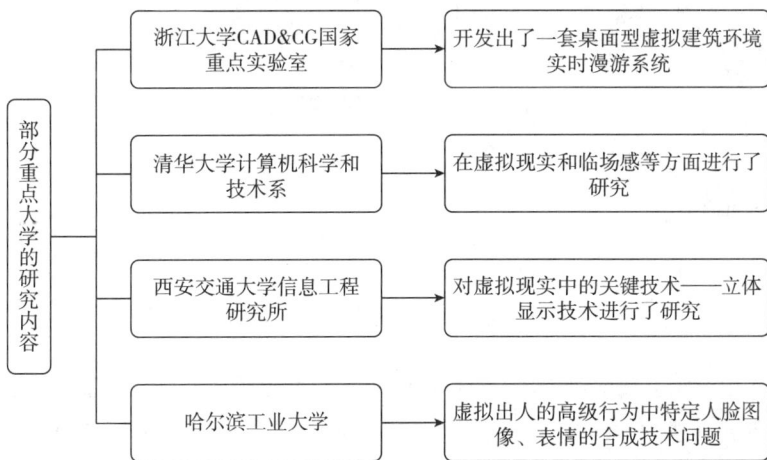

部分重点大学的研究内容

3. 虚拟现实技术的发展领域

21 世纪，虚拟现实技术作为一门科学技术会越来越成熟，并且在各行各业都会得到广泛的应用，这主要源于以下两个方面：虚拟现实方案成本在降低、虚拟现实的商业模式和生态链正在慢慢成熟。虚拟现实技术未来的发展领域如下图所示。

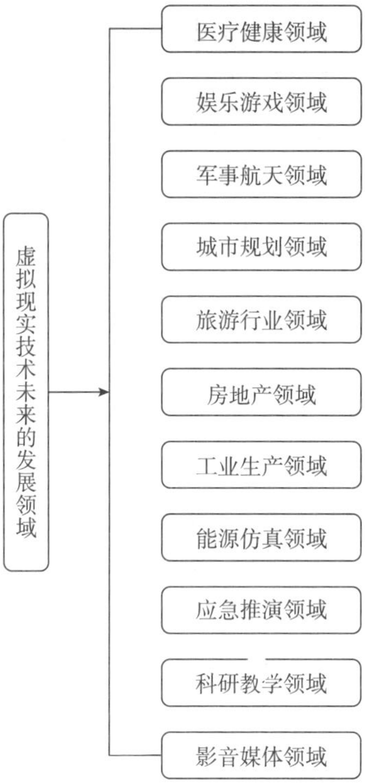

虚拟现实技术未来的发展领域

![图标]【拓展阅读】

虚拟现实技术的系统组成

2015 年 6 月，在美国洛杉矶拉开帷幕的 E3 游戏展上，各种基于虚拟现实（VR）和增强现实（AR）的互动游戏着实夺人眼球。一夜之间，人人都发现了 VR 和 AR 这两块新大陆。事实上，谷歌、Facebook、三星、索尼等众多巨头早已开始致力于虚拟现实或增强现实市场的开发。有业内人士表示，VR 和 AR 背后蕴藏着巨大的商机，无论是 VR 还是 AR，都有可能成为价值数百亿美元的产业。未来，下一个大型计算平台将由它们开启。

同样是近年来备受关注的新技术，名字听起来也很像孪生兄弟，VR 和 AR 常常会让圈外人产生混淆，这二者之间有何差别？到底哪一种产品更适合我们？其实无论是从技术还是从应用效果来看，VR 和 AR 都存在很大的差异，下面我们来简单分析一下。

众所周知，Oculus（现已被 Facebook 收购）、索尼等都是具有代表性的 VR 设备及平台厂商，而目前的 VR 技术主要是通过一款特殊头戴显示器来帮助用户实现沉浸式互动体验的。也就是说，VR 是利用计算机技术营造一个完全虚拟的空间，并通过双目视觉原理，让用户看到一个 3D 立体的虚拟世界并使之信以为真。

在各种展会的 VR 体验区内，我们可以看到一些佩戴着头显设备、拿着特制的棍形或枪形体感手柄的体验者不时发出尖叫，或者突然爆笑的奇异画面，这就是因为他们正沉浸在 VR 设备所呈现的虚拟视觉效果中。VR 可以完全将人们带入现实以外的另一世界中。

AR 是在 VR 的基础上发展起来的，拥有和 VR 完全不同的互动体验。AR 是指在现实环境基础上融合计算机技术虚拟出来的数字图像，从而实现对现实的"增强"。简单来说，AR 提供的是一种虚实结合、实时交互的体验，体验者完全可以看到当下的现实环境。

虽然二者都包含"现实"二字，但是不得不说，虚拟现实和增强现实的核心技术是完全不同的。一半梦境，VR 的核心是运算技术，其致力于为用户提供一个美轮美奂的真实感强烈的三维立体梦境；一半现实，AR 要求将图像和现实场景相结合，重点是在现实中加入虚幻，实现虚实结合。

E3 上微软演示的游戏《我的世界》，就是利用 AR 技术将游戏内容直接投射到桌子上，并以手势进行操作，而用户只要佩戴一个专门的设备就可以看到。也就是说，AR 能够帮助人们将虚拟世界搬到现实生活中，我们可以在自己的卧室中看到电影或游戏中的一些虚拟场景。很显然，AR 更适合像《我的世界》等休闲、运动类的游戏，以及以科幻场景为主的游戏。试想，如果你在体验《权力的游戏》中冰墙的同时还看到了自家卧室，那种感觉想必并不美好。

核心技术的不同自然带来了不同的用户体验以及不同的产品定位。从目前来看，VR 显然更加适用于游戏、影视等娱乐领域，因为这类用户更需要一个完全不同于现实的虚拟场景，以实现沉浸式体验，这是 AR 所不能实现的。总之，能够完全摆脱现实世界，才是 VR 真正的成功。

VR 先驱 Oculus rift 头显发明者帕尔默·拉基对 VR 的未来充满信心。他认为，未来如果人们能够创造出一个和现实世界一样令人满意且富有吸引力的虚拟世界，VR 将成为"人类史上最重要的技术之一"。

相比于 VR 对计算机的强烈依赖，AR 则独立得多。未来人们可能不需要计算机，一个盒子大小的投射装置便能帮助人们将虚拟图像置入现实环境之中，这时传统的显示器将彻底成为历史。

计算机和互联网的发展让人们走进了信息化时代，使人们的生活发生了翻天覆地的变化。可以说，它们已经成为新时代下人们最主要的生产工具。作为新时代的新产物，VR 的出现使得人们的生活越来越"宅"，而增强现实则促使人们走进现实。VR 和 AR 的出现显然都有其意义。

在未来很长一段时间里，二者将互不影响，在各自的领域内持续发展。无论是 VR 还是 AR，都将使人们的生活方式发生巨大改变。但就目前而言，二者都还需要进一步的发展和完善。

【本节小结】

（1）虚拟现实的定义与系统组成。

（2）虚拟现实的特征。

（3）虚拟现实系统分类。

（4）虚拟现实系统的主要技术。

（5）虚拟现实系统中人的感知因素。

第二节　虚拟现实技术发展历程

【引导案例】

VR 设备

20 世纪 80 年代以后，计算机技术得到了飞速发展，VR 技术不断完善。在此之前，VR 设备虽然精密可靠，但往往由于其昂贵的价格、庞大的体积以及烦琐的操作程序，仅仅被应用于航空航天和军事等领域，很难实现民用。随着技术的不断成熟，越来越多的人开始关注这个有趣的市场，一些科技巨头开始进军 VR 领域，三星就是目前 VR 市场的领军者。

2015 年 9 月 24 日，在 Oculus 开发者大会上，三星正式推出售价为 99 美元的 VR 设备——Gear VR。这是一款由三星和 Oculus 合作开发的 VR 头盔，需要配合三星 2015 年推出的 Galaxy 系列智能手机使用。Gear VR 的出现树立了 VR 移动设备的标杆，如下图所示。

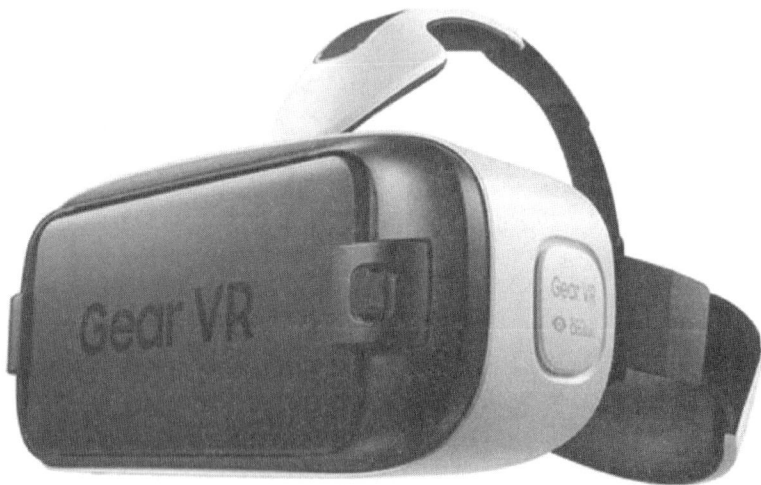

三星 Gear VR

事实上，三星早已开始了 VR 产品的研发工作。2015 年 1 月，三星曾获得一项头戴显示器的专利。据了解，这是把手机戴在头上作为显示屏构想的首次提出。此后，三星便开始了基于移动设备的 VR 设备的探索之路。

2013 年，Galaxy S4 正式发布之后，三星成立了一支团队，致力于打造基于智能手机的 VR 设备，并且很快便研究出几款区别于 Galaxy S4 的原型机。直到 Galaxy Note 4 出现，才使基于移动设备的 VR 头显具备了真正的可行性。与此同时，三星和 Oculus 的合作也加快了 Gear VR 的诞生，如下图所示。

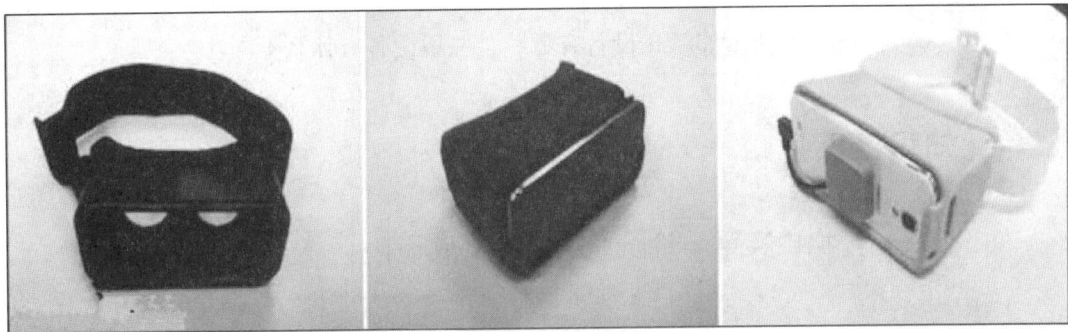

Gear VR 的原型机

作为基于 PC 端的 VR 头显专家，Oculus 在移动端并没有太多经验，因此三星和 Oculus 选择了合作。Oculus 先进的 VR 技术配合 Galaxy Note 4 的高端显示屏，在双方的努力下，最终 Gear VR 成功诞生。2015 年 9 月，三星正式公布了 Gear VR，同年 11 月，Gear VR 开启全球同步发售。

Gear 360 展示图

作为一个新兴的、潜力初放的行业，VR 未来的发展之路我们还未可知，有一点可以肯定的是，站在风口上虽然是一件非常危险的事情，但是机遇与挑战并存。未来将会有更多的公司进军 VR 领域，只有尽早抢占底层市场，走向生态链顶端才是王道。

【小组讨论】

你所接触到的或是体验过的 VR 设备有哪些，并说说各有什么不同？

【知识链接】

知识点 1：虚拟现实第一阶段：从设想变成实物

1. R 之父：伊凡·苏泽兰

和很多技术一样，VR 的概念并不是由科学家或者研究机构提出的，而是源于小说家对未来的美妙描述。穿越到另一个世界来躲避枯燥无味的现实生活是自古以来人们就有的一个愿望。20 世纪 60 年代，伊凡·苏泽兰将这个幻想带到了人们的现实生活中。"人机交互"理念的提出、"达摩克利斯之剑"的诞生使虚拟现实设想变成了实物。

伊凡·苏泽兰是美国科学院和工程院两院院士，也是 1988 年图灵奖得主。除此之外，他还是举世公认的计算机图形学之父、VR 之父。苏泽兰发明的计算机程序"画板"是交互式计算机绘图的开端。低调是苏泽兰一贯的处事风格，不断钻研的精神使他成为了早期计算机技术的发明者和推广者。在计算机还未普及的时代，苏泽兰的"计算机图形""人机交互"等近乎神话般的设想让世人震惊，由此翻开了技术发展的新篇章。

2. 虚拟现实概念起源

1968 年，世界上第一台 VR 头戴式显示器——"达摩克利斯之剑"诞生在"VR 之父"伊凡·苏泽兰的手中，VR 技术的理念开始被正式引入应用。提到 VR 技术，除了伊凡·苏泽兰，还不得不提到另一位在虚拟显示技术发展史中起到关键作用的人物，那就是杰伦·拉尼尔。

杰伦·拉尼尔是一位有名的跨学科科学家，他涉猎广泛，身上有着计算机科学家、互联网理论家、冷门乐器爱好者、艺术家、思想家等多重标签，还是美国 VPL 公司的创始人。同伊凡·苏泽兰一样，拉尼尔在业界也有着"VR 之父"之称，他是 20 世纪 80 年代 VR 领域的先驱者。事实上，VR 技术的真正定义正是他提出来的。

20 世纪 80 年代初，基于 60 年代以来人们在 VR 技术上所取得的成就，拉尼尔创立了 VPL 公司并提出了"Virtual Reality"一词，并将其定义为"利用计算机模拟出的一个使人完全沉浸其中的虚拟三维世界"，VR 的概念由此第一次完整地出现在人们面前。那时候的拉尼尔刚刚二十岁出头，他认为这种实现人机交互的 VR 技术未来将应用到游戏、沟通、信息处理等现实生活中的方方面面。

从表面来看，虚拟和现实是两个相互矛盾的词，将这两个词放在一起，似乎有些让人费解，但是科学的神奇力量使很多不可能变成了可能。从字面上，可以将虚拟现实理解为虚拟出来的现实世界。根据拉尼尔的说法，虚拟现实就是一个"用电子计算机合成的人工世界"。而虚拟现实的实现主要需要解决以假乱真的存在技术、相互作用、自律性现实三个问题，如下图所示。

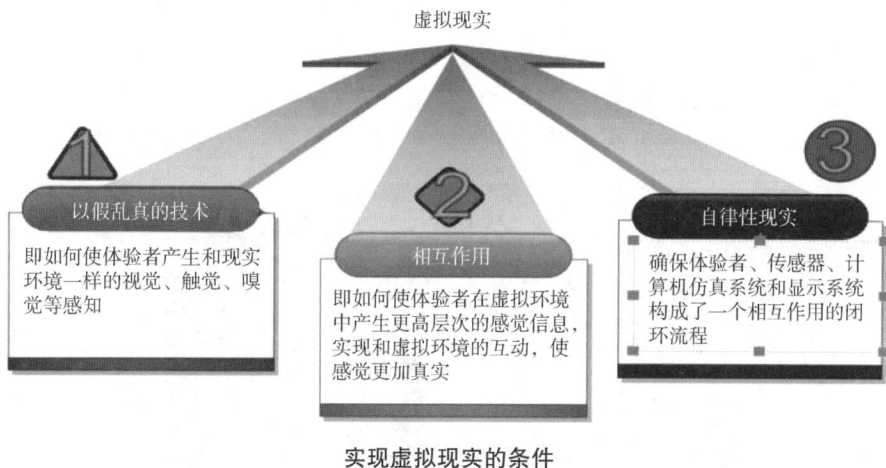

实现虚拟现实的条件

如今，VR 技术正在步入飞速发展阶段，无论国内还是国外，众多业界巨头都开始进军 VR 领域，VR 将迎来产业爆发。在 VR 概念被反复提及的今天，我们在享受技术发展所带来好处的同时，也不要忘记感谢那些为 VR 概念的诞生和发展做出突出贡献的人们。

3. 创新与发现的年代

科技的进步和发展使得一些原本只存在于科幻小说和电影中、看似遥不可及的设备以不可思议的速度出现在了人们的现实生活之中。2016 年，VR 被炒得火热，一夜之间 VR 便风靡全球。事实上，VR 并不是一个新鲜事物，其诞生时间已经长达半个世纪。

1955 年，摄影师莫顿·海林将赫胥黎在小说中提及的 VR 设备原型图设计了出来（见下图）。从 1932 年的首次被提及，到 1955 年原型图出现，VR 用了整整 23 年才从幻想变成了图纸。随后，海林便加紧了对 VR 设备的研究。

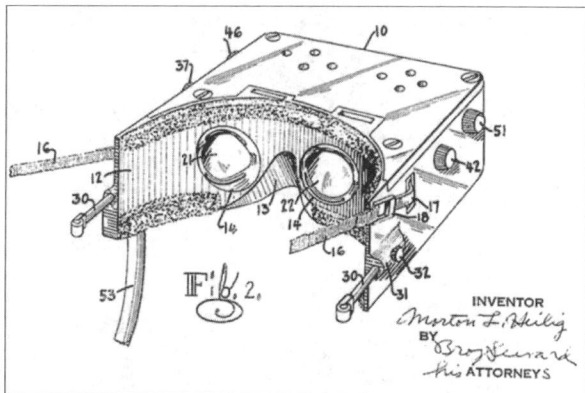

海林设计的 VR 设备原型

经过两年的不懈努力，海林终于在 1957 年成功发明了一台名为 Sensorama 的仿真模拟器。这台形似街机的设备采用了宽屏 3D 显示和立体声，主要通过三面显示屏来为使用者展现空间感。从外观上看，Sensorama 的确很像一个普通的医疗设备，但实际上它却是人们从现实世界进入一个完全虚拟世界的首次尝试。

当时的 Sensorama 外形巨大，除了 3D 显示器和立体声音箱外，还包含气味发生器和一个能够配合影片内容振动的座椅。使用时，用户需要坐到椅子上，将头探进设备内部。通过这台设备，观影者可以感受到自行车的颠簸，也可以体验到春风拂面的感觉。就是这样一台如今看来颇为笨拙的机器，在当时却走在了科技的前沿，震惊了世界。

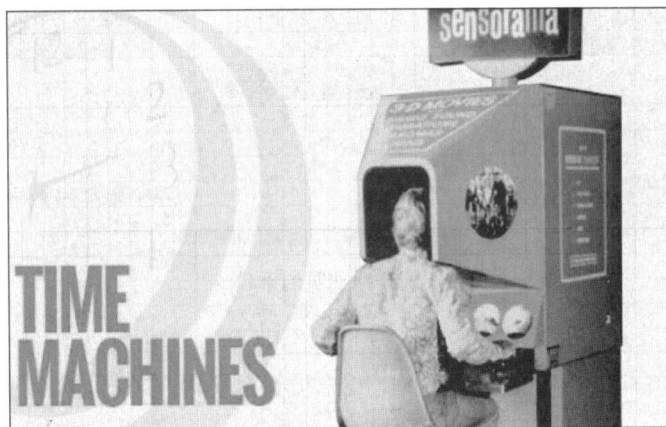

Sensorama 仿真模拟器

1963 年，科幻作家雨果·根斯巴克在 *LIFE* 杂志上发表文章介绍了他关于 VR 的新发明。在文章中，雨果详细描述了其设想的 VR 设备——Teleyeglasses。这是一款头戴式电视设备，其最突出的特点是两根长长的大天线，设备的正面还有几个旋转式的按键。

Teleyeglasses 效果图

　　虽然现在看来，雨果关于 Teleyeglasses 的设想和如今市场上热销的 VR 设备还相去甚远，但是它的出现却在 VR 发展史中画下了浓墨重彩的一笔。而 1968 年 "达摩克利斯之剑" 的问世则实现了人们之前关于 VR 设备的真正构想，并由此正式开启了人们在 VR 领域的探索之路。

　　4. 达摩克利斯之剑

　　1965 年，伊凡·苏泽兰在其论文《终极的显示》中写道："计算机屏幕是一个窗口，通过这个窗口，人们可以看到一个虚拟世界。具有挑战性的工作是让那个虚拟世界看起来真实，在其中的行动像真实，听起来像真实，感觉像真实一样。" 如果我们可以利用计算机模拟出一个空间，这个空间中的一切东西都可以由计算机进行控制。在这个空间中，物体逼真得让我们如同身临其境。1968 年，麻省理工学院的林肯实验室诞生了世界上第一台头盔显示器——"达摩克利斯之剑"。1970 年元旦，在犹他大学的实验室里，一个参加演示的大学生佩戴 "达摩克利斯之剑" 进入了苏泽兰的 VR 世界。

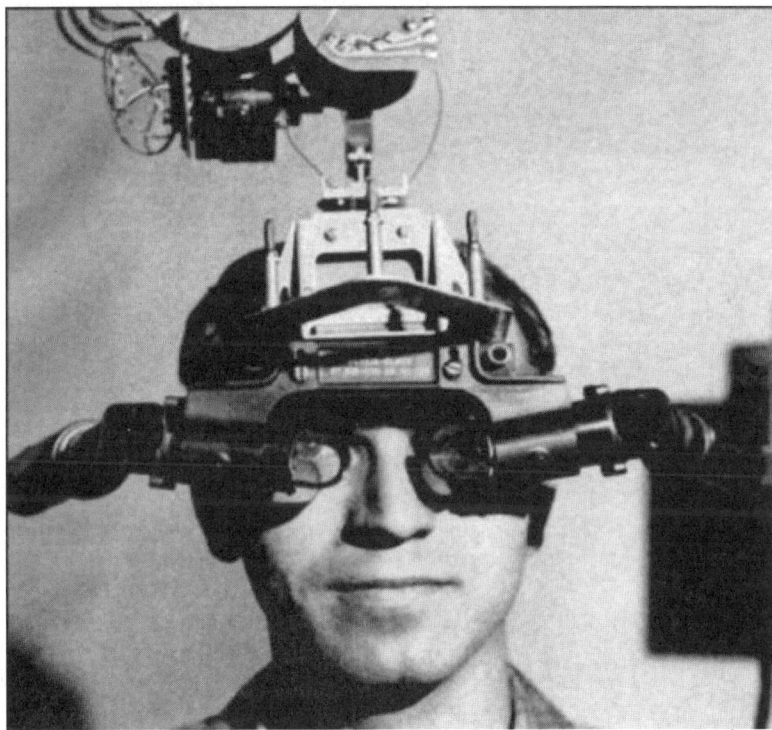

"达摩克利斯之剑" 实物图

　　此后，苏泽兰继续对该设备进行改良，他利用小型计算机创建了一个虚拟的房间，并且设计出了一个手枪形状的控制棒。体验者可以利用这个控制棒控制虚拟房间中物体的显现，甚至可以将其打碎和拼接起来。至此，"达摩克利斯之剑" 彻底完成。从头盔到控制棒，苏泽兰的 "达摩克利斯之剑" 为体验者构造了虚拟世界。由于设计非常复杂，导致构成该设备的组件相当沉重，因此要一个机械臂吊住头盔，并且需要和天花板相连来减轻重量，以确保其能够正常使用，由此获名"达摩克利斯之剑"。

5. 走进人们生活的虚拟现实

随后的 20 多年时间里，众多科学家和相关企业开始陆续投入对 VR 技术的研究和探索，VR 技术开始慢慢渗透到人们的生活中来。

20 世纪 70 年代，NASA（美国航空航天局）也开始了在 VR 领域的研究和尝试。经过一段时间的钻研，由 NASA 自行研发的虚拟现实设备 VIVED VR 正式投入到了航天领域中。值得一提的是，VIVED VR 从设计到体验方式都和今天市场上主流的 VR 设备非常相似。该设备主要由一块 2.7 英寸液晶显示屏配合头盔使用，可以实时对头部运动进行追踪，主要通过虚拟环境来训练宇航员的临场感，使得宇航员能更好地适应太空作业。

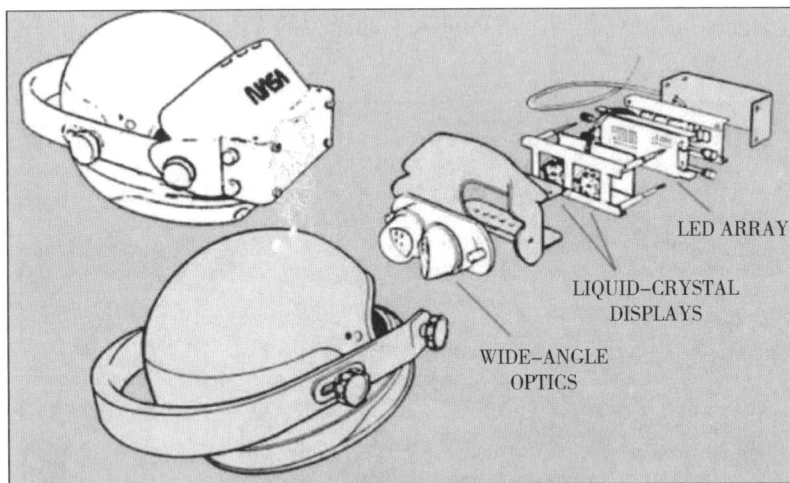

VIVED VR 设计图

到了 20 世纪 80 年代，杰伦·拉尼尔创办 VPL Research，并且很快推出了世界上第一台面向市场的 VR 头显——EyePhone。

VR 的神奇力量吸引着一批又一批人，他们在追寻 VR 的道路上越走越远。进入 20 世纪 90 年代后，VR 取得了进一步的发展。雅达利、索尼等众多公司都拥有了自己的头戴 VR 设备。虽然此时的产品大多还都局限于技术研究层面，未能真正普及，但是它们的出现成功地为 VR 走向大众打开了一扇门。其中，最具代表性的还要数 1994 年日本游戏公司世嘉的 Sega VR-1 和任天堂的 Virtual Boy。

对于 VR 的未来，并没有人能够做出准确的判断，但可以肯定的是，所有技术生存和发展都是基于用户需求。因此，越来越多的人开始进入对 VR 的探索之途，原本只能存在于小说和电影中的设想开始陆续成为实物，VR 正在逐步走进人们的生活。

Sega VR - 1 效果图

Virtual Boy 实物图

知识点2：虚拟现实第二阶段：技术，让虚拟成为现实

20世纪80~90年代，计算机技术的发展使得VR领域的体验得以大幅度提升，VR开始走进人们的生活。

1. 雅达利：从游戏里创建一个新世界

20世纪80年代，计算机技术取得了飞速的发展，个人计算机开始进入人们的生活中，这就给VR技术的发展提供了有力的保障。

1982年，一家著名的游戏公司率先发现商机，成立了VR技术研发小组用以开发相关硬件抢占VR游戏市场，这家公司就是雅达利（Atari）。

1972年，雅达利创立不久就成功推出了一款名为"PONG"的街机，其主要采用简单点线接口的方式来仿真打乒乓球。虽然该款设备仅仅生产了12部，却已经足以奠定雅达利街机始祖的地位。1973年，当时年仅19岁的苹果公司创始人史蒂夫·乔布斯也加入了雅达利，主要负责电子游戏的开发工作。

雅达利关于VR技术在游戏上的尝试无疑给人们打开了一个很好的想象空间。即使是现在，游戏行业也一直被认为是 VR 技术的主要突破口，很多业内人士表示，这将是 VR 未来最有潜力的一个发展方向。

2. VR 从科学走进商业

随着 20 世纪 80 年代的到来，科技水平有了显著的发展和提高，VR 理论也随之初具模型，特别是计算机和图形处理技术的逐步成熟直接为虚拟现实的商业化奠定了基础。80 年代末至 90 年代是虚拟现实技术全面发展的阶段，在这个阶段虚拟现实技术开始正式走向市场，而 VR 游戏机的出现更是掀起了 VR 商业化的热潮。对于虚拟现实的研究正在从最基本的科学性研究，转向对 VR 实际应用过程中所遇到的阻碍的具体探讨。

进入 20 世纪 80 年代以后，个人电脑的出现再度引发了人们对于小巧轻便的小型虚拟现实头盔的幻想，众多关于虚拟现实设备的小说和科幻电影更是将人们对于 VR 的好奇和期待推向顶峰。其中便包括 1995 年推出的取得可喜票房成绩的电影《捍卫机密》和《末世纪暴潮》。

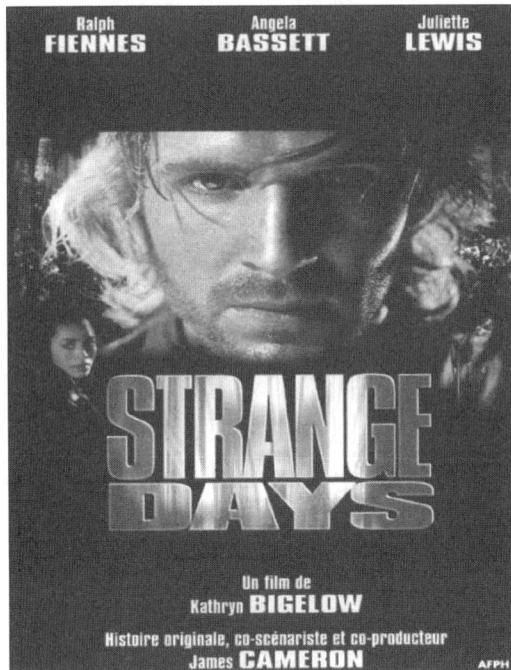

电影《末世纪暴潮》海报

到 20 世纪 80 年代后期，虚拟现实技术的理论和硬件已经相当成熟，从虚拟画面生成来讲，这个时候的显卡已经完全可以展示足够复杂的图像。而从头部位置跟踪上来说，自由度头部位置跟踪设备的成功开发，大幅提升了虚拟画面的精准程度，为体验者实现沉浸性提供保证。同时带有关节动作传感器的手套也有效保障了人们和虚拟环境的互动。此时的 VR 技术已经初步具有进攻商业领域的条件。

在这样的情况下，越来越多的商人们开始进军 VR 这个尚未被开发的市场。全球首款投放商业市场的 VR 头盔——Eyephone 就是在这个时期横空出世的。而在此之后，人们更是加紧了对虚拟现实的商业化道路探索，20 世纪 90 年代，人们迎来了新一轮的虚拟现实技术浪潮。

资料显示，1990 年，一款名为 W Industries 的虚拟现实设备走进大众视线。而 1993 年，Liquid Image 公司更是公开销售了其一款虚拟现实设备，据了解，这款具有 5.7 英寸、240×240 像素显示屏、重达 3 千克、价值 6800 美元的产品在上市 15 个月内便创下了 110 万美元的销量。同年，再次涉足 VR 领域的雅达利公司和娱乐 VR 系统制造商 Virtuality 联合打造的虚拟现实头盔 Jaguar VR 问世。

Jaguar VR 产品

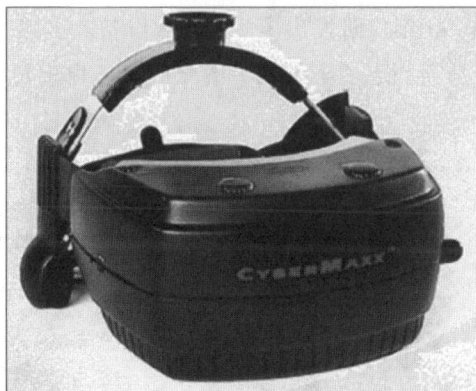

Cybermaxx 产品

1994 年，Victormaxx 公司推出了一个名为 Cybermaxx 的虚拟现实设备，该设备可以通过两个 0.7 英寸的彩色液晶平板显示器为使用者呈现立体 3D 效果。1995 年，在电子娱乐博览会具有更高分辨率的 Cybermaxx2 引起了参观者的注目，据了解，该产品可以同时支持 PC、VCR 和游戏机。

到了 20 世纪 90 年代中期，越来越多的虚拟现实技术产品开始出现在市场上，又一轮虚拟现实商业热潮被引发。相关数据显示，进入 20 世纪 90 年代以后，虚拟现实技术在娱乐、教育、艺术、军事、航空、医学、机器人等方面的应用比例均有了大幅的提高，此外，在可视化计算、制造业等方面也占有较大的比重。而咨询顾问公司 Ovum 指出，进入 20 世纪 90 年代以后，虚拟现实在一些领域上的应用已经逐步走向成熟，越来越多的商人开始注意到虚拟现实市场背后巨大的商业价值。

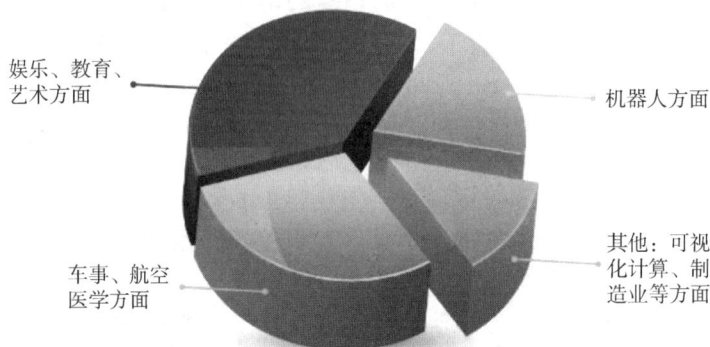

20 世纪 90 年代虚拟现实在应用领域的分布

知识点 3：虚拟现实第三阶段："魔镜"引爆市场

20 世纪 90 年代中期，任天堂研发了一款具有虚拟现实概念的游戏机。从此，游戏界的大咖开始不断深耕 VR 领域，虚拟现实也逐渐从一个只有科学界才有资格讨论的话题被塑造成了游戏发烧友茶余饭后的谈资。

1. 虚拟现实引爆世界

任天堂公司在 20 世纪 90 年代研发出了一款 VR 设备。虽然 Virtual Boy 的出现并没有真正打开市场的大门，但是它却成了不可缺少的敲门砖。也正是因为这款设备的出现，让世界都看到了 VR。

任天堂游戏机

受技术的硬条件影响，VR 虽然在 20 世纪 90 年代就已经有了打开市场的尝试，但现实总归是残酷的，尽管出现了很多尝试品，真正能够击中用户兴奋点的产品却始终没有出现。而对于已经经过两个发展阶段的 VR 来说，这样的境地明显是尴尬的、无语的。不过，也正因如此，VR 才能像一块璞玉一般在长时间的孕育后爆发出惊人的能量，从而在第三个发展阶段中突破技术"瓶颈"，最终成为市场的新宠儿。

在经过近 15 年的潜心发展后，VR 才有了新的动作。如果以 1995 年为起点，画出一个时间轴，那么就能发现自任天堂的 Virtual Boy 出现之后，几乎各家公司在 VR 领域都没有什么作为，直到 2012 年谷歌眼镜以及 Oculus 的出现才又让人们的目光重新聚焦到 VR 上。那么，这么多年里 VR 究竟怎么了？为什么它像突然消失了一样？

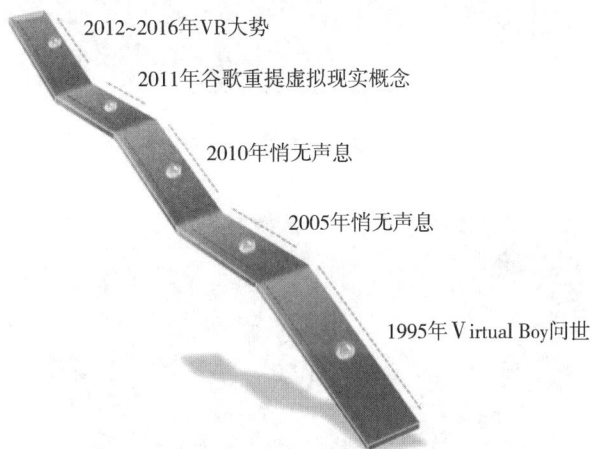

1995～2016 年 VR 领域的重大事件

其实在这段时间里，VR 并没有完全销声匿迹。例如，1998 年，索尼就研发出了一款设备，它可以通过个人液晶显示器以及立体声耳机来为用户提供周边环境的图像。虽然这款设备并不能被称为真正意义上的 VR 产品，但它却应用了 VR 设备的技术概念。不过由于当时的技术成本问题，这款应用 VR 概念却没有实质 VR 体验的设备，最终因为市场空间过小而从一款商业产品转变成了科学产物。

技术上的障碍让众多高科技公司停止了对 VR 产品的探索。直到 2006 年，东芝才率先打破了这种僵局。东芝公司设计研发的某款 VR 设备可以为佩戴者提供 120 度垂直和 160 度水平视角。对游戏玩家来说，沉浸式体验在东芝的这款 VR 设备上体现得淋漓尽致。但是由于当时计算机技术原因，要想使用户进入沉浸式体验中，就必须放弃一些细节和重量上的考虑，于是这款设备的重量就被固定在 6 磅（约为 2750 克）。也就是说，用户要想体验 VR 技术，就必须顶上差不多跟西瓜一样重的头盔。这样一来，这款产品被市场接受的可能性也就变得极低。因为笨重，东芝的 VR 设备最终被砍掉。

随后的时间里，一些 VR 概念产品陆续被研制出来，但由于市场规模小、成本高、虚拟体验度不强等原因，这些产品终究没有经受住市场的考验，纷纷搁浅。直到 2012 年登陆 Kickstarter 的 Oculus Rift 出现，VR 设备才再一次点燃了市场。

2006 年东芝生产的虚拟现实设备

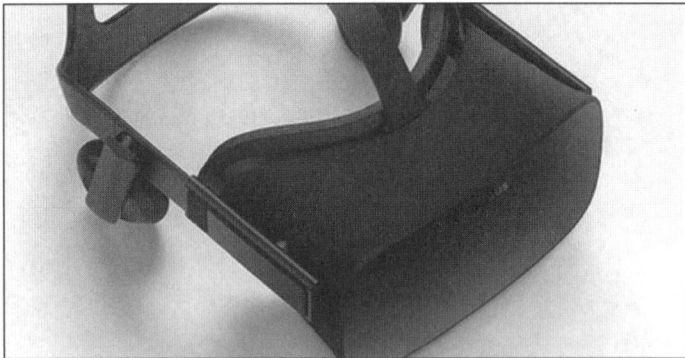

Oculus Rift 原型机

总的来说，1995 年任天堂研发的 Virtual Boy 推广失败后，VR 设备并没有就此沉沦，反而是在各家公司不断攻克技术难题的过程中，产生了一个又一个含金量更高的 VR 设备。也正是因为这些尝试，VR 技术才能厚积薄发，在硬件条件允许时爆发出惊人的能量。从这个角度来看，不管是任天堂还是东芝，它们所做的是在市场中发现一个又一个的缺点，然后优化、改革，最终才能让用户为之着迷、无法自拔。虽然这个过程经历了近 15 年的时间，但是相比汽车、航天等科学技术的演化过程，这种科学精神、工匠精神延续是快速而迅猛的。当然，从长远的角度看，这也是虚拟现实必须经历的一段漫长又短暂的旅途。

2. Oculus Rift

经历了漫长的发展之后，虚拟现实被迫向硬件技术低下了头，巨大的设备体积以及非真实的沉浸感使 VR 看起来更像是一个多余的发明。虽然事实如此，但是 VR 技术并没有在奇葩的道路上越走越远，反而是在不断完善，这种完善终于在 2012 年得到了大众的认可。

苹果、惠普、谷歌……如果我们探索这些大型科技公司的成功发展史，就能发现它们都有一个共同的特点——起始于车库，Oculus 也是如此。同样是辍学创业者的一员，同样是在车库研究，Oculus 的创始人帕尔默·勒基也同样获得了巨大的成功。

年少时的勒基就对 VR 技术有非同一般的热情，但是由于当时的 VR 设备还不属于普通消费品，因此勒基为了攒钱开始修手机、做小贩。直到有一天，他意识到所做的事情已经过时了，便决定自己去创作。自此之后，只有十几岁的勒基便决定自己制造一款头戴显示器。

虽然在当时 VR 设备研发还是一个非常冷门的技术，而且勒基还只是一名在校大学生，但是凭借多年的收藏——56 款绝版头戴显示器，勒基还是凭借异于常人的执着以及超强的想象力成功制作出了 Rift 产品的设计概念图。

不管是硬件技术还是软件技术，由于虚拟现实在当时属于比较冷门的技术，并且大多数相关产品并没有批量生产，所以对于勒基这样毫无经验的新手来说，制造 VR 设备的困难无疑是巨大的。好在后来有了布兰登·伊莱布（现任 Oculus 软件总工程师）和麦克·安东尼（现任 Oculus 公司 CEO）的加入，虚拟现实领域终于出现了一个身背划时代作品的草根英雄，这个作品就是 Oculus Rift。

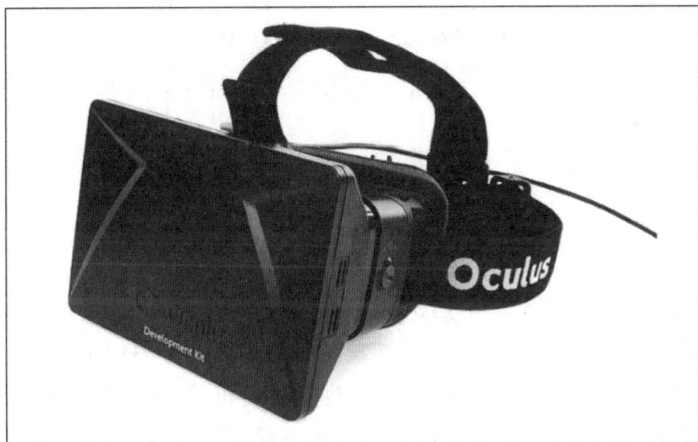

初代 Oculus Rift 头戴显示设备

Oculus Rift 最早是一款针对子游戏而设计的头戴式显示器，它具有两个目镜。这两个目镜的分辨率可以达到 640×800，也就是我们常说的标清模式。虽然单独来看，目镜的分辨率并不是非常高，但如果在双眼视觉达到二合一的情况下，Oculus Rift 的分辨率就能达到 1280×800，即所谓的高清模式。

通过高清的画质以及陀螺仪的视角控制，用户在使用 Oculus Rift 时的沉浸感十分强烈，这也是 Oculus Rift 具有划时代意义的原因之一。在 Oculus Rift 出现之前，VR 设备不但造价昂贵，而且由于技术缺陷造成的高延迟所带来的沉浸感也不是非常强烈。

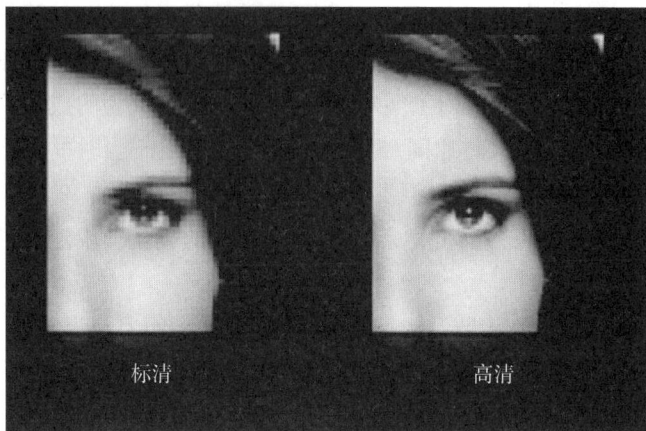

标清与高清对比

为了能够更加完善 Oculus Rift 的体验感，2012 年 8 月，勒基在众筹网站上发起了对这款设备的众筹项目。该项目发布没多久，就获得了 250 万美元的众筹资金。对于勒基等来说，这无疑是天降甘霖。与此同时，大量的资金来袭也说明虚拟现实已经不再是一个冷门领域。除了众筹资金的支持，由于在研发 Oculus Rift 时，人员比较紧缺，因此勒基组建的这个小团队形成了一种"连 CEO 都会编程"的独特风格。也正是由于这种风格在创业初期已经确立，所以在后来的发展过程中，勒基带领的团队更注重对核心技术的研发，而不是夸张的营销与包装。

2013 年 6 月，经纬创投领投 Oculus，投资金额高达 1600 万美元。随后 Oculus Rift 便推出了开发者版本，这种在"历史"上笨重、巨大的设备在缩小成一个眼镜盒大小的体积后，体验感翻了数倍，而且，最吸引人的莫过于它的价格——300 美元。以当时的汇率计算，这款高科技设备只要 1895 元人民币。对于游戏玩家来说，这样的亲民价还没有一块高端显卡的价格高。因此，在开发者版本发行后的短短 4 个月时间里，包括当时红遍大江南北的"半条命""军团要塞"等数十款游戏先后宣布已经能够支持在 Oculus Rift 上运行，并且可用的资料片多达数百种（每一款游戏有可能出现资料片作为游戏剧情的补充或者拓展）。

2013 年 8 月，具有"FPS（第一人称射击）游戏之父"之称的约翰·卡马克也加入了勒基的团队，并担任 Oculus VR 公司的首席技术官（CTO）。虽然这位名副其实的技术派的到来，巩固的是 VR 技术的核心，但是其更多影响针对的是整个 VR 市场。人们在对 Oculus VR 公司赋予期望的同时，也对 VR 技术产生了浓厚的兴趣。值得一提的是，由于有着亲民的价格，VR 技术此时已经不是只有资本大亨和科学家才能为之动情的产品。勒基的出现也在告诉全世界，VR 技术已经具备了爆发潜能，不管是从硬件技术上看，还是从软件技术上看，VR 已经在独立游戏这个领域做好了准备。

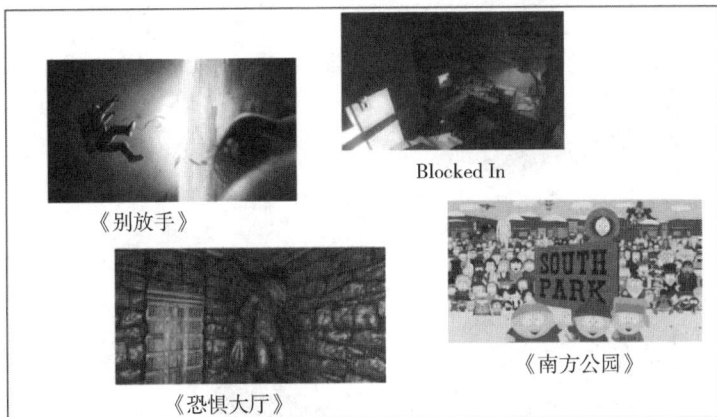

Blocked In

《别放手》

《恐惧大厅》

《南方公园》

Oculus Rift 支持的游戏

或许勒基的 VR 设备只是市场的一个导火索，即便勒基没有出现，也会有另外一个"狂人"出现对世界喊出 VR 技术的价值；又或许在技术条件更加完备的情况下，VR 设备会以更新的姿态出现。但是不管从哪一个角度来看，发展到第三阶段的 VR 已经具备了打开市场大门的能力。

3. 英雄辈出的年代

可能 Oculus Rift 未必是虚拟现实最好的设备，但是没有人可以否认 Oculus Rift 先行者的地位。正是因为有了这款设备的出现，虚拟现实这块还未经人啃食的"大蛋糕"才会散发出诱人的香味。

Oculus Rift 的出现给市场和开发者提供了一个方向，让众多早已对虚拟现实抱有想象的人有了可以参考的目标。也正是因为它的出现，才让虚拟现实发展的第三阶段成了一个"英雄辈出"的年代。

Oculus Rift 最早的设计初衷就是建立在游戏上，头戴式设备让虚拟现实融入到了游戏世界里，也将真实的玩家带进了一个虚幻的世界。但是，对于一个游戏发烧友来说，即便感受到了 Oculus Rift 的伟大之处，可能心里还是有那么一份落寞。

（1）索尼 Project Morpheus。自 21 世纪初期开始，所有铁杆游戏发烧友的家里都少不了一台索尼游戏机，从 PS1 到 PS4。索尼的游戏设备在陪伴他们度过岁月的同时，也在不断刷新他们对游戏的价值观——从一个娱乐设备到一种回忆。如果在虚拟现实大行其道的时候，没有索尼的陪伴，即便有足够多的设备可以替代，也难免会有那么一丝失望。

当然，作为玩家，我们期待索尼在 VR 领域有所举动，而作为几乎已经成为游戏代名词的索尼，定是不会放弃进驻 VR 的机会。2014 年 3 月中旬的 GDC 开发者大会上，索尼正式宣布推出首款虚拟现实眼镜 Project Morpheus。90°视野、高清分辨率、环绕立体声、通过连接线与 PS4 进行链接……索尼的这款 VR 佩戴设备给了索尼游戏设备的忠实用户一个交代。

索尼 PS 系列游戏机

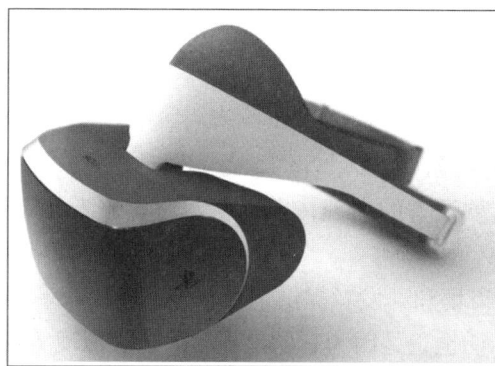

Project Morpheus 原型机

除此之外，与 Oculus Rift 有所不同的是，索尼将虚拟现实设备推向市场后，第一件事并不是直接研发相应的游戏软件，而是与 NASA（联合国美国宇航局）合作推出了一款名为《火星漫游》的应用。从这点上不难看出，索尼对 VR 的野心远远不只是局限于游戏那么简单。

（2）蚁视科技：AntVR KIT。Oculus Rift 引爆了"魔镜市场"，不管是"小作坊"还是"生产线"都在研发自己的 VR 设备，中国自然也不会落后。一个来自中国的开发团队研发出的 VR 设备 AntVR KIT，几乎可以用"一夜爆红"来形容，CCTV 连续报道了三次。

AntVR KIT 是北京蚁视科技有限公司研发的一款 VR 佩戴设备，它不但能够支持游戏，也能支持 3D 电影，同时兼顾了游戏和电影两项娱乐，实现全范围情景覆盖的理念。

美国有 Oculus，日本有 Project Morpheus，中国的 AntVR KIT 虽然是后起之秀，但它的出现对于整个世界的 VR 领域来说，却是一个里程碑式的事件。当然，这样的荣誉不是因为 AntVR KIT 具有"中国制造"的头衔，而是因为其最核心的光学部分是蚁视科技自己的专利技术——100°视角。利用两组非球面镜片设计来有效地控制校正过程中的畸变。让内视画面成为100°视角，为用户提供全视野感受，这不仅是 AntVR KIT 的亮点部分，也是突破全球技术局限的部分。

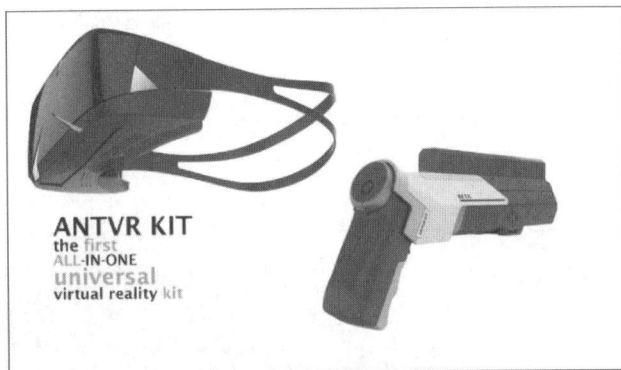

AntVR KIT

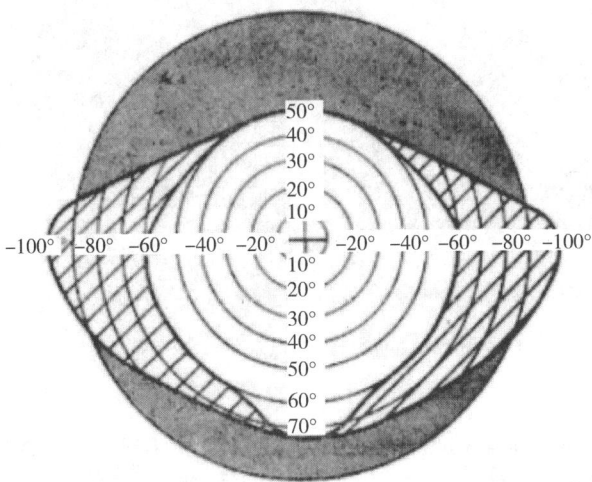

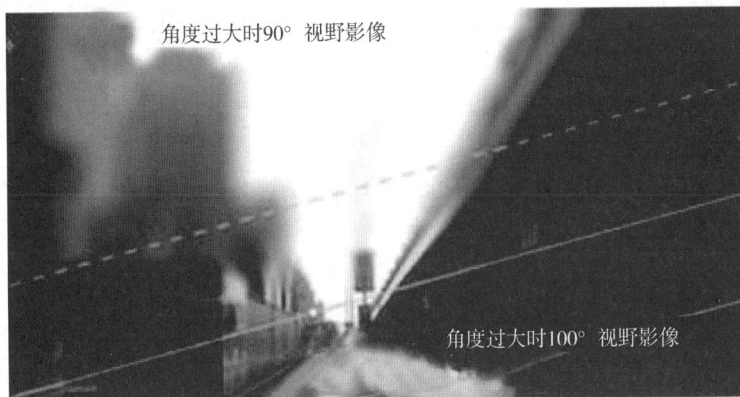

角度过大时90°视野影像

角度过大时100°视野影像

90°视野与100°视野对比

除此之外，AntVR KIT 还配备了无线接口，摆脱了传统 VR 设备必须要靠线接才能进行链接的痼疾。"如果你在寻找无线虚拟视觉装备，那么 AntVR KIT 必然是个非常好的选择。"这是 VR 技术公司 Virtuix 首席执行官扬·戈特卢克对 AntVR KIT 的评价。

（3）谷歌：硬纸板也可以做一个 VR 眼镜。不管是人工智能还是增强现实，一旦提起"高大上"的前沿科技产品，自然少不了谷歌的身影，即便是在 VR 领域也是如此。但相比其他 VR 设备，谷歌为市场带来相关产品不是科技含量最高的，也不是具有独特专利的，如果一定要冠以一个形容词，那么也许"最接地气"是最适合这款名为 Cardboard 的 VR 设备。

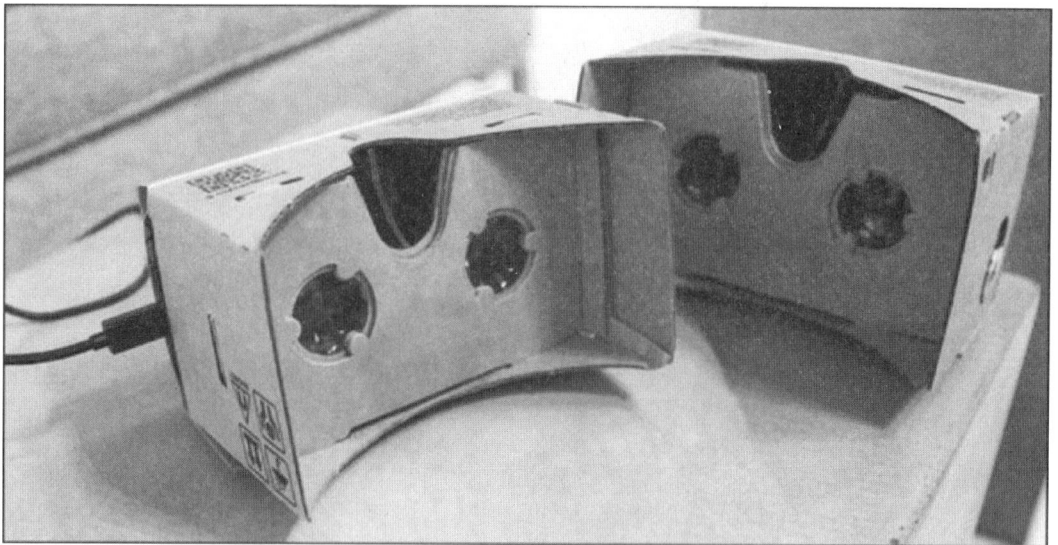

Cardboard

也许有人在看到 Cardboard 时会不禁在脑海中形成一个疑问："这不就是一个纸壳箱吗？"从特定的角度来说，谷歌这款 VR 设备的外壳材料就是纸壳。一个"高大上"的核心，加上一个"接地气"的外壳，组成了 Cardboard 的全部内容。在 2014 年 6 月 10 日大会上，谷歌推出了这款独具特色的头戴式设备。

从技术上看，谷歌没有索尼一样的游戏技术基础，也没有配备 100 度的视角专利。可以说在 VR 领域，这款设备毫无技术亮点。那么，凭什么 Cardboard 推出后依旧能够引燃市场激情呢？我们姑且将目光从技术角度上移开，从另外一个方面看看谷歌的 Cardboard 究竟"亮"在什么地方。

也许对 VR 设备比较感兴趣的发烧友能够一眼就看到这款设备的竞争优势，即价格与创意。在 VR 市场中，一款佩戴式设备的价格通常在 600～1000 美元，外部框架的成本约占 10%，也就是 60～100 美元。谷歌 Cardboard 的发售价格仅为 15～20 美元。虽然在技术上差了一大截，但是从节约成本的角度来考虑，Cardboard 无疑是开山之作。这种简单、便宜甚至可以模仿的创新手段，或许也在给予 VR 设备另外一条生存之道，并且也在促进

VR 设备向更加亲民的方向发展。

4. 运动中的 VR

3D 电影、初级 VR 游戏、情景模拟、火星计划……VR 能够渗透到各个领域。但是,不管是对于游戏玩家还是对于科技研发者来说,如果 VR 设备仅能够让我们坐在沙发上扭动头部来让镜头随着视线发生改变,那么这样一款设备似乎还不至于达到如今的火爆程度。至少对于游戏玩家来说,为了能够用头戴式设备来代替鼠标进行视角移动而花费数千乃至上万元人民币,好像不是一件划算的事情。那么,VR 究竟用了什么样的办法使这些发烧友能够心甘情愿地掏自己的腰包呢?

VR 之所以能够在短时间吸引住人们的眼球,不光是因为它打破了传统的情景体验模式,更因为其发展、更新的频率以及融合性。自 Oculus Rift 问世以来,在短短两三年的时间里,VR 设备早已从一款以视觉和听觉为主的沉浸设备,升级成为了一款能够让用户全方位沉浸到情景中的装置。

从听、看到一个可以通过移动来探索的新世界,VR 技术在沉浸感上能够做到质的飞跃,得益于另一个科技的产物——动作捕捉技术。

2012 年,Oculus Rift 在 VR 领域大火的同时,《阿凡达》也在电影领域创造着另外一个神话。从技术兼容性的角度来说,虽然《阿凡达》的作者詹姆斯·卡梅伦不是第一个运用动作捕捉技术的导演,但他却在若有似无中将 VR 与动作捕捉技术融合到了一起。在本书的开篇,我们就介绍了《阿凡达》中关于虚拟现实的设想。而在拍摄的过程中,这种超现代的虚拟现实的拍摄,运用的就是动作捕捉技术。

电影《阿凡达》利用动作捕捉技术拍摄

我们先从技术角度来看看动作捕捉技术究竟是什么。动作捕捉，实际上就是要测量、跟踪并记录某一个物体在三维空间中的运动轨迹。一般的动作捕捉系统需要依靠三个设备来支持。

（1）传感器。传感器是动作捕捉技术的基础设备，在某一个物体上的特定部位安装固定的传感跟踪装置，当物体运动时就能将数据传送到计算机上。这与我们通常所说的GPS 有异曲同工之处，可以想象运动捕捉技术中的传感器就是在我们身上安装大量的 GPS。

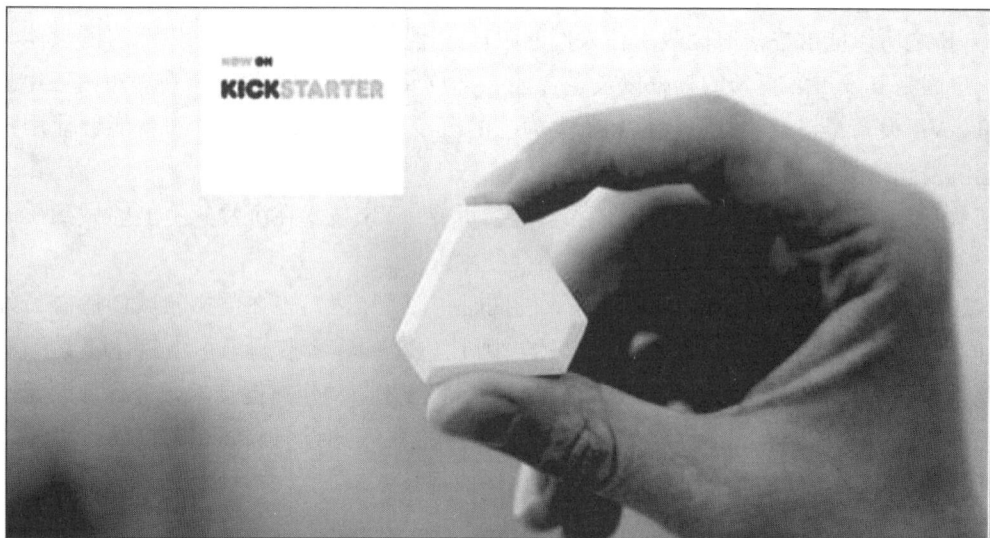

运动捕捉传感器

（2）信号捕捉设备。当物体绑定捕捉运动的传感器后，就需要一些设备来捕捉传感器输出的信号。有时这种捕捉设备可能会是一台摄像机，也可能是某一种光学线路板。

运动信号捕捉设备（摄像机）

（3）数据传输和处理设备。通常，数据传输和处理设备是一台计算机，经过特定系统或者软件的转换后，运动信号就能转换成一种自然语言表达出来。经过计算机的高速运算后，这种自然语言就能转换成三维模型，并真正、自然地运动起来。

运动捕捉系统最常用于游戏制作的过程中，尤其如今以 3D 为主导的游戏世界，几乎所有游戏都或多或少地运用到了运动捕捉技术。

运用运动捕捉技术制作出的游戏人物动作

制作一款游戏或者电影，运动捕捉技术也许只需要捕捉几个关键点的运动情况就能模拟出运动轨迹。但如果想将这项技术运用到 VR 领域。就必须勾画出更加复杂的运动轨迹。在一款战争游戏中，我们可能会下蹲躲避敌人的子弹，也可以在疾跑后突然卧倒以躲避手雷爆炸时的威胁。这一切并没有导演在一旁设定规范的动作或者特定的剧情，我们可能会躲到一棵树上狙击别人，也可能在一条河中潜伏并将敌人拉到水里……种种可能性都在考验 VR 设备的适应性。因此，在运动捕捉技术上所需要捕捉的信息量更大。简单地说，我们需要大量的传感器以及极其高速的处理设备，才能完成真正可以在运动过程中不失真的 VR 设备。

当然，人体的关节有200多个，要想捕捉每一个关节的运动轨迹，达到精细化数据传输，也许并不现实。但是在虚拟现实世界中，沉浸感的营造并不需要我们对所有的动作都做到精细化处理。例如，VR 设备 Virtualizer 虽然没有过于繁杂的动作捕捉系统，但依旧能够让用户体验到比较完整的沉浸感。

Virtualizer 装置的底板上有六个细孔，这些细孔可以追踪玩家的脚步移动轨迹。而且，在玩家身上还有一些传感环。通过脚步运动轨迹和这些传感环以及一个测量身高变化的装置，计算机就能推断出玩家是在疾跑还是在跳跃或下蹲。

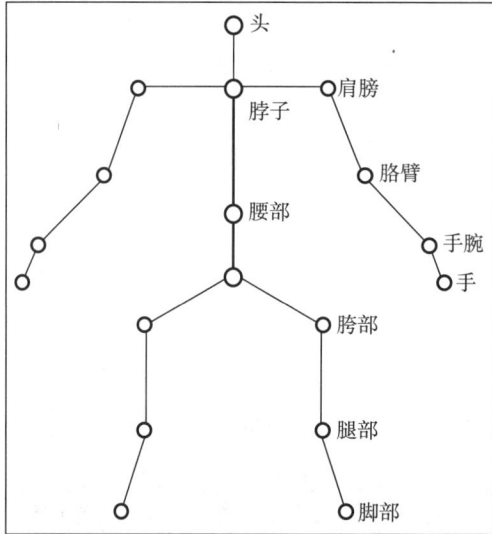

虚拟现实中需要捕捉运动轨迹的部位

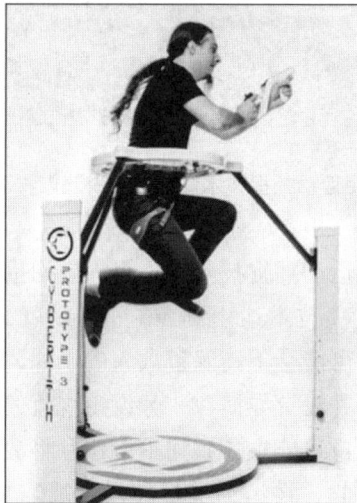

Virtualizer

与 VR 技术第二阶段的沉浸感相比，通过与运动捕捉技术相融合，VR 设备已经具有能够创建一个新世界的功能。不管我们在这个世界中扮演什么角色，现实生活中的一举一动都将及时反映到虚拟世界中。也许在实际运作的过程中，我们不禁会问自己，到底哪一个才是真实的世界？

知识点 4：虚拟现实第四阶段：破茧成蝶

在 2016 年十大科技趋势调查中，虚拟现实位居榜首，2016 年被业界普遍认为是"虚拟现实元年"。有专家表示，虚拟现实设备将成为继可穿戴设备（谷歌眼镜和苹果 Watch）

后又一个新的市场引爆点。据预测，虚拟现实设备在未来五年将迎来持续高速增长时期，到 2020 年时市场规模有望突破千亿元。从 20 世纪 60 年代起步至今，经过半个多世纪的沉浮，虚拟现实终于破茧成蝶，成为了时代的"风口"。

1. 下一个风口

VR 并不是一个全新的概念，其自诞生至今已有近 60 年的历史，但是由于技术等各个方面的限制，VR 的成长步伐相对缓慢。近年来，随着其他相关技术的迅猛发展，VR 取得了突飞猛进的进步。2014 年，Facebook 以 20 亿美元收购了虚拟现实公司 Oculus，在业界掀起了一场 VR 热潮。有业内人士表示，伴随着面向消费市场的 VR 设备的批量上市，2016 年即将迎来 VR 的全面爆发。

Facebook 收购 Oculus

目前，市场上的许多 VR 设备已经能够提供良好的沉浸式体验，并且已经被广泛地应用到了各个行业之中。在 VR 应用最成熟的领域——游戏业中，VR 发挥出了无穷的魅力，身临其境的代入感使玩家们享受到了前所未有的刺激；VR 电影则给观众们提供了一种完全沉浸式的观影体验；医疗方面，实习医生们通过模拟手术现场得到实操训练，同时 VR 技术还常常用于一些心理疾病的治疗。

另外，房地产公司等也常常通过 VR 模拟出真实的场景，以此来更好地为客户进行推荐。总之，目前 VR 的应用范围已经非常广泛，一个围绕 VR 的巨大产业链正在形成。很多业内人士指出，VR 将来极有可能改变多个行业的游戏规则，成为继智能手机后的下一个"风口"。

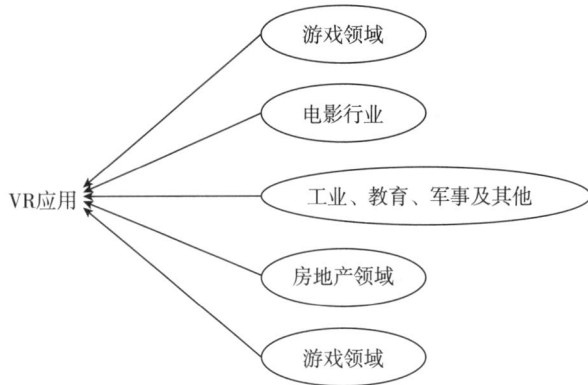

VR 应用产业链示意图

自 2008 年国际金融危机爆发以来，全球经济一直处于不温不火的状态，缺乏足够的力量来推动经济的复苏和发展。种种迹象表明，VR 很有可能引发全球经济新一轮的快速增长。

尽管近年来 VR 技术取得了突飞猛进的进步，但要想进入主流市场还需要解决很多问题。

知名市场研究分析师皮尔斯·哈丁·罗斯就曾表示，虽然 VR 拥有巨大商业潜力，但是在 VR 正式走向市场的过程中，还面临很多挑战。尽管目前众多投资者都对该领域持看好和支持的态度，但是短时间内对 VR 的发展我们还是应该本着务实的态度。

不可否认的是，无论是国内还是国外，VR 的应用都处于起步阶段，距离市场爆发还有众多不可忽视的障碍。在产业链还并未发展成熟的条件下，要实现 VR 的普及还需要解决重重困难。

（1）硬件的推广普及。VR 对硬件有着较为严格的要求，因为这将直接影响到用户的体验。但是，目前市场上能够支持 VR 并且实现良好用户体验的硬件设备数量有限，且价格比较昂贵。早期的 VR 设备常常会引发体验者出现眩晕，这是由显示延迟造成的。相关调查显示，截至 2016 年初，全球集成了能够支持 VR 显示芯片的计算机仅有 1300 万台。

（2）应用内容的制作。VR 内容还很匮乏，要想实现 VR 的普及，内容制作同样关键。目前，VR 内容制作仍然处于探索阶段，相关应用在游戏和电影两个方面比较多。要想实现 VR 的真正爆发，"杀手级"的 VR 应用是非常重要的，这也正是 VR 内容生产商们所要解决的问题。

（3）大众的认知。VR 的普及还面临着一个致命的问题，那就是人们对其所带来的影响始终抱有怀疑的态度。随着 VR 技术的全面发展，更加真实的虚拟世界开始出现在人们面前，很多人对此表示担心，会不会有人因为过度沉溺于虚拟世界之中而逃避现实呢？就像电影《黑客帝国》中的情节一样，未来人们都生活在虚拟世界——"矩阵"之中。

电影《黑客帝国》中的虚拟世界

　　不管怎样，虚拟现实如今在以迅雷不及掩耳之势进入人们的生活之中，并且吸引着众多资本的进入。VR 之所以受到市场的青睐，不仅是因为产品上的创新，更是因为其产业链所能创造出来的巨大商机。目前，在游戏、视频等娱乐行业，越来越多的 VR 设备开始在市场上流通，VR 的商业化革命一触即发。"虚拟现实＋"理念正在整个市场中蔓延着。

　　2. 大牌玩家竞相入场

　　虚拟/增强现实公司 Magic Leap 推出的炫酷视频和 10 亿美元的融资消息，更是诱发了诸多企业对虚拟/增强现实技术前所未有的狂热。如今，国内外众多行业巨头竞相进入 VR 市场，纷纷布局。

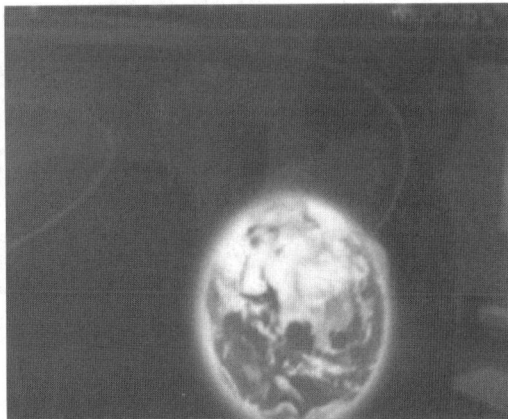

Magic Leap 视频中的情景

2014 年，Facebook 先下手为强，收购了 Oculus。Facebook CEO 马克·扎克伯格表示，VR 极有可能成为继智能手机之后的又一个重要风口。在 Facebook 收购 Oculus 不久，谷歌公司就推出了一款"廉价版 Oculus" VR 设备——纸板眼镜（Google Cardboard）。在 Facebook 和谷歌的牵头下，一场关于 VR 的争夺战即将打响。

2015 年 4 月，VR 公司 Kolor 被 GoPro 收购。随后，三星公司也开始进军 VR 市场，不仅在 Oculus 的帮助下成功研制出了 Gear VR 这一全新的 VR 头盔，还出资对初创公司 FOVE 进行了支持。据了解，FOVE 的主要业务就是眼球跟踪 VR 头盔的研发。2016 年 1 月，索尼在美国拉斯维加斯的国际消费电子产品展上推出了一款人气颇高的 VR 设备——PlayStation VR。

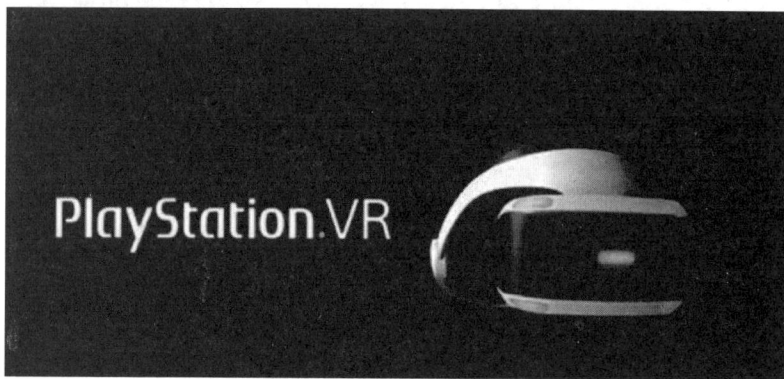

索尼的 PlayStation VR 产品宣传图

除了业界知名企业的纷纷涉足，国外很多非科技企业也纷纷试水 VR 领域。2015 年，美国迪士尼公司正式对外宣布《星球大战：原力觉醒》将提供沉浸式 VR 体验。同年，美国玩具制造商 Mattel 也联合谷歌公司推出了一款整合 VR 技术的 View – Master 产品，以此吸引更多的儿童。2015 年 11 月，《纽约时报》也试水 VR 领域，率先上架了 NYT VR 这一虚拟现实新闻客户端。可口可乐公司也计划将其包装盒改装成 VR 设备。而"努力打造成一家现代且雄心勃勃的汉堡企业"的麦当劳公司也重新设计了一款通过折叠便可变身 VR 眼镜的独特的食品包装盒，还为这款产品专门研发了相应的视频游戏。

在国内，VR 领域同样成为众多企业的"心头肉"，无论是终端、器件还是内容，都已经出现了一些具备较强竞争力的企业。除了暴风、腾讯、小米、阿里巴巴等企业高调进军虚拟现实市场，一些新公司和小公司也纷纷大展身手。这些在巨头夹缝中拼搏生存的小企业期待通过一款创新产品来使自己得到跨越式发展。

2015 年 11 月，广东奥飞动漫文化股份有限公司对从事动作捕捉技术开发与应用的诺亦腾进行了投资，并在同年入股了乐相科技。2016 年 2 月，奥飞又先后投资了 VR 内容开发商 TVR 时光机和全景视觉服务商互动视界。如今，奥飞正在 VR 领域进行全面布局。

奥飞布局 VR 市场示意图

2016 年 3 月，光线传媒总裁王长田在微博中写道："光线传媒在默默无名潜心研究 VR 三年之后，今天光线 VR 生态终于确定了名字，从此光线 VR 平台、VR 拍摄设备、VR 终端、VR 云各自名花有主、名正言顺啦！过段时间正式公布名称、标志和产品！"

除此之外，3Glasses、蚁视、乐相等众多企业也开始在 VR 硬件方面展开研究，一些 VR 内容制作团队也相继诞生，如焰火工坊等。据调查，截至 2016 年 3 月，国内 VR 领域的企业已经超过 200 家，覆盖了产品硬件和内容制作等所有领域。

综观目前国内外市场，众多企业竞相进入这个还未完全成熟的新市场，准备在这个全新的领域大展拳脚。也许在未来，一家非常伟大的 VR 公司就会在它们中间产生。但是，目前这些企业眼前最应该做的就是脚踏实地地把事情做好，以扎实的技术和实力促进 VR 产业的全面发展。

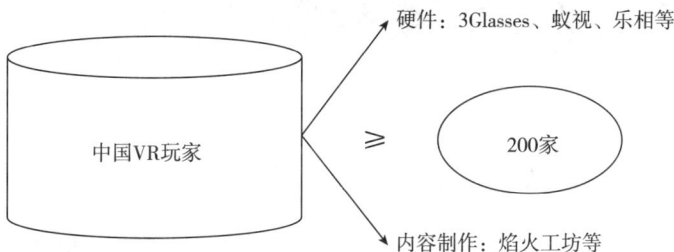

2016 年 3 月国内 VR 企业调查结果

3. BAT 的新战场

虚拟现实产业迎来"风口"，在全球范围内掀起了一股热潮，各路资本争相涌入。国内互联网三大巨头百度、阿里巴巴、腾讯（BAT）自然不甘落后，也相继采取了一系列行动介入 VR 领域，希望分享虚拟现实这块美味的"大蛋糕"。百度从内容方面入手，向虚拟现实领域进军；阿里巴巴投入重金入股虚拟现实公司 MagicLeap；腾讯则推出了移动版本的 VR 设备，并提出了带有传感器交互系统的手机壳方案……一时间，虚拟现实领域硝烟弥漫。

（1）阿里巴巴。国内互联网三巨头中最早在 VR 领域有所行动的要属阿里巴巴了。

2015 年 10 月，阿里巴巴开始关注并投资美国的一家虚拟现实公司——Magic Leap，2016 年 2 月为该公司投入了 7.94 亿美元，而其董事局执行副主席蔡崇信则直接入主 Magic Leap 的董事会。同年 3 月，阿里巴巴正式对外宣布成立 VR 实验室。

Magic Leap 公司 Logo

这个名为 Gnome Magic Lab 的 VR 实验室主要由阿里巴巴内部多个领域的高级技术人员负责，主要致力于 VR 产品的研究和技术探索。阿里巴巴表示，未来公司将同步推动 VR 内容培育和硬件孵化。在内容上，阿里巴巴已经启动 "Buy +" 计划，以寻求通过 VR 给用户创造与众不同的购物体验。同时，阿里巴巴还联合优酷、土豆等平台，以保障高品质 VR 内容的产出。在硬件上，阿里巴巴正在全面搭建 VR 商业生态，协助 VR 设备早日普及。

淘宝网上琳琅满目的 **VR** 设备

阿里集团董事局主席马云表示："我们在经历的这一技术革命，是在释放人的大脑。未来 30 年，整个变革会远远超出大家的想象。"阿里巴巴还声称，目前已经成功地为数百件产品制作了三维影像。相关调查显示，目前阿里巴巴平台所推广的多款 VR 产品已经取得了广泛的关注，销量喜人。截至 2016 年 3 月，暴风魔镜 3 代通过阿里平台已取得超过 300 万元的销售额，灵镜小白 VR 头盔的销量也达到 277 万元。

作为全球最大的电商平台，阿里巴巴对电商市场的影响力是毋庸置疑的。有业内人士预测，未来阿里巴巴极有可能成为全球最大的 VR 设备销售平台。

（2）百度。在阿里巴巴之后，百度也开始进入 VR 市场。2015 年 12 月，百度宣布推出 VR 频道。如果说硬件是 VR 发展的基础，那么内容就是关键。针对目前市场上 VR 内容良莠不齐、稀缺分散等痛点，百度抢先通过 VR 频道将优质的 VR 内容汇聚到一起，成为了国内 VR 内容聚合平台的领军者。

在这个 VR 频道中，百度设置了游戏、视频及资讯三个主要栏目，用户可以在这里找到当前市场上一些非常优质的 VR 内容链接。简单来说，百度就是搭建了一个桥梁，根据用户使用习惯，由浅到深地向用户普及 VR 内容，从而促进用户对 VR 的了解。除此之外，百度还别出心裁地发起了 VR 线下体验活动。

百度视频的 VR 频道

2015 年 12 月 6 日，百度在北京五棵松卓展购物中心成功举办了一场主题名为"虚拟视界，感触无限"的 VR 线下体验活动。在活动现场，百度免费为用户安排了包括 Oculus Rift DK2、9D 360 度全景 VR 在内的多种 VR 设备体验活动，让大众和 VR 零距离接触。现场体验者充分感受到了 VR 的巨大魅力，从而有效推动了 VR 从小众发烧走向大众娱乐的发展脚步。据了解，百度计划未来在全国多个大中型城市举办更多大规模的 VR 线下体验活动。

除了内容聚合，优质 VR 内容的生产也是非常重要的。百度自然也明白这一点，因此除了推出 VR 频道，百度还宣布未来将给 VR 内容创造者提供资金、流量、技术等多方面的支持，大力支持更多优质 VR 内容的生产。从商业策略上来看，百度直击 VR 产业痛点，大力进军 VR 内容的做法是非常明智的。

（3）腾讯。腾讯虽然是三大巨头中最后一个进军 VR 领域的，但它却是三者中最高调的一个。2015 年 12 月 21 日，腾讯正式对外公布了 Tencent VR、VR SDK，高调宣布进入 VR 领域。据了解，腾讯将同时以 PC 主机、移动 VR 及游戏主机三个产品形态全面布局 VR。腾讯表示，公司正在研究一款头戴 VR 设备，其将主要以 HDMI 和 USB 接口和腾讯第一代 miniStation（腾讯发布的跨屏全体验智能游戏机）及 PC 相连，打造娱乐化的家庭游戏机。

同时，腾讯还将推出配有电池的便携式主机以及相应的显示设备，配合特制的体感手柄为用户提供完整的 VR 体验。同时，在技术取得成熟之后，腾讯还将继续打造手机 VR 和一体机，很有可能会推出类似 Gear VR 形态的产品。

腾讯在 VR 的布局过程中非常看重资源支持，其为开发者们提供 QQ、微信、VR Store、游戏等各个方面的支持。腾讯表示未来将向 VR 内容孵化器提供大力支持，同时引入了 3A 大作，以此带动更多开发者的参与。据了解，腾讯还曾和大疆 Studio 合作，以二十四节气为时间线索拍摄了一部 VR 纪录片《航拍中国》。种种迹象表明，腾讯公司对 VR 的发展前景信心满满，已经做好了在 VR 领域大展拳脚的准备。

miniStation 产品实物

2016 年 3 月 3 日，在一场媒体交流会上，腾讯公司 CEO 马化腾公开表示其对 VR 的看好，并表示腾讯具有发展 VR 的充足信心和实力。马化腾表示，作为 VR 技术的服务提供商和聚合者，腾讯拥有最广泛的 VR 应用场景。他希望未来公司能够站在用户的角度与厂商进行充分的合作。

三大巨头的入局使 VR 这块蛋糕被分成了三份：一份以投资入手，打造 VR 硬件的商业生态；一份以 VR 内容为主，大力促进 VR 的发展；还有一份开发者和硬件两手抓，全面布局 VR 市场。

在 VR 的探索之路上，三大巨头谁更胜一筹暂时还无法下定论，但是三大巨头的入局表明 VR 产业链正在浮出水面。未来几年，这三家企业将会在 VR 领域如何大显身手还是非常令人期待的。

4. 苹果 VS. 谷歌

美国《大西洋月刊》曾发表文章称，谷歌曾经希望通过一个神秘的手机项目来为与微软的对抗增添筹码，但是苹果 iPhone 的横空出世却给了其当头一棒，从此谷歌又多了一个新的挑战对手。多年来，消费者亲眼目睹了苹果和谷歌两家科技公司之间经久不息的移动平台之战，二者在相互斗争中不断成长着。

事实上，苹果和谷歌并不是从一开始就如此剑拔弩张，两家公司还曾多次携手击退敌手。谷歌推出的谷歌搜索引擎、谷歌地图等多款应用在苹果对抗微软的过程中起到了巨大的作用。两家公司矛盾的彻底爆发是在苹果拒绝谷歌语音应用（Google Voice）进入 iTunes 应用商店之后，双方因此相互指责，甚至招致美国联邦通讯委员会介入调查。

事情最终以谷歌时任 CEO 埃里克·施密特退出苹果董事会告终，但是两家公司由此正式拉开了"战争"的序幕。随着二者在新领域的不断拓展，苹果和谷歌已经相继在多个领域展开了激烈的竞争。近年来，苹果和谷歌的竞争也逐步扩展到了 VR 领域。

苹果和谷歌的战争

近年来，苹果有一个非常明显的举动：频频收购 VR 创业公司。自 2013 年收购了为微软开发第一代 Xbox Kinect 体感控制器的 Metaio 后，苹果似乎一发不可收拾，先后又收购了 Flyby Media、Faceshift、Emotient 等众多 VR 公司。同时，美国知名 VR 专家道格·鲍曼也被爆加入了苹果。据了解，鲍曼的研究领域涉及 Oculus、HTC Vive、微软 Hololens、谷歌眼镜等多个 VR/AR 产品所采用的技术。《金融时报》也曾发文称，苹果 VR 团队正在秘密设计一款和 Oculus Rift 非常相似的 VR 头显。种种迹象似乎预示着苹果正在向 VR 市场发起进攻。

而早就已经推出廉价纸板 VR 头盔 Cardboard 的谷歌近来也是动作频频。2016 年 1 月，Cardboard 开发者克雷·巴沃被任命为公司的首位 VR 部门掌门，谷歌进一步加紧了其对 VR 的探索。《华尔街日报》称，目前谷歌 VR 团队正在研发一款无需和手机、计算机等设备配合使用的独立 VR 头盔。此外，谷歌还计划发布一款集有计算机芯片和传感器的升级版 Cardboard。

两家公司在 VR 领域的一系列动作不禁让人猜测：这两家一直以来纷争不断的公司在 VR 技术上的大战恐怕是难以避免了。下面，我们就一起来了解一下两家公司在 VR 市场的布局。

（1）慢而不乱的苹果。事实上，早在 2014 年苹果的公开招聘信息中，很多人就看出了端倪。在当时的招聘公告上，苹果表示公司正在大量招收 3D 图像、虚拟/增强现实领域的工程师，其中特别要求开发者要具备 VR 方面的工作经历。此后，苹果还相继高薪挖来了包括微软工程师尼克·汤普森、班尼特·威尔伯恩以及 Lytro 工程师格雷厄姆·迈尔在内的大量 VR 方面的人才。而更早一些时候，苹果公司申请的一项专利就已经流露出其开发头戴显示器的意愿。

2013 年，苹果公司为一项 3D 眼镜提交了一份长达 1.4 万字的专利申请书。这款看起来和滑雪护目镜有些相似的眼镜可以通过眼前的两块显示屏创造出三维立体效果，虽然该产品主要功能是用来浏览媒体而不是游戏，但不可否认的是这款产品和 Oculus Rift 很相似。

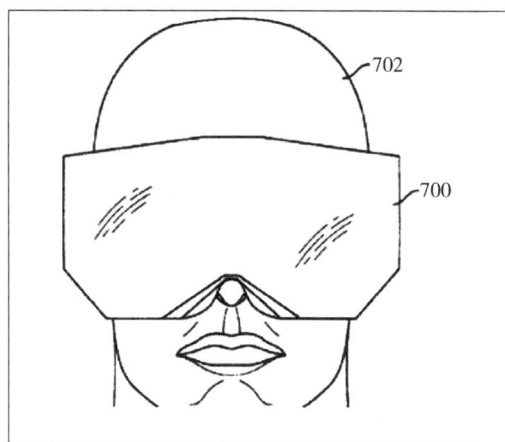

VR 头戴显示器设计图

2015 年 6 月，苹果提交了一份和谷歌 Cardboard 类似的 VR 系统专利申请，众多媒体纷纷猜测苹果要正式进军 VR 市场了。同年 11 月，苹果联合 VR 工作室 Vrse 共同打造了一款 360 度 VR 音乐视频 *Song for Someone*。该视频的推出使苹果进军 VR 领域的说法被坐实。此前，苹果在 VR 上的研究进展一直处于保密状态。

2016 年 1 月，有媒体报道，苹果 CEO 蒂姆·库克在电话会议上"罕见地"提及了有关 VR 领域的话题。库克指出："我认为 VR 设备并不小众，它非常酷而且有许多有趣的应用。"但是此次会议并没有涉及苹果对 VR 产品的具体计划。

有专家表示，虽然目前苹果还没有推出真正意义上的 VR 设备，但是苹果的种种行为已经显示出其对 VR 的浓厚兴趣，并一直在加紧布局。和 Apple Watch 一样，苹果可能会依靠其品牌优势打入 VR 市场，吸引一部分主流用户的注意。有人预测，苹果最有可能开发的就是 iPhone 外设，这样就能在提供 VR 体验的同时有效拉动其新一代手机的销售。

（2）面向大众的谷歌。尽全力以最低的价格让人们享受真正的高科技是谷歌一贯的作风。谷歌的 Cardboard 有效地控制了成本，将 VR 真正带到了大众身旁。截至 2016 年 1 月，Cardboard 已经成功售出 500 万部，其受欢迎程度可见一斑。

与苹果相比，谷歌明显占据了时间上的优势。在还没有多少人肯轻易尝试的 VR 发展早期，谷歌凭借 Cardboard 吸引了世人的目光。虽然 Cardboard 并不完美，但它确实超乎人们的期望。为了在众多竞争者中保持优势，谷歌一方面在不断增强和改进 Cardboard，另一方面也在加紧对新产品的开发和研究。

2016 年 1 月，谷歌正式成立了一个专门的 VR 部门，由谷歌产品管理副总裁克雷·贝沃管理，由此可见谷歌对于 VR 的重视程度。据报道，此前谷歌就已经将大量资金投入到了 VR 产品的研发上，并且研发了一款可以将手机变成 3D 内容查看器的纸板手机框。同时，20 美元的价格将使其成为新一代大众化 VR 产品。

同时，谷歌还与运动相机制造商 GoPro 建立了联系，并且引入了 360 度视频，加快了对 VR 的探索脚步。有消息称，谷歌目前正在研发一套专门的 Android 系统，用来为 VR 设备服务。相关人士指出，未来谷歌将进一步加大 VR 领域的投入力度。

"我认为谷歌一直都很重视 VR，现在更加重视了。"美国著名研究师布莱恩·布劳说，"拥有光明的未来，但不能在真空中发展。谷歌这样的大型生态系统提供商投入资源，才能推动这项技术的进步。"

目前，VR 虽然仍然处于发展初期，还没有正式进入主流市场，但其发展极为迅速。对于苹果和谷歌这对老对手来说，谁能够拔得头筹，谁能在 VR 领域发挥得更为出色现在还不好预测。

【拓展阅读】

商业创意来自丰富的市场先机，这种商业创意最终将演变为商业模式。在虚拟现实领域，目前已经出现了一些相对成熟的商业模式。

虚拟现实硬件设备的发展前景十分好。从细分的角度来看，目前市场上的 VR 硬件设备大致可以分为建模设备、三维视觉显示设备、声音设备和交互设备四类（见下图）。

建模设备包括三维立体扫描仪等；显示设备包括虚拟现实头盔、双目全方位显示器、大型投影系统等；声音设备包括三维立体声系统等；交互设备包括数据手套、力矩球、触觉或力觉反馈装置、运动捕捉设备等。

```
                    ┌──────────────────────┐
                    │   虚拟现实硬件设备分类   │
                    └──────────────────────┘
        ┌───────────┬──────────┴──────────┬───────────┐
  ┌──────────┐ ┌──────────────┐ ┌──────────┐ ┌──────────┐
  │  建模设备  │ │ 三维视觉显示设备 │ │ 声音设备  │ │ 交互设备  │
  └──────────┘ └──────────────┘ └──────────┘ └──────────┘
```

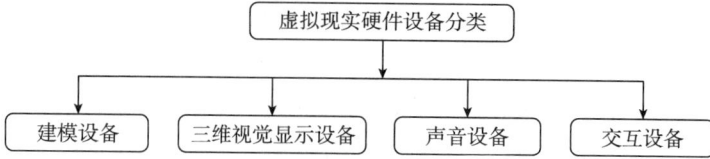

VR 硬件设备的分类

虚拟现实领域的硬件水平已经日趋成熟，目前，虚拟现实头盔已成为最先从专业级设备走向大众消费市场的硬件产品，成为虚拟现实市场落地的"先行者"。

虽然硬件的发展水平相较于从前成熟了很多，但仍然存在一些问题，如下图所示。

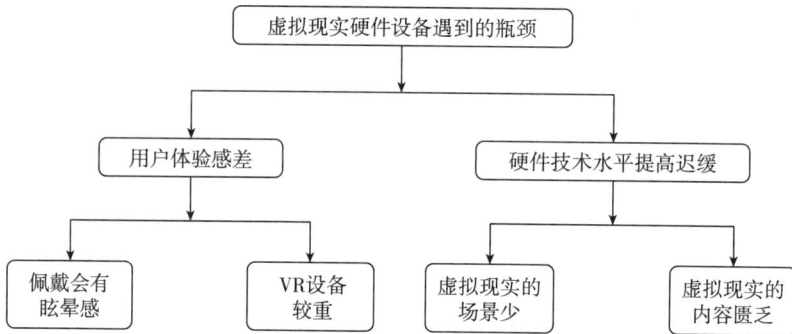

```
                  ┌────────────────────────┐
                  │  虚拟现实硬件设备遇到的瓶颈  │
                  └────────────────────────┘
          ┌───────────────┴────────────────┐
   ┌──────────────┐                 ┌──────────────────┐
   │  用户体验感差   │                 │  硬件技术水平提高迟缓  │
   └──────────────┘                 └──────────────────┘
      ┌──────┴──────┐                 ┌──────┴──────┐
 ┌─────────┐  ┌─────────┐      ┌─────────┐  ┌─────────┐
 │ 佩戴会有  │  │ VR设备   │      │ 虚拟现实的 │  │ 虚拟现实的 │
 │  眩晕感   │  │  较重    │      │  场景少   │  │  内容匮乏  │
 └─────────┘  └─────────┘      └─────────┘  └─────────┘
```

虚拟现实硬件设备遇到的瓶颈

根据国外的一份数据预测出的未来全球 VR 市场规模，如下图所示。

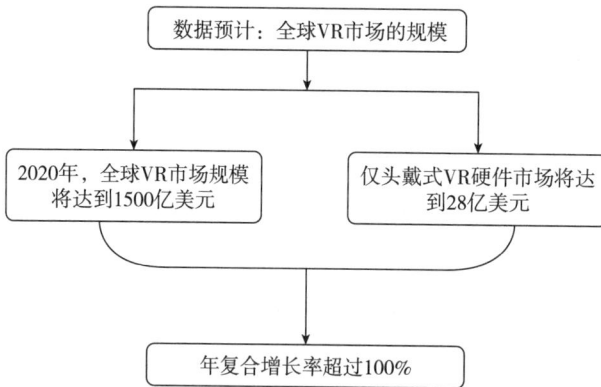

```
                 ┌──────────────────────┐
                 │ 数据预计：全球VR市场的规模 │
                 └──────────────────────┘
          ┌────────────────┴─────────────────┐
  ┌───────────────────┐          ┌────────────────────┐
  │ 2020年，全球VR市场规模 │          │ 仅头戴式VR硬件市场将达  │
  │  将达到1500亿美元      │          │    到28亿美元          │
  └───────────────────┘          └────────────────────┘
          └────────────────┬─────────────────┘
                  ┌──────────────────┐
                  │ 年复合增长率超过100% │
                  └──────────────────┘
```

预计全球虚拟现实的市场规模

VR 行业前景广阔，吸引了大量的国内外巨头和中小型企业不断加注砝码，力求在 VR 领域分得一杯羹。

虚拟现实的产业链正在逐渐被打通，其场景已经横跨众多领域。

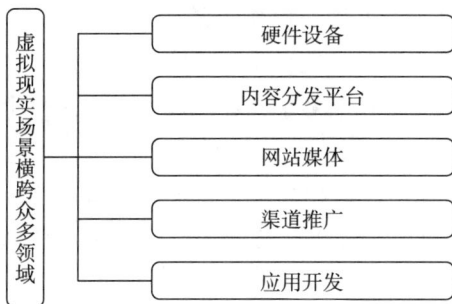

虚拟现实场景横跨众多领域

从虚拟现实场景横跨的这些领域可以看出，虚拟现实的产业链上下游已经被基本打通，本节将从硬件设备、内容和平台三个方面进行介绍。

在虚拟现实产业链中，硬件设备有头显设备、输入设备和图形识别设备，具有代表性的公司如下图所示。

在硬件设备产业中，相关的企业还有很多，如暴风科技、联络互动、华闻传媒、奥飞动漫等。

通俗来说，"虚拟现实＋"就是"虚拟现实＋各行各业"，例如"虚拟现实＋游戏""虚拟现实＋影视"等。随着虚拟现实应用场景层出不穷，虚拟现实有望颠覆众多行业，形成"虚拟现实＋各行各业"的趋势。

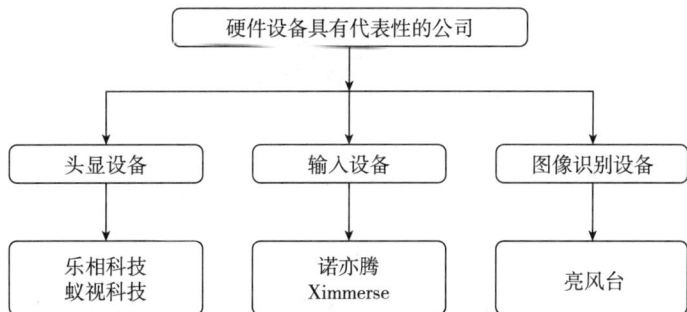

硬件设备具有代表性的公司

虚拟现实线下体验市场发展迅速。例如乐客VR就推出了虚拟现实云平台VRLe，以颠覆的心态，兼容各大硬件厂商产品以及各类虚拟现实游戏，推出了诸多虚拟现实解决方案，诸如线下虚拟现实跑步机、虚拟现实驾驶座椅、虚拟现实游戏、动作捕捉体验等。

除了线下体验之外，未来手机App软件下载付费也是商家盈利模式之一。目前，大多数虚拟现实游戏软件都是免费的，等虚拟现实推广到一定的成熟阶段之后，就能够采取收费模式了，而商家需要做的就是在内容上确保优质性和可获取性。

虚拟现实以其强大的沉浸体验式性能让广大广告商"垂涎欲滴"，因为相比普通的弹跳广告，在虚拟现实的虚拟场景中植入广告更容易被用户接受。人们时常会在电影中看到地震、海啸等灾难场景，这些场景经过虚拟现实特效制作师的编辑后，让人们在观看时有如身临其境。而事实上，不仅是在电影中，在现实的商业应用中，也有很多运用了虚拟现实技术。

"WASAI 虚拟现实体验馆"是我国第一家虚拟现实体验馆，它是北京太阳光影影视科技有限公司在沉浸式 3D 虚拟现实头盔方面的市场切入点，"WASAI 虚拟现实体验馆"拥有灵活的商业运作模式。

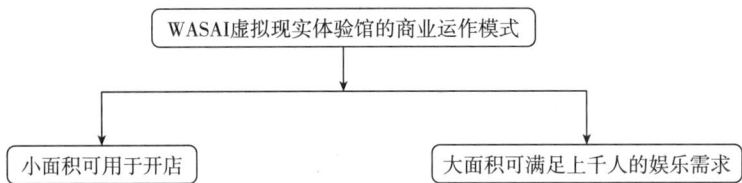

```
            ┌────────────────────────────┐
            │ WASAI虚拟现实体验馆的商业运作模式 │
            └────────────────────────────┘
                 ┌──────────┴──────────┐
        ┌─────────────────┐   ┌──────────────────────┐
        │ 小面积可用于开店 │   │ 大面积可满足上千人的娱乐需求 │
        └─────────────────┘   └──────────────────────┘
```

"WASAI 虚拟现实体验馆"灵活的商业运作模式

在"WASAI 虚拟现实体验馆"中，用户可以体验到各种充满刺激的项目。

虚拟现实技术不仅在游戏和娱乐行业引起了变革，在医疗、影视、教育、社交、建筑等领域也带来了颠覆性的创新变革，未来虚拟现实将给商家带来无可估量的商机。

虚拟现实的商业前景主要体现在技术的研究、虚拟现实的商业前景和靠拢移动端三个方面，本节主要介绍虚拟现实的商业前景。

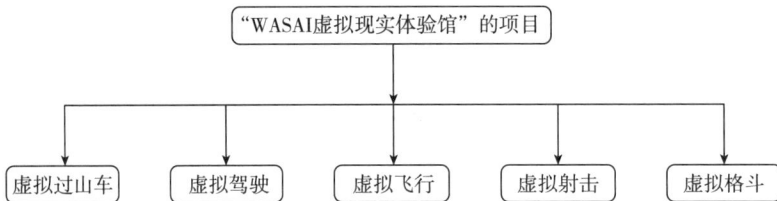

```
                ┌─────────────────────┐
                │ "WASAI虚拟现实体验馆"的项目 │
                └─────────────────────┘
        ┌────────┬────────┼────────┬────────┐
  ┌─────────┐┌────────┐┌────────┐┌────────┐┌────────┐
  │ 虚拟过山车 ││ 虚拟驾驶 ││ 虚拟飞行 ││ 虚拟射击 ││ 虚拟格斗 │
  └─────────┘└────────┘└────────┘└────────┘└────────┘
```

"WASAI 虚拟现实体验馆"的虚拟现实项目

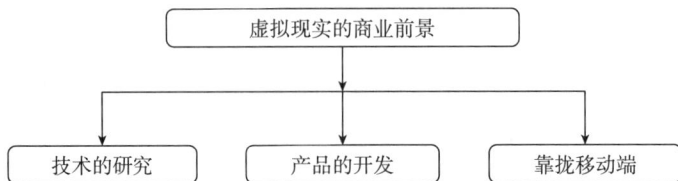

```
              ┌─────────────────┐
              │ 虚拟现实的商业前景 │
              └─────────────────┘
        ┌──────────┼──────────┐
  ┌────────────┐┌────────────┐┌────────────┐
  │ 技术的研究 ││ 产品的开发 ││ 靠拢移动端 │
  └────────────┘└────────────┘└────────────┘
```

虚拟现实的商业前景

【本节小结】

（1）虚拟现实第一阶段：从设想变成实物。
（2）虚拟现实第二阶段：技术，让虚拟成为现实。
（3）虚拟现实第三阶段："魔镜"引爆市场。
（4）虚拟现实第四阶段：破茧成蝶。

第三节 虚拟现实与未来生活

【引导案例】

VR 在生活中的应用

Oculus 公司在 2012 年全球电子娱乐展览会正式推出了其虚拟现实头盔显示器产品 Oculus Rift。由于电子游戏成为追逐潜在虚拟现实应用的热门行业，Oculus 公司选择在电子娱乐展览会上发布 Oculus Rift 并不出乎意料。在 Oculus 卷起的第二波虚拟现实普及的浪潮中，电子游戏行业已经获得业界主流的关注与不少投资。

硬件	1995 年 PC 配置	2005 年 PC 配置	2015 年 PC 配置
CPU	Intel 奔腾 133 MHz	Intel 奔腾 4630 单核 64 位主频 3 GHz	Intel 酷睿 i545904 核 64 位主频 3.3 GHz
主板	Intel430FX	LGA775	LGA1150
内板	EDO DRAM 4 MB—8MB	DDR400512MB—1GB	DDR316008GB
硬盘	540MB	120GB	256GB 固态硬盘，1TB 机械硬盘
显卡	ISA/VESA 接口的 VGA 显卡	GF6128MB	GeForce GTX7501GB
外部储存	1X/2XCD - ROM/1.44MB 软驱	DVD - ROM	DVD - R/RW
显示器	14 英寸 CRT	15 英寸 LCD	22 英寸 LCD

1995~2015 年 PC 硬件配置对比

虚拟现实技术是 20 世纪 90 年代典型的"雾件"技术之一。"雾件"（Vaporware），指远在开发完成前就开始宣传的产品，而且很有可能不会问世。但虚拟现实设备制造商 Oculus 凭借一己之力将虚拟现实技术从 20 世纪的缥缈概念中搬到了现实中来。2014 年，

Facebook 以 20 亿美元收购 Oculus 后，人们对 VR 商业化的讨论就不绝于耳。到 2016 年，VR/AR 领域的相关收购和投资超过 230 次，总金额已经逼近 40 亿美元。前文中，我们已经介绍了 20 世纪 90 年代任天堂和世嘉等公司大举进入 VR 领域的失败案例。那么，这次 VR/AR 为什么能够得到如此广泛的关注和商业投资呢？相信许多人和我们一样，认为答案是"技术提升"。人类的科技发展经过 20 年的努力，取得了长足进步。

我们不妨先以 10 年为一个界限，分别回顾一下 PC 和手机发展。

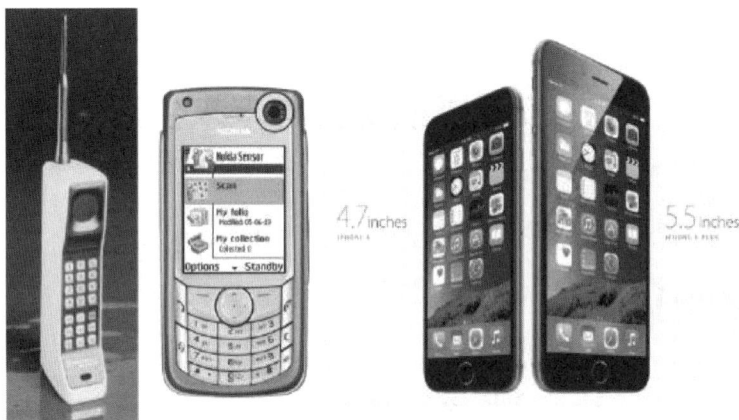

1995 ~ 2015 年手机发展对比

以上这些对比让我们看到科技在 20 年中所取得的高速发展。人们经历了台式计算机时代、互联网时代和移动互联网时代。可以想象，在雷·库兹韦尔所预言的 2045 年，科技智慧发展到等同于人类智慧之时，人们将经历多少次重大的科技变革。现在看起来，VR/AR 可能就是下一个。

全球各行各业的创新人才，都在试着发现虚拟现实显示设备的新商品或应用服务，其中包括精神治疗、特殊儿童教育、太空探索、汽车虚拟试驾、虚拟游览甚至虚拟现实电影等。VR/AR 的技术还没有完全成熟，但它们距离成熟产品已经不远了。深入探讨之后，我们觉得虚拟现实行业目前还有个问题，那就是大众消费者对虚拟现实技术毫无了解，消费心理与购买逻辑需要研究和建立。

如果新企业想攻入大众消费领域，必须考虑大众对新鲜事物的抵触心理，这并非玩笑。想想 Google Glass 的悲惨下场，技术狂热分子狂呼 Google Glass 就是未来，大众却因为种种原因——比如关于隐私的讨论、对安全性的顾虑等而不能接受 Google Glass，一些咖啡馆、电影院等商业场所甚至直接禁止任何人佩戴 Google Glass 进入。

试想，人们真的能够接受某个使用 VR/AR 设备的人对着空气手舞足蹈吗？这牵扯到一些大众心理学的概念，其实也是 VR/AR 发展过程中不可避免，却一定需要克服的阻碍。当然任何一种新技术的诞生都将面临这样的挑战，比如蒸汽船的初航被认为一定会沉没。结合历史的分析，虚拟现实的商业化之路注定坎坷。在一些先进的实验室和企业中，人们已经开始讨论 VR/AR 技术与商业化结合的各种可能性了，我们将其称为"VR＋"。

【小组讨论】

设想一下 VR 能和我们生活中哪些行业进行结合？

【知识链接】

知识点 1：VR + 社交

作为 Oculus 的母公司，立足于社交领域的 Facebook 对 VR/AR 在社交领域上的运用做了相当深入的研究。

2015 年 10 月出现了一款应用——Oculus Social。虽然它仍然只是一款看电影的应用：选择了一个虚拟形象来代表自己，戴上设备，用户会突然出现在一个小电影院里，坐在座位上看电影，还可以跟电影院里的其他人说话。这个应用听上去非常鸡肋，但它提供了一种可能性，那就是虚拟的社交。

未来我们的社交活动很可能是用虚拟设备，把远方的朋友以一种虚拟形态带到任何你所在的地方。除了无法直接触碰他之外，其他的一切都可能模拟成真——如果基于生物传感器的触感手套技术能够取得长远发展，其实触摸也会变成可能。未来你想见任何人，想跟任何人社交，只要连接他的虚拟设备，他就出现在你面前了。相比于目前的视频通话功能，VR 社交会更加立体，更加具有真实感。用户将不再用冷冰冰的电话和平面的视频聊天，通过 VR 技术，可以充分地将远距离社交变成一种面对面的沟通。

其实不仅仅是生活中的社交，如果这一功能运用于商业领域，便很可能取代语音会议或视频电话等业务。

VR 社交解决了用户在以往的传统社交中所面临的三大痛点：视觉享受、互动娱乐性以及用户参与度。

1. 提升视觉享受

原本的社交只是看到图文以及信息，但 VR 社交能够让用户在视觉效果上感到震撼。

2. 互动娱乐性做到极致化

相比于现在的社交工具，VR 社交能将娱乐互动做到极致。如将直播的互动做到极致，当你在虚拟世界中进行直播时，你的观众并不是在屏幕之外观看，而是和你在同一个世界中进行交互。

3. 丰富并深入用户参与度

相对于原有的社交形式，在 VR 社交中，用户能够做在现实世界中做不到的，而且未来的 VR 社交的场景会更加丰富，能够给用户提供的体验也更丰富。

知识点 2：VR + 购物

来自英国的设计师阿利森·克兰克（Allison Crank）打造了一个虚拟现实购物中心

"现实剧场"（Reality Theatre），此前，它曾作为 2015 年荷兰设计周的一部分在埃因霍温设计学院展出。展出过程中，用户戴上 Oculus Rift 进入"现实剧场"，可以使用游戏控制器在数字购物中心闲逛，遇到虚拟的人、动物以及在路边飘浮的霓虹灯。虚拟现实技术将 3D 图像叠加到佩戴者的头戴显示器中，让商场成为一个霓虹闪烁的舞台。

来自中国的电子商务巨头阿里巴巴在 2016 年制作了一个有趣的视频短片。随后，阿里巴巴公司就表示这是公司愚人节的推广，但通过短片，我们却看到了 VR 技术结合购物的可能性。通过使用虚拟现实设备，用户可以模拟出购物的所有场景：设备中会出现一个高仿真购物中心，使用者可以随意行走，挑选自己感兴趣的商品。

阿里巴巴集团目前已经拥有了 VR 实验室，实验室致力于尖端科技产品的研究和场景探索。实验室的第一个计划就是"造物神计划"，目标是联合商家建立世界上最大的虚拟现实 3D 商品库。阿里巴巴的工程师已完成数百件精细的商品模型，接下来将设计标准化的工具，协助商家实现商品的快速量化上架。

"VR 技术能为用户创造沉浸式购物体验，也许在不久的将来，坐在家里就能去纽约第五大道逛街了。"实验室核心成员之一赵海平表示："阿里巴巴将持续投入搭建 VR 基础平台和软件工具，让品牌和商家轻松建设个性化的 VR 商店。这就是阿里巴巴的 VR 实验室的长期目标。"

现阶段 VR 和购物的结合困难点是用户习惯的培养，必须通过向消费者传达理念来普及此技术。真正的虚拟现实购物技术如何实现，又将在何时以何种方式推向市场？随着阿里巴巴等大型企业加入，大量的资金或许能投入市场，并加速实现虚拟现实购物体验的成熟与市场接纳。

知识点 3：VR + 教育

恩斯特·克莱恩（Ernest Cline）的小说《玩家 1 号》（*Ready Player One*）中曾描述过一个乌托邦式的未来世界，那里的幼儿教育通过头戴式显示器来实现，课堂就是由激光投影形成的虚拟教学场景。虽然目前我们离这种完全虚拟化的课堂还很远，但已经有一些学校和老师在虚拟教学领域先行了。

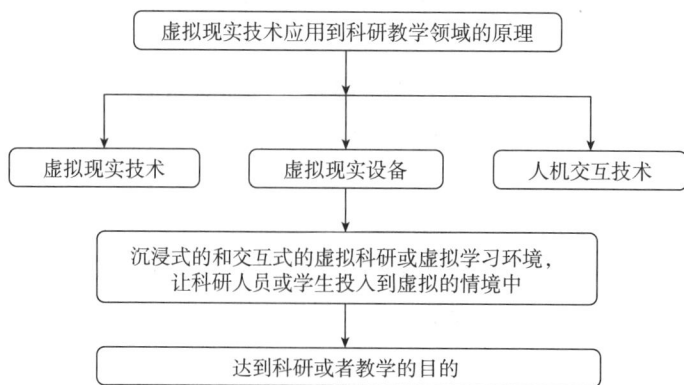

虚拟现实技术应用到科研教学领域的原理

澳大利亚维多利亚州的杰克逊中学就在尝试将 VR 技术与教学结合。这所学校的技术人员马修·马兰可辛（Mathieu Marunczyn）是虚拟教学领域的先行者，在体验 Oculus Rift 虚拟现实头盔之后，他认为这是确保有感官处理障碍的学生聚精会神的优秀教学工具。

虚拟现实技术在科研教学领域已经产生了较为深远的影响，它改变了以往的一些教学观念和科研模式，为科研教学的创新提供了广阔的空间。将虚拟现实技术应用到科研教学领域，主要是通过沉浸式的虚拟情境，让科研工作者和学生投入进去。

将虚拟现实技术应用到教育领域，能够起到以下作用（见下图）。

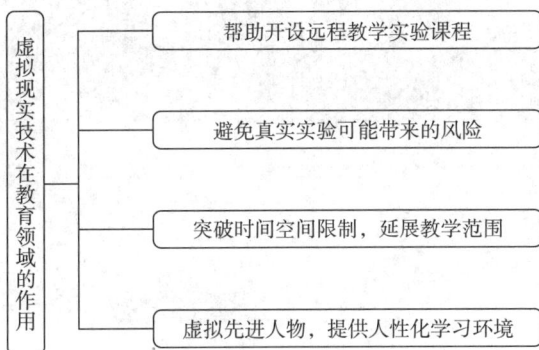

虚拟现实技术在教育领域的作用

1. 帮助开设远程教学实验课程

在传统的远程教学中，往往会因为一些原因，无法开设某些实验课程。虚拟现实技术带来的沉浸式和交互式体验，能够弥补远程教学条件的不足。

虚拟现实系统能够帮助学生足不出户感知真正的实验操作，不仅能够获得趣味性的知识，还能加深对实验操作的理解。

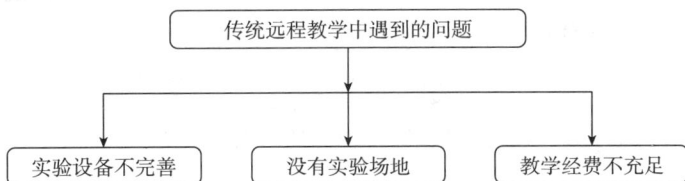

传统远程教学中遇到的问题

2. 避免真实实验可能带来的风险

传统的危险实验的操作方法往往是通过视频的方式来演示的，学生无法直接进行操作。

虚拟现实技术能够帮助学校打消这种顾虑。虚拟现实系统为学生提供虚拟的学习环境，让学生沉浸在虚拟情境中，避免了实验可能带来的危险，让学生可以放心地去体验各种实验。

例如虚拟医科手术，带领医生进入虚拟情境中，避免因操作失误而造成的不可挽回的医疗事故；或者在虚拟化学实验中，能够避免爆炸或有毒实验材料给人体带来的伤害。

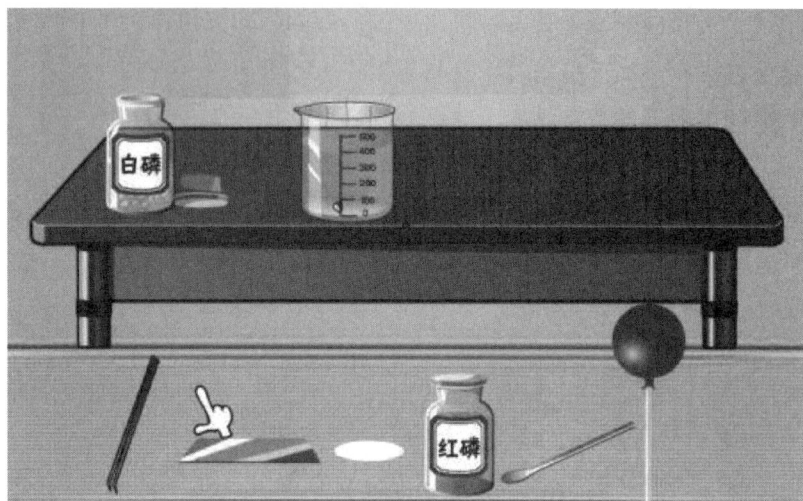

虚拟化学实验

3. 突破时间空间限制，延展教学范围

虚拟现实系统能够为教学提供很多电视录像所无法比拟的功能，它能够突破时间和空间的限制，帮助延展教学的范围，提升教学的质量。

例如，学生可以通过虚拟现实系统，进入虚拟的宇宙来观看天体的运动，也可以进入虚拟的工厂，观察每个机器部件的工作情况以及工厂的工作流程。

4. 虚拟先进人物，提供人性化学习环境

如果想要创造一个充满学习气氛的环境，可以通过虚拟现实技术打造虚拟先进人物，为学生提供人性化的学习环境。

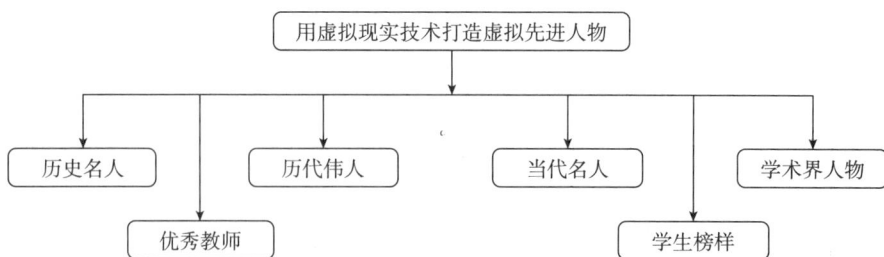

用虚拟现实技术打造虚拟先进人物

例如，通过虚拟讲堂让学生和虚拟老师在虚拟情境中进行交流和讨论，不仅能够提升学生的学习兴趣，还能够打造自然的、亲切的学习氛围。

虚拟现实技术已经被应用到科研教学的多个领域，如下图所示。

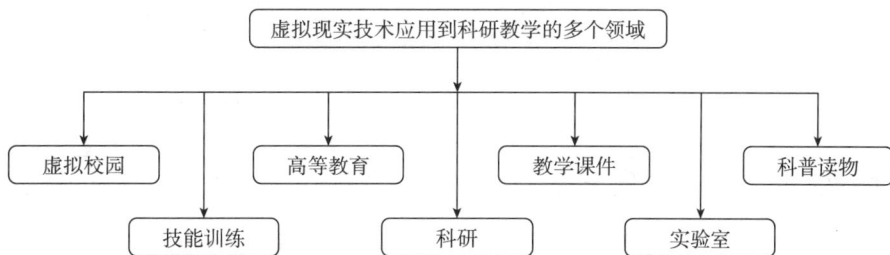

虚拟现实技术被应用到科研教学的多个领域

（1）虚拟校园。学校的一切事物都在潜移默化地影响着学校里的每一个学生，因此，创建一个健康的、积极向上的校园文化对于学校来说非常重要。

随着网络技术、虚拟现实技术的大力推广，很多高校开始打造虚拟校园模式。

虚拟校园

虚拟校园就是基于地理信息系统（GIS）、遥感（RS）技术以及虚拟现实技术，创建出真实校园的三维场景，让用户沉浸其中，有如身临其境。

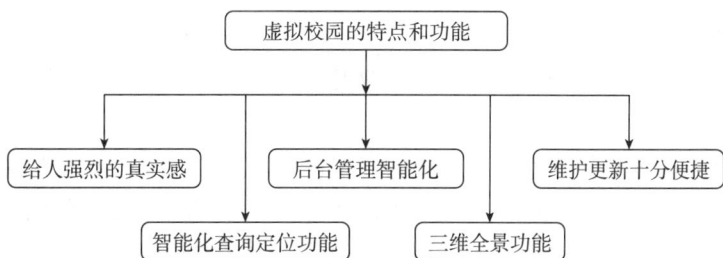

虚拟校园的特点和功能

学生通过虚拟校园，可以直观地欣赏到教学楼、食堂、实验室、图书馆、宿舍等建筑，了解校园的整体布局和规划，通常，虚拟校园在下图所示的方面发挥着重要的作用。

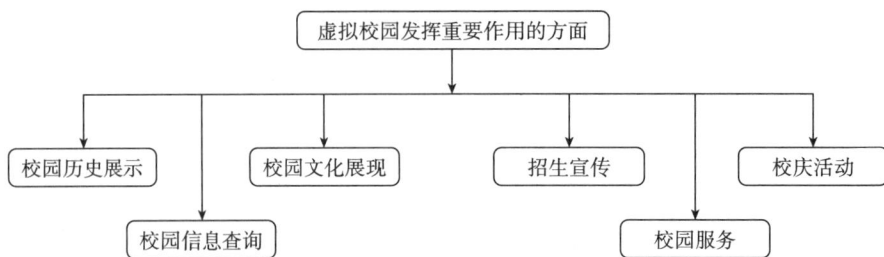

```
          ┌──────────────────────┐
          │  虚拟校园发挥重要作用的方面  │
          └──────────────────────┘
   ┌────────┬────────┬────────┬────────┐
┌──────┐ ┌──────┐  ┌──────┐ ┌──────┐
│校园历史展示│ │校园文化展现│  │ 招生宣传 │ │ 校庆活动 │
└──────┘ └──────┘  └──────┘ └──────┘
   ┌──────────┐         ┌────────┐
   │ 校园信息查询 │         │ 校园服务 │
   └──────────┘         └────────┘
```

虚拟校园发挥重要作用的方面

（2）高等教育。虚拟现实技术在高等教育领域主要应用在学习知识方面、学习探索方面。

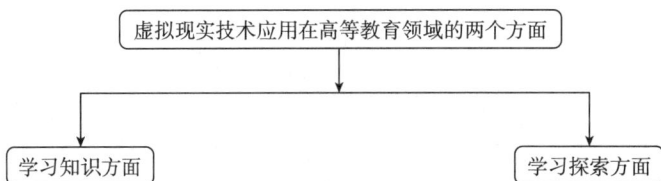

```
       ┌────────────────────────────┐
       │  虚拟现实技术应用在高等教育领域的两个方面  │
       └────────────────────────────┘
       ┌──────────────┴──────────────┐
   ┌──────────┐                ┌──────────┐
   │ 学习知识方面 │                │ 学习探索方面 │
   └──────────┘                └──────────┘
```

虚拟现实技术应用在高等教育领域的两个方面

第一，学习知识方面。学习知识主要是指学生利用虚拟现实系统学习各种知识，它主要应用在以下两个方面：

一是将现实生活中无法观察到的事物或现象通过虚拟现实技术表现出来。例如，通过虚拟现实技术，带领学生欣赏两极极光的变化、梯田的生长变化或者地球的公转及自转等。

二是以直观的形式加深学生对抽象理论的理解。

第二，学习探索方面。在学习过程中，经常会遇到各种假设模型，传统的教学方式无法将这些假设模型的效果展现给学生，但是通过虚拟现实技术就能够让学生直观地看到某一假设的结果或者效果。

（3）教学课件。随着人们对教学方法和内容的要求越来越高，传统的、单调的课件教学方式已经不能满足人们的需求，因此，改变传统教学方式来提升学生学习兴趣成为所有高校要考虑的问题之一。

课堂上的教学内容和教学方式都应该与时俱进，将虚拟现实技术融入教学课件，打造虚拟课件，不仅能够为枯燥无味的课堂讲课提供更多的娱乐性，让课堂教学更加生动有趣，也能够让学生对学习产生更大的兴趣，从而吸收更多的知识。

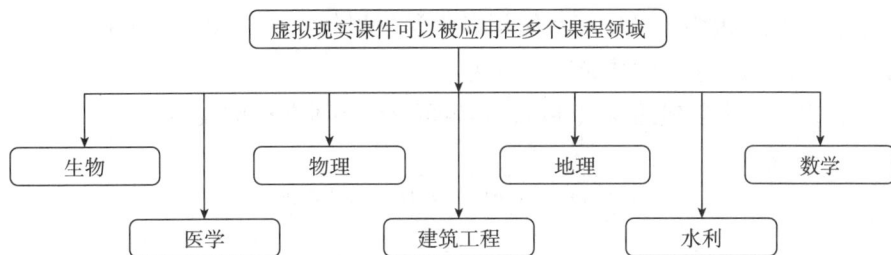

虚拟现实课件可以被应用在多个课程领域

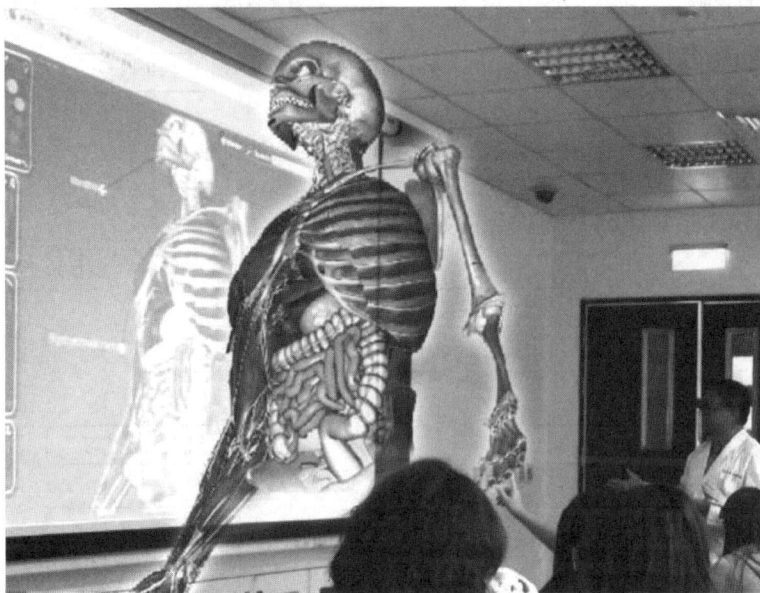

虚拟医学课件

（4）科普读物。在科普读物领域，增强现实技术发挥着重要作用，学生用移动设备在看似很普通的图书上扫描一下，就会看到书中的画面跃然纸上。

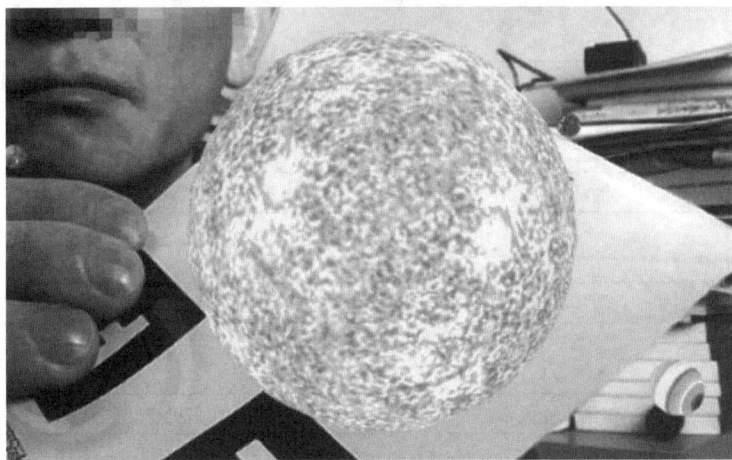

虚拟科普读物

（5）技能训练。因为虚拟现实系统可以为学生提供一个沉浸式的虚拟环境，因此虚拟现实系统十分适用于学生的技能训练领域。

通过虚拟现实技术创建的虚拟环境，学生可以做各种各样的技能训练。

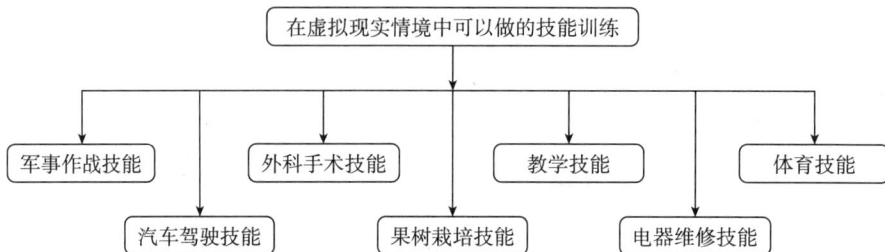

在虚拟现实情境中可以做的技能训练

通过虚拟现实系统进行技能训练的好处如下图所示。

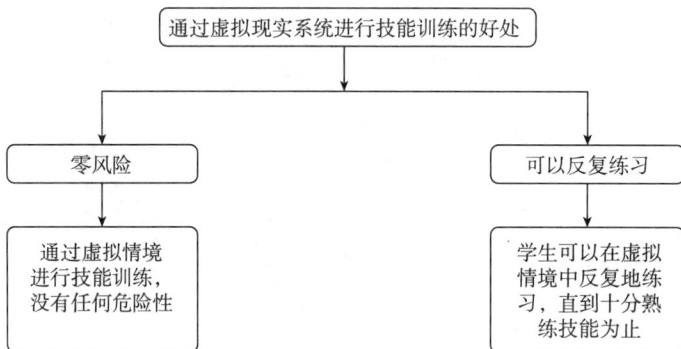

通过虚拟现实系统进行技能训练的好处

（6）科研。在科研领域，各高校都有虚拟现实方面的课题研究，如下图所示。

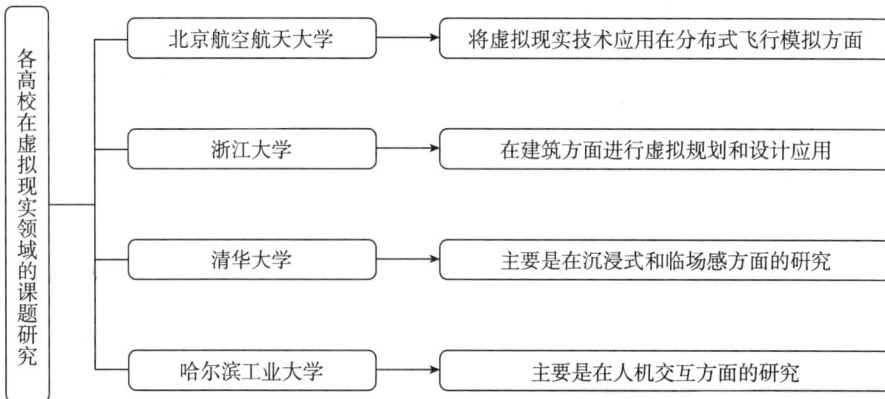

各高校在虚拟现实领域的课题研究

（7）实验室。虚拟现实系统除了可以用于虚拟课件制作、学生技能训练和科研领域以外，还可以建立各种虚拟实验室，在虚拟实验室里，学生可以自由地做各种实验。

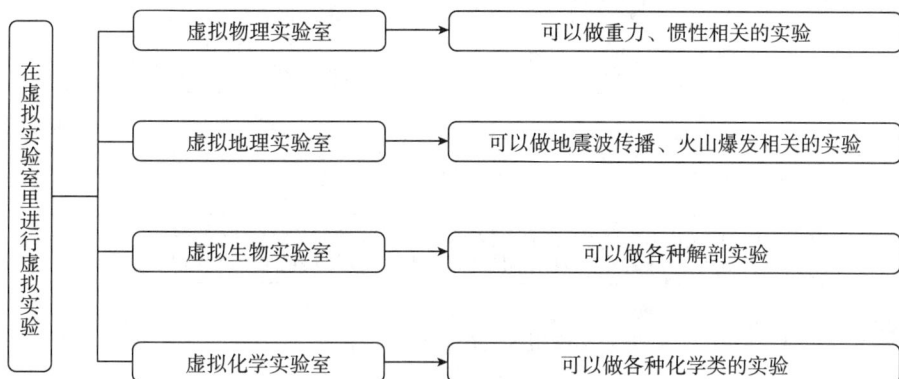

```
在虚拟实验室里进行虚拟实验
├── 虚拟物理实验室 ──→ 可以做重力、惯性相关的实验
├── 虚拟地理实验室 ──→ 可以做地震波传播、火山爆发相关的实验
├── 虚拟生物实验室 ──→ 可以做各种解剖实验
└── 虚拟化学实验室 ──→ 可以做各种化学类的实验
```

在虚拟实验室里进行虚拟实验

虚拟实验室具备多项优点，如下图所示。

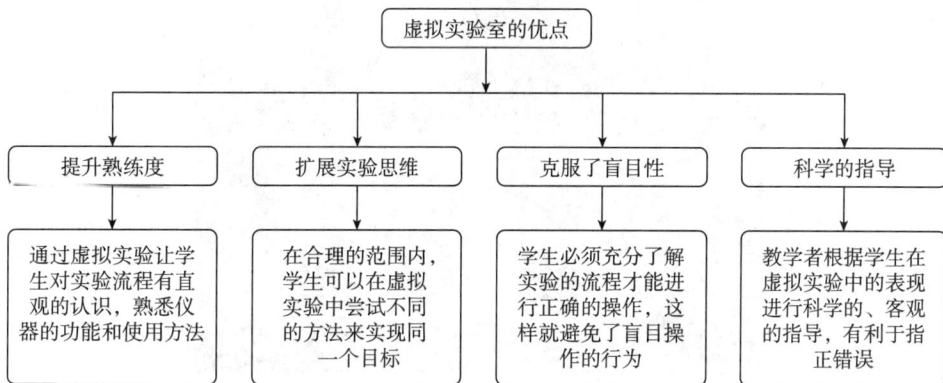

```
虚拟实验室的优点
├── 提升熟练度
│     通过虚拟实验让学生对实验流程有直观的认识，熟悉仪器的功能和使用方法
├── 扩展实验思维
│     在合理的范围内，学生可以在虚拟实验中尝试不同的方法来实现同一个目标
├── 克服了盲目性
│     学生必须充分了解实验的流程才能进行正确的操作，这样就避免了盲目操作的行为
└── 科学的指导
      教学者根据学生在虚拟实验中的表现进行科学的、客观的指导，有利于指正错误
```

虚拟实验室的优点

知识点4：VR+影音媒体

目前对于虚拟现实技术的大量讨论，还集中在影视和游戏两大领域，毕竟这项技术最可能的受益行业就是这两个。其实关于影视公司采用VR技术拍摄的新闻从2015年就不断出现。由于全景的观影体验，VR电影注定与传统电影有极大的区别。曾经就有人称，他在观看VR电影时，因为过度关注某些场景，而错过了故事的主要情节，以至于剩下的剧情都是在他完全无法理解的状态下看完的。

荷兰一家创业公司正着手打造的虚拟现实体验电影院VR Cinema，与传统电影院相比，该虚拟现实电影院具有下图所示的特点。

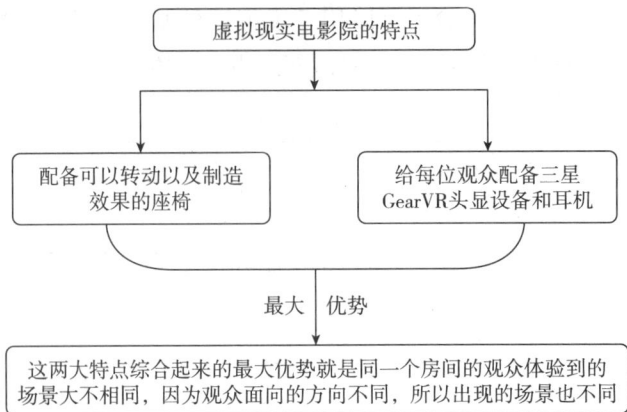

虚拟现实电影院的特点

为了在虚拟现实领域更进一步，谷歌发布了一款虚拟现实电影制作设备，这款设备名叫 Google Jump。

虚拟现实电影制作设备 Google Jump

这款虚拟现实电影制作设备由 16 台 GoPro 相机阵列组成，可以拍摄 360°的三维照片和视频。该视频通过全方位环绕音响系统和虚拟现实技术，帮助用户真正沉浸到这个故事中。

为了实现 360°拍摄视角和 3D 音效，Vrtify 团队开发了自己的摄像设备和录音设备。在拍摄时，团队会在演唱会现场放置多个可以获取 60 个不同声道的麦克风。这些麦克风如同传感器一样，Vrtify 会把这些麦克风收录的信号和原声混合在一起，从而营造出用户就在现场的真实感。

视觉上，用户会感觉自己游走在演唱会现场，走到不同的位置，看向不同的方向，音效都会有所改变。

知识点5：VR + 医疗

随着虚拟现实技术、仿真技术以及压力反馈技术的深入发展，很多厂商抓住虚拟现实在医疗健康领域的商机，开发出了临床医生能够进行外科手术的虚拟现实产品，让医生在练习外科手术时能够通过虚拟现实设备产生视觉和触觉的双重体验。

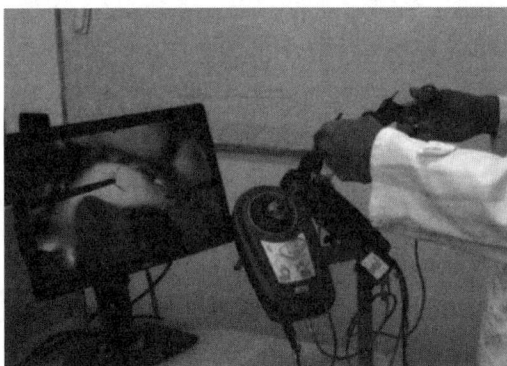

医疗人员通过 VR 设备进行外科手术训练

除了在外科手术上具有不可比拟的优势之外，在医疗培训和医疗教育中，虚拟现实设备也是一项非常合适的选择，原因有两点，如下图所示。

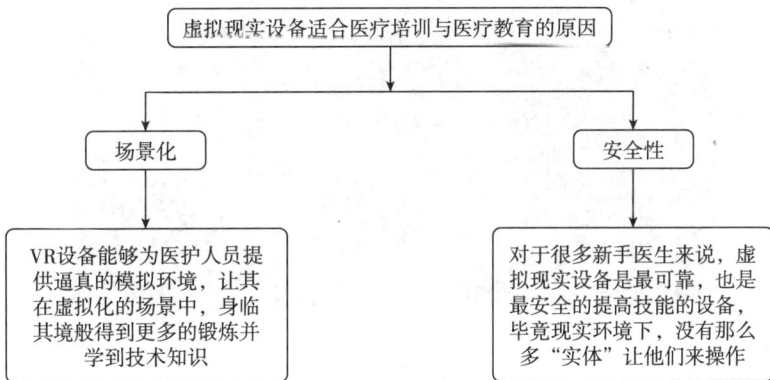

虚拟现实设备适合医疗培训与医疗教育的原因

在医疗领域，医生和医疗专业人员因为有很多平时不能接触到的手术操作，这时就可以通过虚拟现实视频来让自己置身其中，观赏手术操作的细节，实现更好的医疗培训和医疗教育。下面介绍在医疗行业中最常见的几大虚拟现实应用情况。

1. 医学练习

运用虚拟现实技术进行医学练习其实就是运用虚拟现实技术进行虚拟现实手术，虚拟现实手术为医生带来了如下图所示的好处。

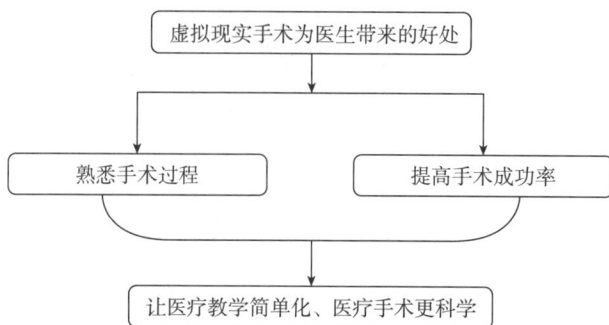

```
            ┌──────────────────────────┐
            │  虚拟现实手术为医生带来的好处  │
            └──────────────────────────┘
              │                    │
    ┌──────────────┐        ┌──────────────┐
    │  熟悉手术过程  │        │  提高手术成功率  │
    └──────────────┘        └──────────────┘
              │                    │
         ┌────────────────────────────────┐
         │  让医疗教学简单化、医疗手术更科学  │
         └────────────────────────────────┘
```

虚拟现实手术为医生带来的好处

虚拟现实手术的原理是基于医学影像数据，在计算机中用 VR 技术建立一个虚拟环境，医生借助虚拟设备，例如虚拟现实眼镜、虚拟现实头盔等在虚拟环境中进行手术计划和练习。虚拟现实技术与虚拟现实设备的结合，给医生带来了沉浸式的手术体验，让医生仿佛置身于一场真实的手术过程中。虚拟现实手术的目的是为医生实际手术打好基础。

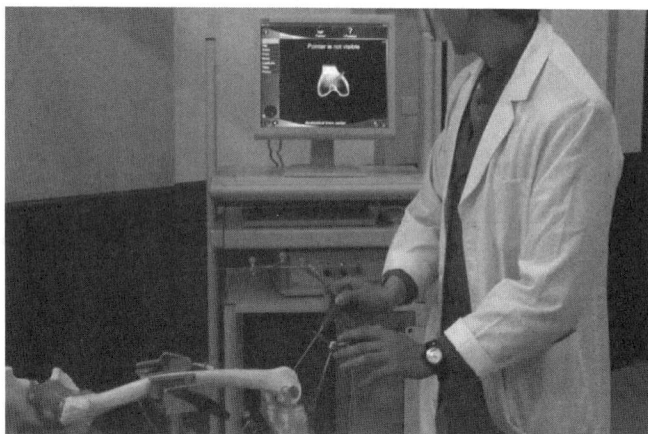

虚拟现实手术

Medical Realities 公司开发了一款虚拟现实手术设备——The Virtual Surgeon，这款产品能够让医生身临其境地参与到外科手术的过程中，其主要的技术和内容如下：360 度视频技术、虚拟现实 3D 技术、交互式的医疗内容。

虚拟现实手术不仅能够帮助医生对病情有更好的诊断，提高医疗效率，同时还能够帮助医生及时建立手术方案，提高医护间的协作能力。综合而言，虚拟现实手术具备下图所示的优势。

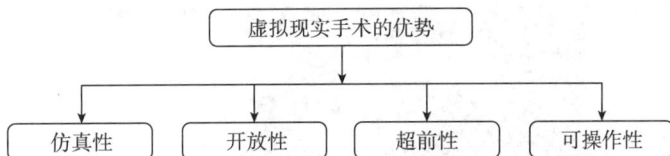

虚拟现实手术的优势

2. 医疗培训与教育

在虚拟现实医疗领域，除了虚拟现实手术之外，还有虚拟现实医疗培训和教育，如通过虚拟人体让医疗人员了解人体的构造和功能。除了可通过虚拟人体进行医疗培训外，还可以通过开发医疗现实医学教学软件来实现医疗教育和培训。

3. 康复训练

将虚拟现实技术应用到康复医学领域，康复训练包括肢体治疗、残疾人士功能辅助治疗等。在肢体治疗中，可以将虚拟现实技术与娱乐相结合，由屏幕为患者提供一种虚拟情境，让患者置身于某个游戏或者某个旅游情境中，提高患者的治疗情绪。

通过虚拟现实进行康复治疗

残疾人士功能辅助治疗是指通过特制的人机接口让残疾人士在虚拟现实情境中实现生活自理，产生一种身临其境的感受，帮助他们提升生活的乐趣和品质。

对于瘫痪人群来说，虚拟现实康复治疗也是一个很好的选择。Wayne Bethke 是一名四肢瘫痪患者，开始时头部以下都不能动，后来通过一款名为 Omni VR 的虚拟康复系统的康复治疗，Wayne Bethke 的健康慢慢恢复，从外观看上去，Omni VR 好像是一台游戏设备，但实际上它是一款能够用于职业病治疗、身体治疗和语言治疗的虚拟现实设备。

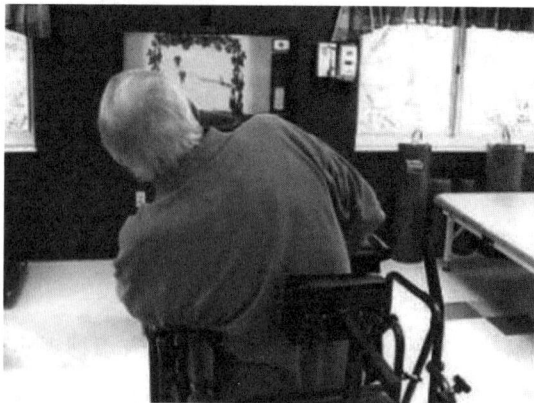

Wayne Bethke 进行康复训练的场景

4. 心理治疗

到目前为止，虚拟现实技术已经能够应用于有心理创伤的患者的治疗，涉及的范围如下图所示。

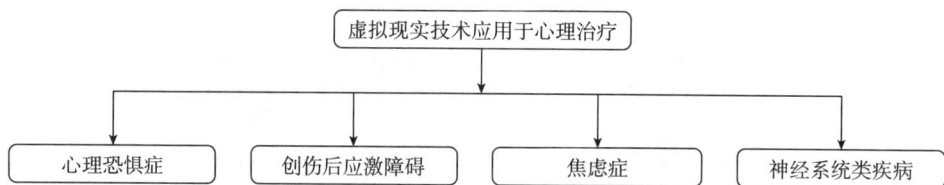

虚拟现实技术被应用于心理治疗

知识点 6：VR + 旅游

其实相对于以上说的那些商业应用，更令人好奇的是，VR 技术将会创造出什么样的新世界？VR 与再现的现实世界组合，应该会将用户直接导向旅游行业。

VR 技术一大特色就是得天独厚的临场感，能够突破对地域、时空等因素的物理限制。这种临场感可以让使用者感觉身临其境，而这就是旅游业所需要呈现给旅客的。

在 19 世纪，旅行是极为奢侈的一项活动，法国诗人让·尼古拉·阿蒂尔·兰波（Jean Nicolas Arthur Rimbaud）就曾用一首诗描绘他对旅行的向往：

诗人在星光下，

去寻求采集完美的神所撒下的花朵。

诗人生活在别处，

在沙漠/海洋。

到了 20 世纪，随着交通方式多样化，旅行似乎已经变成了一种更平民化和普及化的生活方式。但实际上，它还是会受到诸多因素的影响，比如天气、时间、距离和牵扯的精力……VR 会将这所有的限制全部清除。

　　想象一下这个情景：你不需要离开家门，就可以突然出现在纽约时代广场，或者在进入法国的卢浮宫。你不再需要花费 10 个小时去机场，等待飞机，在座位上无所事事，排队入境。你需要的只是找个舒服的姿势，戴上 VR 设备，在不远的将来，在家里环游世界。

　　我们曾经提到过，Google 的 Cardboard 中就可以使用 Google 地球这样的全景地图软件。在"街景"功能中，使用者将被置于街道的中心，他的视线会随着头部的动作发生变化。仅需要简单的设备，你就可以漫步华尔街、穿越特拉法加广场了。

　　2016 年初，香格里拉酒店集团就率先在市场营销方面使用了 VR 技术。他们让顾客佩戴上 VR 头显设备来观看全球各个香格里拉酒店的 360 度视频，通过这个方式让客户感受全球各个香格里拉酒店的魅力。澳大利亚航空公司已经将 VR 设备安装在了一些特定的航班上，让乘客在飞机上通过 360 度视频探索澳大利亚大堡礁和汉密尔顿岛。这不仅可以提升乘客的飞行体验，还可以让航空公司宣传当地一些具有吸引力的景点。

　　随着对 VR 和旅游业结合的深入开发，"在线旅游"变成了一种跨界的商业产物，由各景区或者城市政府出资制作一些 VR 应用，用户只需要在家中就可以身临其境地参观那些可能需要排几个小时的队才能体验的项目了，如卢浮宫的蒙娜丽莎画像。这些出资制作 VR 应用的组织甚至可以通过在线销售"虚拟参观"的门票，收回前期投入的成本。

　　当然，随着技术普及，VR 对于旅游行业的变革不能仅仅依靠一个 VR 头戴设备来实现。各种体感装置和动作反馈设备已经逐渐离开实验室，用户甚至可以使用虚拟设备，随着 NASA 或历史学家参观外太空或古代的城市。

　　虚拟现实公司 YouVisit 现在已经开始通过全景照片为用户提供度假地、酒店、餐厅和大学校园在线游览服务，用户可通过头戴显示器来放大或缩小视野中的图像。最近几个月，YouVisit 公司已经将全部 1000 个景点的全景图片数据转化到诸如 Oculus Rift、三星 Gear VR 设备中了。

　　尽管尚处在早期阶段，YouVisit 的首席执行官阿比·曼德尔鲍姆（Abi Mandelbaum）认为虚拟游览会很快热门起来。目前已经有很多酒店、旅游景点和企业开始使用 YouVisit 服务，需求与日俱增。尽管它们只是把虚拟游览当作吸引客源的市场营销手段，这种方式的优势非常明显，不会破坏景区环境，成本更低，并能让全球所有人快速了解自己的景区。

知识点 7：VR + 人工智能

　　近几年最负盛名的游戏制作公司 Epic 的首席技术官（CTO）金·利布雷里（Kim Liberi）在一次访谈中透露，他们目前正在致力让虚拟现实看起来更加人性化。他说："现在的技术已经可以把一个虚拟现实中的人物做得非常真实了。但是我们何时可以给这个人物一个脑子？"

　　利布雷里认为，给予虚拟现实更多"人"的特性是必要的。其中的一种解决方案是为虚拟世界实时提供流动性的数据传输，类似于直播。

Epic 公司以其开发的虚拟游戏引擎而闻名。在一次发布会上，该公司介绍了运动捕捉方面的新技术：一位女演员在现场观众面前扮演了预告片中的一个角色，通过摄像头捕捉其面部表情，经过电脑处理，在极短的时间内，就能在游戏中呈现出来。

根据利布雷里的观点，Epic 公司即将实现为虚拟现实进行实时数据制作。但是很显然，用"直播"的方式确实能够为虚拟人配备一个"大脑"，但这并不是唯一的解决方案。

"小时候我梦想着有一天游戏可以像电影一样，而现在我们将看到这两个领域的完美融合。"利布雷里指的就是电影和游戏产业的相互融合。随着技术发展，虚拟现实技术和人工智能或机器人的串联，确实让无数人看到了未来的许多可能性。

【拓展阅读】

VR 是未来

风险投资市场研究公司的统计显示，2015 年全球虚拟现实公司的风险融资额高达 9.73 亿美元，比之前一年增长了一倍多。市场研究公司 Juniper Research 预测虚拟现实产业将经历巨大的市场增长。有机构预测，2020 年之前，市场上硬件厂商的虚拟现实设备销量将达到 5000 万台，产生逾 70 亿美元的销售额。为了能够让虚拟现实设备真正被市场接受，而不只是开发者和高端玩家的专属，消费版设备势必会出现，更多的投资者之所以投资 VR/AR 技术，不仅仅是因为短期的回报，他们将 VR/AR 看作一片未知的蓝海，看作改变人类生活状态和生存模式的技术。

有趣的是，除去 PS VR，无论是 Oculus、Vive 还是 HoloLens，其实只是给出了一种可能性，他们开发 API，其实正是期待内容提供商将他们的产品延展出更多的可能性。内容生产商和著名的好莱坞特效公司数字王国（Digital Domain）正在钻研的技术，可能会很大程度上改变人类的工作和娱乐习惯。数字王国曾为《泰坦尼克号》《钢铁侠 3》《变形金刚》系列等 250 多部好莱坞电影制作视觉特效，并且 9 次夺得奥斯卡技术类奖项，在全球视觉呈现领域遥遥领先。当他们也宣布将布局 VR 的时候，无论是好莱坞还是全球娱乐业都惊呼："媒体 VR 时代已经开启了。"

在影视作品之外，越来越多其他内容生产商也紧追着 VR/AR 的潮流，虽然虚拟现实头盔还主要用于视频游戏，但它们将很快会被用于工业、医疗，甚至更多我们无法想象的目的。那么，VR 行业的未来究竟将如何发展呢？

曾经被人们寄予厚望后来又被淘汰的 Google Glass 只是把显示器搬到眼镜上，而 VR/AR 则是重新改变人类与世界的交互方式。基于这些设备，我们能以前所未有的方式探索这个世界，以全新的方式工作、学习、娱乐、社交。

我们未来甚至可能会戴上眼镜通过视网膜投射，跟人、服务、设备连接，不需要像现在用手机，而是通过视网膜沟通。这会是未来吗？我们现在看到了这个趋势，但对未来并不确定，也许未来人类是通过脑电波的方式沟通，例如通过可穿戴设备和脑电波沟通。

就根源而言，我们需要探讨一个可能全新的话题，即"信息的维度"。对于信息，我们处于传统的"二维平面"。不论是 PC、手机传统电视，还是文字出现的古老时代，我们接收信息的方式都是二维的，我们看到的信息是平面化的。区分只是这些信息是动态的还是静态的，是在液晶屏幕还是纸质屏幕上显示。数千年都没有变化。

但 VR 掀起了一场革命，将人类带入了"三维信息视角"。而通过 AR 技术，我们全角度来观看这个世界的数字记录；数字世界与物理世界的边界在 AR 技术下模糊了。

这就是我们一直的观点，VR 和 AR 将我们带入一个神奇的世界，在那个世界里，数字世界与物理世界是混淆的。这将彻底颠覆我们获取信息、产生信息、与世界交互、进行生产等方式，就像计算机曾经改变世界那样。这听上去让人振奋。举一个类似的例子，出版行业的朋友曾经讨论过那个被亚马逊用户和全球读者一直关注的问题：电子书是否会取代纸质书？他们得出了结论——纸质书拥有无法被替代的功能，所以不能被电子书完全取代。然而，随着 VR/AR 技术的到来，这一切仍旧如此吗？在 VR 创造的"全新世界"中，也许你根本就无法区分电子书和纸质书的物理属性。因为那完全是一个被数字创造的世界，在那个世界里，纸质书还有哪些属性无法被取代？借助触感手套，你同样能感受到翻页，体验纸张的质感。VR 环境中的电子书还能解决困扰我们许久的问题——该如何让读者来体验那些令人振奋的视频？

由此可以看出，VR 和 AR 将会延展出更多商业化的领域，这些领域将可能在不久的将来真正改变我们数千、数万年都不曾改变的习惯。这难道不是一件让人惊叹的事情吗？不过一切未来都基于我们对现有技术的预测和想象。目前最主流的三款独立式的头戴设备，已经给我们创造出了一个全新的世界，虽然它们使用不同的技术，但所达到的效果却十分相似——它们都向我们打开了那扇通向未来的大门，而且这个未来可能并不遥远。

Oculus 的消费者版本的预订已于 2016 年 1 月 6 日启动，另外，PlayStationVR 和 HTC Vive 也于 2016 年上半年发布。微软已经宣布，其 HoloLens 全息眼镜开发者版本已于 2016 年上半年上市，售价为 3000 美元。曾经引起广泛关注的 Google 眼镜（Google Glass）早在 2013 年就已经限量发布，售价 1500 美元，只是后来停止销售。

还有硅谷的另外几大巨头——目前苹果公司在 VR/AR 领域还没有太大动作。但随着时间的推移，特别是近期几笔相关并购交易后，苹果会加入到 VR/AR 大潮中。由于 VR/AR 目前仍处于应用案例开发的初期阶段，苹果可能正试图了解消费者如何与该项技术互动。

亚马逊在 2015 年 12 月曾申请 AR 手势控制专利。我相信 AR 技术最终将运用到亚马逊目前的非电子书产品 Echo 中。

2025 年市场预计

VR 和 AR 有潜力成为下一个重要计算平台，就像 PC 和智能手机一样。

新的市场形成之时，就是一种颠覆。VR 和 AR 重塑的行业会非常多，如买房、与医生互动和观看足球比赛等。随着技术的改进、价格的下滑以及相关应用大量普及，VR 和 AR 的市场规模将会变大，并有可能像 PC 一样成为游戏规则的颠覆者和生活的"必需品"。而 VR/AR 技术的发展也将帮助"可穿戴设备"普及起来。

高盛集团的 VR 分析预计，到 2025 年，VR/AR 市场的营业收入将达到 800 亿美元（其中 450 亿美元为硬件营业收入，350 亿美元为软件营业收入）；乐观估计该市场规模将达到 1820 亿美元（其中 1100 亿美元为硬件营业收入，720 亿美元为软件营业收入）；悲观估计该市场规模也将达到 230 亿美元，其中 150 亿美元为硬件营业收入，80 亿美元为软件营业收入。

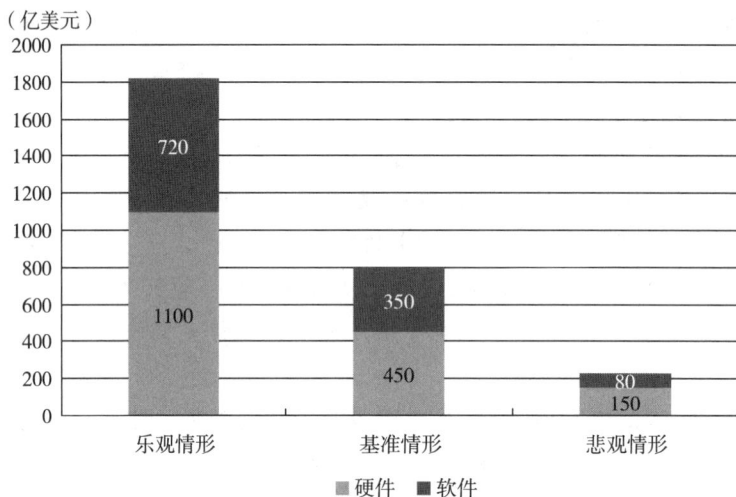

2025 年 VR/AR 硬件与软件市场规模

以上的数字我们可以拿来跟几个大产业作比较：2025 年全球平板电脑市场营业收入将达到 630 亿美元，台式机营业收入将达到 620 亿美元，游戏机营业收入将达到 140 亿美元，而笔记本电脑营业收入将达到 1110 亿美元。

除了视频游戏之外，我们认为 VR/AR 将率先颠覆房地产、零售和医疗保健行业。VR/AR 技术将颠覆当前的商品展示方式、业务模式和交易方式。地产商展示房屋的方式不再需要实际参观，而只是需要利用 VR 技术"造"一间房。VR 可能会摧毁很多现有的传统行业，也会创造很多现在闻所未闻的全新职业。此外，AR 技术已经在许多领域有过尝试。例如一些生产商会利用 AR 技术辅助工人安装设备、医院通过 AR 技术来完成手术等。

从 PC 过渡到智能手机花费了 20 余年，但未来颠覆智能手机的设备一定不会再让我们等待 20 年。我们深信，在不久的将来，VR 将取代手机在我们生活中所占据的地位，即便目前 VR 设备还有种种缺陷。如今，无论长者还是孩童，都越来越能接受它了。随着众多商业巨头进入 VR 行业，我们很快就会迎来 VR 普及的那一天。

【本节小结】

（1）VR + 社交。

（2）VR + 购物。

（3）VR + 教育。

（4）VR + 影音媒体。

（5）VR + 医疗。

（6）VR + 旅游。

（7）VR + 人工智能。